国家社科基金重大项目资助（22&ZD157）
中原学者工作站资助项目（234400510026）
河南省重点研发与推广专项计划（242102320251）
河南大别山森林生态系统国家野外科学观测研究站支持项目
河南省土壤重金属污染控制与修复工程研究中心支持项目
河南大学环境与规划国家级实验教学示范中心支持项目
河南大学区域发展与规划研究中心支持项目
河南大学地理学科"教学类"重点支持项目
信阳生态研究院支持项目

城市生活污水排放管理政策研究

李涛　付饶◎著

Research on Urban
Domestic Sewage Discharge
Management Policy

中国经济出版社
CHINA ECONOMIC PUBLISHING HOUSE
北京

图书在版编目（CIP）数据

城市生活污水排放管理政策研究 / 李涛，付饶著 .
北京：中国经济出版社，2024.6. -- ISBN 978-7-5136-
7795-0

Ⅰ . X703.1

中国国家版本馆 CIP 数据核字第 20240CP260 号

责任编辑　丁　楠
责任印制　马小宾
封面设计　久品轩

出版发行　中国经济出版社
印 刷 者　北京艾普海德印刷有限公司
经 销 者　各地新华书店
开　　本　710mm×1000mm　1/16
印　　张　18.25
字　　数　340 千字
版　　次　2024 年 6 月第 1 版
印　　次　2024 年 6 月第 1 次
定　　价　88.00 元
广告经营许可证　京西工商广字第 8179 号

中国经济出版社 网址 http://epc.sinopec.com/epc/ 社址 北京市东城区安定门外大街 58 号 邮编 100011
本版图书如存在印装质量问题，请与本社销售中心联系调换（联系电话：010-57512564）

序
PREFACE

　　水是生存之本、文明之源，是关系到人类生存和社会经济发展的重要物质基础，是我国实现可持续发展和建设"美丽中国"的基本保证，也是推动我国经济增长的重要载体和驱动引擎。随着我国经济的快速发展，城镇化与工业化进程不断加快，城市生活污水处理厂已经成为我国水环境污染的重要来源。但长期以来，我国城市生活污水排放管理存在诸多问题，比如区域设施治理水平分布不均、配套管网设施建设滞后、污水处理工艺和设备不合理、污泥处置能力不足且管理简单低效、部分地区污水收集率"虚高"、污水处理费收费机制不健全、工业废水间接排放管理不到位、排放标准不完善、监管存在漏洞等，这在一定程度上导致城市生活污水排放管理未能很好地发挥预期效果。

　　城市生活污水排放管理是一项系统工程，涉及立法机构、政府、技术标准、社会资金方等多部门工作。当前我国城市生活污水排放管理政策缺乏科学设计，各项控制政策之间缺乏协调和整合，无法有效衔接，尚未建立一套完善的城市生活污水排放管理制度。本书从系统的角度推进城市生活污水排放管理，包括多个利益相关者的共同参与、多种政策手段的配合与衔接，使整个系统规范有序地运行，达到管理最优。本书遵循"提出问题—分析问题—解决问题的政策手段提出—政策手段设计"的逻辑思路来开展研究工作，同时将环境管理、环境经济学、环境政策学、环境法学、环境科学等相关理论与知识应用于研究之中。第一，本书以城市生活污水处理厂排放的污水满足排入地表水体的水质达标或满足地表水体的指定功能、城市生活污水处理厂实现连续稳定达标排放、产生的污泥得到安全处置、排放到城市生活污水处理厂的工商业点源得到控制为目标，在梳理现有文献的基础上，提出基于水环境质量导向的城市生活污水排放管理政策研究的理论框架。第二，在美国城市生活污水排放管理制度分析以及我国城市生活污水排放管理政策分析和评估的基础上，论证我国城市生活污水排放管理制度存在的主要问题。第三，基于对城市生活污水排放管理制度的目标和定位，以公共管理理论、外部性理论、污染者付费原则理论、利益相关者分析理论、机制设计理论、行政许可制度理论为理论基础和依据，参考美国工业废水预处理制度、排污许可证制度、清洁水州周转基金、流域管理模式等经验，提出我国城市生活污水排放管理制度的框架设计和管理体制机制设计要点。包括对排入城市生活污水处理厂工商业点源的排放控制（即工业废水预处理制度）、城市生活污水处理厂污水污泥的排放控制（即城市生活污水处理厂排污许可证制度）、城市生活污水处理厂专项建设资金（水环境保护周转基金）、污水处理费（税）制度以及城市生活污水处理厂排放满足地表水体达标的流域管理模式等。第四，提出建立基于水环境质量导向的我国城市生活污水排放管理政策的建议和完善我国城市生活污水排放管理政策相关政策法规的建议。

开展中美城市生活污水排放管理政策的比较研究很有意义，可以分析两国政府所采取政策的具体内容、原因、方式和影响，进而求异或求同，明确我国的不足。当然，最重要的是对当今世界水治理理念的理解和把握。我很高兴看到本书的出版，希望能够给从事环境经济学、环境管理与政策研究的人员和大专院校的师生提供借鉴参考，是为序。

马　中*
2024 年 5 月于中国人民大学

---

　　* 马中：中国人民大学环境学院教授，国家重点学科人口、资源与环境经济学学科带头人，兼任国家生态环境专家委员会委员。曾任中国人民大学环境学院院长，获得国家科学技术进步奖三等奖，北京市教学成果奖一等奖，北京市教学名师。2009 年被授予"绿色中国年度人物"奖。

目 录
CONTENTS

第1章　绪论

1.1　研究背景

1.1.1　我国水环境保护形势依然严峻

水是生存之本、文明之源。20 世纪初，国际上就有"19 世纪争煤、20 世纪争石油、21 世纪争水"的说法。第 47 届联合国大会更是将每年的 3 月 22 日定为"世界水日"，号召世界各国对全球普遍存在的淡水资源紧缺问题引起高度警觉。从全球范围来看，根据联合国统计，全球淡水消耗量比 20 世纪初增加了 6 ~7 倍，比人口增长速度高 2 倍。我国被联合国认定为世界上 13 个最贫淡水国家之一，2021 年我国水资源总量居世界第六位，但人均水资源量仅为世界平均水平的 1/4 左右。

水是关系到人类生存和社会发展的重要物质基础，是我国实现可持续发展和建设美丽中国的根本保证，是推动我国经济增长的重要载体和驱动引擎。改革开放以来，我国经济发展取得重大成就，全面推动了社会经济制度的变迁和人民生活水平的提高。与经济发展相对应，我国水环境保护也取得了巨大成就。1984 年，我国第一部有关水污染防治方面的法律《中华人民共和国水污染防治法》[①] 正式颁布，从此拉开了我国水环境保护制度建设的序幕。随后全国人大常委会又分别于 1996 年、2008 年、2017 年三次对这部法律进行了修正，这标志着我国对水环境保护的高度重视。随着水环境保护法律法规和标准体系的逐步建立和完善，法律手段、经济手段、信息手段等在水环境管理中也得到不同程度的应用，实施了水污染物排放标准、总量控制、排污许可证、污水处理费、环境税等环境政策（李涛，2021）。与此同时，国家也

[①]　简称《水污染防治法》，本书部分法律法规的名称表述为简称。

颁布出台了《关于实行最严格水资源管理制度意见》《关于全面加强水资源管理的实施意见》《工业废水循环利用实施方案》《关于实施黄河流域深度节水控水行动的意见》《城镇污水处理提质增效三年行动实施方案（2019—2021年）》《"十四五"城镇污水处理及资源化利用发展规划》等政策文件。40 多年来，我国在水环境保护和水污染防治领域做出了大量努力，但水环境保护形势依然严峻。《2021 中国生态环境状况公报》显示，全国十大水系、国控重点湖泊仍有近 30% 的水系被污染，部分海湾水质极差。严重的水资源环境问题必然会在一定程度上削弱改革发展的成果，降低公众对政府的信任，影响人民生活水平的提升。

1.1.2 城市生活污水处理厂成为我国水环境污染的重要来源

随着我国经济的快速发展，城镇化与工业化进程的不断加快，城市生活污水处理厂已经成为我国水环境污染的重要来源。《中国环境统计年鉴》显示，2015 年全国工业废水排放量为 199.5 亿吨，占废（污）水排放总量的 27.1%，生活污水排放量为 535.2 亿吨，占废（污）水排放总量的 72.8%。《中国生态环境统计年报》显示，2020 年工业废水排放量仅占全国废水总排放量的 31.01%，生活源化学需氧量排放量占总排放量的 35.8%，生活源氨氮排放量占总排放量的 71.9%。

城市污水处理是城市功能的重要组成部分，是城市重要的基础设施之一，是解决城市水污染的重要途径。我国城市污水处理行业虽起步晚，但发展快，经历了一段超高速建设时期。改革开放以来，我国城镇人口比例从 1978 年的不足 20% 增长到 2020 年的 63.89%，仅用 20 年的时间就完成了城镇化率从 30% 提升到 60% 的目标，我国城市水系单位面积的污水排放量是欧美城市的 3~4 倍（徐祖信，2019）。相比之下，美国及欧洲从 20 世纪初就开始了城镇化进程，比我国早了近 200 年，用了近 70 年的时间完成了城镇化率从 30% 到 60% 的发展。我国城市生活污水处理厂的建设几乎跟城市的发展建设同步，目前已建成覆盖城市—县城—乡镇的污水处理体系，处理规模超过 2 亿吨/日，已经超过美国成为全球污水处理量最大的国家。自 2006 年，我国污水处理设施总处理能力大于污水排放量，总体上解决了污水处理设施严重落后于污水处理需求的矛盾。截至 2020 年底，我国城市污水年排放量为 5713633 万吨，污水年处理量为 5572782 万吨，城市污水处理率达 97.53%，污水处理厂集中处理率达 95.78%，城市建成区排水管道密度为 11.11 千米/平方千米，排水管道长度为 802721 千米。我国城市平均污水处理率超过 90%，与欧美国家污水处理率相近，东南沿海城市污水集中处理率高达 95% 以上，达到世界领先水平。

虽然我国已经具备处理大规模城市污水的能力，但仅仅是实现量的突破，在城市生活污水的治理水平上与发达国家相比仍然存在较大差距，即距离质的突破还有差距。今后 10~15 年，我国城市污水处理仍将面临前所未有的挑战，城镇化进程的加快使水资源的需求压力持续增长，水源性缺水和水质性缺水均制约着国民经济的可持续发展。

1.1.3　我国城市生活污水排放管理存在诸多问题

一方面，城市生活污水处理厂接纳城市生活污水和部分工商业废水，经过处理之后直接排入天然水体，是对水环境质量产生直接影响的重要点源，是水污染排放控制的重要管理对象。但长期以来，我国城市生活污水排放管理存在诸多问题，比如区域设施治理水平分布不均、配套管网设施建设滞后、污水处理工艺和设备不合理、污泥处置能力不足且管理简单低效、部分地区污水收集率"虚高"、污水处理收费机制不健全、工业废水间接排放管理不到位①、排放标准不完善、监管存在漏洞等，这在一定程度上导致城市生活污水排放管理未能很好地发挥预期效用。

另一方面，我国城市生活污水排放管理政策零散，包括总量控制制度、环境影响评价制度、"三同时"制度、排污许可证制度、环境税制度、限期治理、环境信息管理、环境保护技术政策等，多政策管理城市生活污水排放。但各项控制政策之间缺乏协调和整合，无法有效衔接，尚未建立一套完善的城市生活污水排放管理制度，城市生活污水排放管理低效。严格有效的城市生活污水排放管理表现为排放信息具有明确的核查依据、违法信息能够得到快速识别、政府部门具备完善的执法能力，如此才能真正实现对城市生活污水处理厂的有效监管。

同时，在城市生活污水排放管理中，作为排放点源，其排放标准必须保

---

① 我国工商业点源排放管理存在制度缺位。由于一些工业废水中含有大量污水处理系统无法降解或处理的污染物，这些污染物往往未经任何转化或降解就穿透城市生活污水处理厂，直接排入环境水体。这导致城市生活污水处理厂出水达不到要求。同时，工商业点源排放是造成重金属等有毒有害物质的重要来源，这些有毒有害物质可能会在城市生活污水处理过程中沉降到污泥中，使污泥受到污染。

证受纳水体地表水质达标，确保受纳水体化学、物理和生物的完整性。但我国城市生活污水处理厂的排放标准尚未与地表水质达标建立直接联系，基本只以经济、技术可行性为依据，脱离了保护地表水质的目标。国内研究也多从水体纳污能力，包括总量控制、总量分配，试图找到点源与非点源的分配来尽量减少污染的排放，但实际上仍然没有解决具体点源排放和受纳水体地表水质达标的关系，也没有从源头上解决地表水质超标的问题。以化学需氧量和氨氮为"抓手"的排放标准无法确定水体是否具有毒性，导致排放标准与地表水质标准脱节，水质管理目标不科学。

1.2 研究对象与研究意义

1.2.1 研究对象

本书的研究对象是城市生活污水排放管理相关政策。针对现实中存在的如下问题展开研究：对工商业点源①进水水质的监控手段不足；城市生活污水处理厂无法实现连续稳定达标排放；污泥没有得到安全处置；生态环境部门缺乏对城市生活污水处理厂监管的有效手段；缺乏高效科学的城市生活污水处理厂排放管理政策手段。

城市生活污水排放管理是对污水管网输送来的污水进行处理直至连续稳定达标排放的全过程系统管理（夏季春，2013）。城市生活污水处理厂有固定的污水排放口，这些排放口排放的污水量大，污染物的含量高、种类多。如果管理不当，这些污水就会迅速对水体以及人体和生态环境造成重大破坏。城市生活污水处理厂的污染排放可视为一种负的环境外部性，当外部性得以一定程度的内部化，才可以控制污染。城市生活污水处理厂排放管理的最终目标是排放的污水满足排入地表水体的达标水质或满足地表水体的指定功能。城市生活污水处理厂排放管理的直接目标是实现其连续稳定达标排放，也就是各类污染物的排放得到控制，其产生的污泥得到安全处置，排放到城市生活污水处理厂的工商业点源得到控制，以保障城市生活污水处理厂的稳定运行。

---

① 水污染源一般被划分为点源和非点源。点源排放主要包括工商业点源、公共污水处理厂、垃圾处理厂和规模化畜禽养殖场。点源污染排放控制主要通过国家污染物排放消除制度（NPDES）排污许可证进行管理。

1.2.2　研究意义

城市生活污水排放管理是一个有机整体，本书从系统的角度推进城市生活污水排放管理，包括多个利益相关者的共同参与、多种政策手段的配合与衔接，促使整个系统规范有序地运行，达到管理最优。同时，本书将公共管理理论、外部性理论、污染者付费原则理论、公共政策制定理论、利益相关者分析理论、机制设计理论、行政许可制度理论等应用于城市生活污水排放管理政策研究中，拟构建城市生活污水排放管理制度的理论框架。从公共政策和公共管理的角度来讲，可以在一定程度上丰富和完善城市生活污水排放管理的理论和方法论。

水环境质量作为典型的公共物品，其污染的外部性和消费上的非排他性，决定了市场在水环境资源配置中的低效甚至无效，这在客观上要求政府必须通过法律、制度等手段进行干预。当出现政策失灵时，主要原因是政府本身的管理体制和运行机制。当前，我国经济增长高速发展，水环境保护相关政策也在逐步加强。城市生活污水处理厂已经成为我国废水排放以及水污染物的重要来源。但我国城市生活污水排放管理政策的实施效果并不明显，城市生活污水排放管理政策评估能够科学地评判政府在环境管理中发挥的作用。通过细化的评估方法、科学合理的指标体系、全面充分的信息资料，能够客观地识别我国城市生活污水排放管理的现状和问题。基于此，本书从政策和管理角度给出我国城市生活污水排放管理问题的解决方案，包括政策手段和管理体制机制。本书根据环境政策分析与评估结果以及借鉴美国城市生活污水排放管理制度经验，对我国城市生活污水排放管理进行政策设计，旨在为解决我国城市生活污水排放管理问题提供一套行之有效的方案，对于政府制定和落实相关政策具有较好的现实指导意义。

1.3　研究思路与研究方法

1.3.1　研究思路

本书遵循"提出问题—分析问题—解决问题—政策设计"的逻辑思路来开展研究工作，同时将环境管理、环境经济学、环境政策学、环境法学、环境科学等相关理论与知识应用于研究之中。第一，本书以城市生活污水处理厂排放的污水满足排入地表水体的水质达标或满足地表水体的指定功能、城市生活污水处理厂实现连续稳定达标排放、产生的污泥得到安全处置、排放到城市生活污水处理厂的工商业点源得到控制为目标，在梳理现有文献的基础上，提出基于水环境质量导向的城市生活污水排放管理政策研究的理论框架。第二，在对美国城市生活污水排放管理制度分析以及我国城市生活污水排放管理政策分析和评估的基础上，论证我国城市生活污水排放管理制度存在的主要问题。第三，基于对城市生活污水排放管理制度的目标和定位，以公共管理理论等为基础和依据，在参考美国工业废水预处理制度、排污许可证制度、清洁水州周转基金、流域管理模式等经验的基础上，提出我国城市生活污水排放管理制度的框架设计和管理体制机制设计要点。包括对排入城市生活污水处理厂工商业点源的排放控制（即工业废水预处理制度）、城市生活污水处理厂污水污泥的排放控制（即城市生活污水处理厂排污许可证制度）、城市生活污水处理厂专项建设资金（水环境保护周转基金）、污水处理费（税）制度以及城市生活污水处理厂排放满足地表水体达标的流域管理模式等。第四，提出建立基于水环境质量导向的我国城市生活污水排放管理政策的建议。本书的研究思路如图 1-1 所示。

1.3.2　研究方法

（1）文献研究法

理论部分主要采用文献研究的方法，通过查阅国内外相关文献，识别公共管理理论、外部性理论、污染者付费原则理论、公共政策制定理论、利益相关者分析理论、机制设计理论、行政许可制度理论等对我国城市生活污水排放管理政策设计的理论支持。通过收集美国《清洁水法》、美国联邦法规、《一般预处理条例》、《美国 NPDES 许可证编写者指南》、国内外学术期刊、专业书籍、统计年鉴、统计公报及研究报告在内的文献资料，分析城市生活污水排放管理制度研究进展，总结经验，为本书提供研究背景和依据。

（2）比较分析研究法

公共政策的比较分析是政策科学研究方法的重要方面，是在考虑时间（历史阶段）和空间（地理）因素的情况下对某项公共政策的政治、经济、文化等社会环境条件进行比较分析，以期探究和总结公共政策本质及其规律的一种方法。主要进行公共政策的跨国比较，分析不同国家的政府所采取的某项政策的具体内容、原因、方式和影响，根据比较主体的研究目的，进行

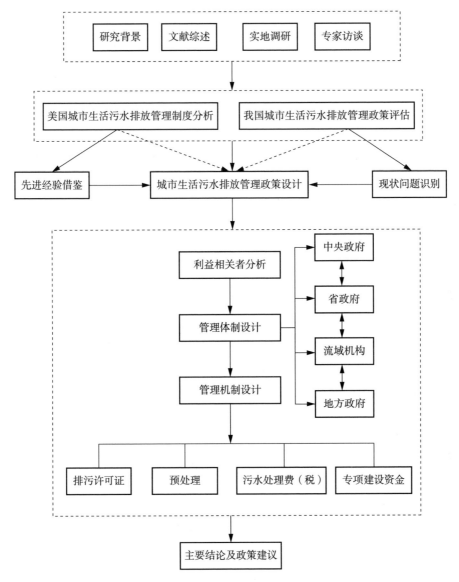

图 1-1　本书的研究思路

求异或求同（宁骚，2003）。采用该方法，对比我国与美国的城市生活污水排放管理政策体系，明确我国的不足。求异，是指美国与我国在城市生活污水排放管理方面的政策目标基本相同，但起到的效用并不相同，需要比较城市生活污水排放管理政策的制定和执行存在的差异。求同，水污染防治政策是否科学决定了水污染防治的效果，任何国家间水污染防治政策制定的依据和方法是相通的，需要对水污染防治政策进行比较借鉴。工业废水预处理制度、排污许可证制度作为污染控制和环境管理的重要手段，在美国已经有了较好的实践经验并取得了显著成效，这可以为我国水环境管理借鉴。

（3）环境政策分析与评估法

环境政策分析是为了寻找环境外部性内部化的最佳方案，采用定性和定量的方法，对环境政策实施过程、实施效果等内容进行规范性和实证性分析（宋国君，2010）。通过环境政策分析，促进实现社会环境保护的公平与效率，主要包括以下具体目标：分析环境政策实施存在的问题、对环境问题进行定性和定量分析、提供问题解决方案并提出环境政策改进的建议。环境政策分析的内容包含政策目标、政策框架、利益相关者识别和责任机制分析等，具体模式可以根据一般模式细化或简化。

环境政策评估是利用各种社会科学等研究方法和技术，有系统地收集与环境政策的执行及其效果等相关的信息，依据既定的程序和标准，对政策的效果和效率、社会公平性进行评估，并根据评估结果给出有价值的政策建议，从而促进环境政策更有效地发挥预期作用的研究过程（宋国君，2003）。环境政策评估是完善环境政策的重要手段。通过科学的环境政策评估，判断政策的价值，决定政策的延续、完善或终结。通过环境政策评估，可以使环境政策的利益相关者及公众全面了解政策的实施状况。

本书以此为研究方法，对美国 NPDES 之排污许可证制度、工业废水预处理制度、清洁水州周转基金、流域管理模式和我国城市生活污水排放管理相关政策手段展开分析和评估。

（4）专家咨询和利益相关者访谈法

专家包括国内外流域水环境管理方面的学者或专业人员。对利益相关者访谈的目的是对某些特别关注的问题或小组进行深入和全面的调查。对领域内的专家、城市生活污水排放管理政策制定者和执行者进行咨询和访谈，可以准确判断城市生活污水排放管理的未来发展趋势，确定政策体系的发展方向。访谈对象包括生态环境部门的政府管理人员、重点排污工业企业、城市生活污水处理厂工程师等，通过了解不同利益相关者在城市生活污水排放管理工作中的地位和作用，分析利益相关者的行为动机和利益诉求，为政策管理体制机制设计提供现实依据。

第2章　理论基础

本书所涉及的理论主要有公共管理理论、外部性理论、污染者付费原则理论、公共政策制定理论、利益相关者分析理论、机制设计理论、行政许可制度理论等。本章对这些理论进行了综述，并就以上理论在城市生活污水排放管理政策中的应用进行总结，构建了基本的理论框架。

2.1　公共管理理论

在某个领域，如果市场机制失灵，就需要政府发挥作用。公共管理是以政府为中心，整合社会各方力量，广泛运用政治、经济、行政和法律手段提供公共物品和服务的过程。公共管理强调加强政府治理能力，提高政府绩效和公共服务质量，从而实现公共利益。在市场经济中，政府的作用主要包括：提供公共物品或服务、纠正外部效应、维持市场有效竞争、调节收入分配、稳定经济等方面（高培勇，2001）。

现代西方公共经济学于20世纪60年代由财政学发展而来，其理论渊源十分久远。1776年亚当·斯密在《国富论》中创造了财政学体系。20世纪50年代末，《财政学原理：公共经济研究》由马斯格雷夫出版，其中首次引入了"公共经济学"概念，即为现代公共经济学产生的标志。公共经济学从经济学角度划分了政府公共管理的对象。公共管理理论强调提高公共服务的效率、效果和质量，认为管理活动的产出是政府更应关注的方面，即政府更应关注公共部门直接提供服务的质量和效率，强调政府管理的资源配置应该与管理人员的业绩和效果相结合，应能够主动、灵活、低成本地对不同的利益需求和外界的变化做出反应。而且，公共管理提倡实施明确的管理目标控制，以放松严格的行政规制，根据管理目标对完成情况进行测量和评估（彭未名，2007）。

城市生活污水处理属于准公共物品，同时又具有自然垄断特征，这就决定了城市生活污水处理属于公共管理领域，政府应该负责城市生活污水处理。市场经济的资源配置机制在解决水污染外部性问题过程中存在典型的市场失灵，客观上要求政府必须通过法律、制度等手段进行干预。根据公共管理理论，政府应提高城市生活污水处理的服务效果和效率，降低管理成本。该理论为评估地方政府城市生活污水管理状况和效果以及城市生活污水排放管理政策设计提供理论依据。

2.2 外部性理论

2.2.1 外部性理论的发展

外部性理论是环境政策的理论基石，它一方面揭示了"市场失灵"现象产生的根源，另一方面又提出了解决外部不经济性的方法。

对于现代主流经济理论中的外部性理论的研究，英国经济学家、剑桥学派的奠基者西奇威克功不可没。西奇威克在其《政治经济学原理研究》一书中讲到了私人产品和社会产品的不一致问题，并提出"个人对财富拥有的权力并不是在所有情况下都是他对社会贡献的等价物"（Henry Sidgwick，1883）。西奇威克以灯塔的例子说明要解决经济活动中的外部性问题，需要政府进行适当干预。尽管他没有直接提出外部性的概念，但基本上表达了后来学者们所想要表达的意义。

最先系统提出外部性理论的是新古典经济学的完成者马歇尔（Marshall），他在 1890 年出版的《经济学原理》一书中指出，扩大一种商品经济生产规模的方式有两种：一种是依赖于产业的一般发达所造成的经济，另外一种是依赖于个别企业本身资源、组织和经营效率的经济。尽管他没有明确提出外部性的概念，但他在分析个别厂商和行业经济运行时首创了"外部经济"（external economy）和"内部经济"（internal economy）这一相对概念，引出了政府干预的话题。

庇古首次使用了"外部性"的概念，并用现代经济学的方法从福利经济学角度系统地研究了外部性问题。庇古在马歇尔提出的"外部经济"概念基础上扩充了"外部不经济"的概念和内容，使外部性问题的研究从外部因素对企业的影响效果转向企业或居民对其他企业或居民的影响效果。庇古提出了边际私人成本和边际社会成本、边际私人收益和边际社会收益等概念作为理论分析工具，基本形成了静态技术外部性理论分析的基础。他认为，由于边际私人成本和边际社会成本、边际私人纯收益和边际社会纯收益之间的差异，新古典经济学中认为的完全依靠市场机制形成资源的最优配置从而实现帕累托最优是不可能的（A C Pigou，1920）。因此，政府干预成为实现社会福利的必然选择，政府对污染者征收等同于其向社会产生的外部成本的税收即"庇古税"，这称为政府干预经济，成为解决外部性的经典形式。

科斯在其 1960 年发表的《社会成本问题》中批判了"庇古税"的思路。科斯在提出损害的相互性，抽象地分析了对损害有责任和无责任的定价制度后，得出结论：如果定价制度的运行毫无成本，最终的结果（产值最大化）是不受法律状况影响的（陈晰，2004）。这一结论后来被斯蒂格勒引注为科斯定理。科斯定理对庇古税思路的批判体现在三个方面：一是外部效应往往不是一方侵害另一方的单向问题，而具有相互性；二是在交易费用为零时，庇古税没有必要；三是在交易费用不为零时，解决外部效应的内部化问题要通过各种政策手段成本收益的权衡比较来确定（R H Coase，1960）。也就是说，庇古税可能是有效的制度安排，也可能是低效的制度安排。通过损害的相互性、产权、交易成本以及制度选择，科斯拓展了对外部性的认识及其内部化的途径，并且把庇古理论纳入自己的理论框架中，实现了对庇古理论的超越。这里要澄清的是，通常说的科斯方法，指通过市场的自愿协商达成交易来解决外部性，科斯本人并不一定支持，除非科斯方法相比其他方法具有费用效益有效性。

一般认为，从马歇尔的"外部经济"理论，到庇古的"庇古税"理论，再到科斯的"科斯定理"，是外部性理论进展的三块里程碑（沈满洪，2002）。外部性问题现已经在经济学的各个相关学科引起了广泛的讨论。盛洪曾经评价，"广义地说，经济学曾经面临的和正在面临的问题都是外部性问题。前者是或许已经消除的外部性，后者是尚未消除的外部性"（盛洪，1996）。

2.2.2 外部性与环境问题的产生

外部性是指一个经济主体的行为对另一个经济主体的福利所产生的影响并没有通过市场价格反映出来（马中，2019）。实现帕累托最优要求边际私人成本等于边际社会成本、边际私人收益等于边际社会收益，但外部性的存在意味着边际私人成本和边际社会成本、边际私人收益和边际社会收益之间存在差异，因而不能获得资源配置效率最优。

无论是正外部性还是负外部性，都会影响到环境资源的优化配置，从而使环境问题更加严重。比如，环境污染就是一种负外部性的典型例证。如图 2-1 所示，MPC 和 MSC 分别表示边际私人成本和边际社会成本，MPR 和 MSR 分别表示边际私人收益和边际社会收益。在没有环境污染时，追求利润最大化的生产者的产量决策是按照 $MPC=MPR$ 的原则确定的，即产量为 Q_2。当该生产者的生产导致了环境污染时，如果污染所导致的边际外部成本 MXC 不需要他本人承担，则生产者仍会把产量确定为 Q_2，但由于生产者的污染行为导致了边际外部成本 MXC，从而使边际社会成本由 MPC 移至 MSC。此时，实现社会福利最大化的产量应按照 $MSC=MSR$ 的原则确定，即产量应为 Q_1。可见，由于污染所导致的负外部性，使生产者按利润最大化原则确定的产量 Q_2 与按社会福利最大化原则确定的产量 Q_1 严重偏离，从而使污染物过度排放，生产过程中有污染的产品过度生产。因此，当存在负外部性时，生产者的利润最大化原则并不能导致环境资源配置的帕累托最优状态。

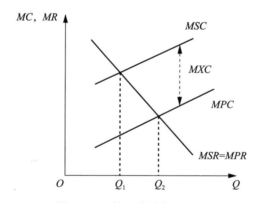

图 2-1　环境污染的负外部性

植树造林是环境问题中正外部性的典型例证。植树造林的建设者会发现，自己投资所得的收益比植树造林的全部收益要少，由于植树造林而使周边环境得以改善的利益被周边所有人所分享，但成本却由投资者独自承担。如图 2-2 所示，当投资者的边际私人收益 MPR 低于边际社会收益 MSR 时，投资者按照 $MPR=MPC$ 的原则确定他的产量 Q_1，而社会福利最大化要求的产量是由 $MSR=MSC$ 决定的 Q_2，很明显植树造林建设等保护环境的投资行为，由于正外部性的存在而供给严重不足。

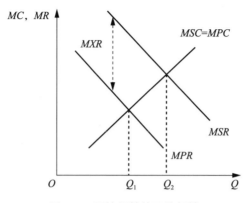

图 2-2　环境保护的正外部性

由此可见，外部性的存在导致了环境资源无法实现优化配置，环境污染等行为的负外部性存在使污染物过度排放，致使生产过程中有污染的产品过度生产；而植树造林等环境保护行为的正外部性存在又使环境保护产品供给严重不足。两者共同作用，导致了环境质量的日益下降，环境危机日益严重。因此，在生产和消费活动中，外部性的存在是环境问题产生的根本原因。尽管经济学领域的学者长期以来对运用哪个概念来解释外部性存在很多分歧（贾丽虹，2007），但可以肯定的是，外部性的存在通常会导致资源配置的无效率或者低效率。从政策分析的角度出发，外部性是市场内生的一种缺陷，外部性的存在意味着存在帕累托改进的机会。因此，讨论外部性的意义在于如何纠正市场失灵，即实现外部性内部化。

2.2.3　外部性内部化的目标

水污染的外部不经济性和水环境质量在消费上具有非排他性，决定了市场在水环境资源配置中必然会导致低效甚至无效的结果。因此，政府有必要对水污染问题进行干预，通过环境规制手段解决因水污染问题的负外部性而产生的市场无效率甚至失灵，降低社会总成本。作为水环境保护的公共政策，环境规制手段是政府对水环境污染问题进行干预，使水污染负外部性内部化的具体措施。

宋国君将外部性理论在环境政策领域进行了拓展和应用，并从政策分析的角度出发，提出了外部性的定义：外部性是指现实发生的一种损失，这种损失发生在利益相关者之间，已被识别，并且足够采取一种可行方案来使利益相关者的这种损失减少（宋国君，2008）。或者，外部性是指现实未实现的一种收益，这种收益发生在利益相关者之间，已被识别，并且足够采取一种可行方案来使利益相关者的这种收益增加。从这个角度来看，环境政策就是为了避免这种损失或是实现这种潜在的收益。

由于现实世界中"交易费用不为零"广泛地存在，即内部化总是存在"交易成本"，所以外部性不可能完全内部化，只是在一定程度上的市场改进，过度地追求外部性的全部内部化甚至会导致市场的低效率。所以，内部化的成本最终决定着可以实现的内部化程度。对此，宋国君提出了"外部性的合理规模"这一概念，即在外部性生命周期的一定阶段，限于技术和成本，存在一定规模的外部性是合理的。因此，在某一特定时期，将外部性减少到一定程度是合理的，而超过这一程度，将会带来交易费用超过收益（宋国君，2020）。

外部性的内部化是减小外部性规模的过程。正确识别外部性的合理规模，是确定内部化政策范围和政策目标的重要依据。在进行外部性内部化的政策方案设计时，应充分考虑界定产权和监督产权所必须花费的成本，并同政策方案实施后所带来的交易效率的提高进行比较。一个重要的问题是外部性内部化的合理程度，即何种程度的内部化是合理的？政策应当将外部性降低到何种水平？如何识别临界点？针对这一点，宋国君提出了"外部性的相对值"这一概念。外部性经典研究一直讨论着外部性的大小，我们称之为外部性的绝对值，即边际社会成本（或收益）与边际私人成本（或收益）的差额。外部性绝对值带有极强的主观色彩，随着人们对环境价值的认同和对舒适度要求的提高，对某类环境问题外部影响的赋值越来越大（宋国君，2015）。外部性相对值是指内部化的净效应，数值上等于内部化收益减去内部化成本。内部化成本主要取决于所采取的治理技术和拟实现的内部化程度，技术的改进将导致内部化成本降低，而内部化程度越高，成本越高。这里隐藏的含义是外部性的绝对值并不一定都能够被内部化，在某个临界点，内部化的成本超过内部化的收益，继续进行内部化将是没有效率的。

综上所述，外部性的绝对值大小主要用于衡量外部效应的大小，从而判断外部性内部化后的潜在收益。外部性的相对值是决定其内部化的关键，可以用于确定环境政策目标（即有效的内部化程度）。外部性内部化的成本既包括企业治理污染的成本，也包括政府管理的成本。因此，在确定外部性内部化的合理水平时，既需要考虑企业的技术水平，也需要考虑政府设计的管理方案成本。总的来看，外部性概念和外部性的合理规模，共同作为政策制定的基本约束，回答了环境政策的几个基本问题：①为什么需要政策？外部性的存在使得社会处于非帕累托最优状态，政策有助于促进外部性内部化，提高社会福利。②如何确定政策范围？政策范围是有限的，外部性的存在有一个发展的过程，政策的介入要选择在资源稀缺性达到一定程度，资源配置效率改善可以足够弥补内部化成本的时候。③如何确定政策目标？产权的明晰程度是有限的，内部化的目标要充分考虑界定以及保护产权的成本同交易效率提高带来的收益增加之间的比较（宋国君，2008）。

2.2.4　外部性理论在环境管理体制中的应用

在环境保护领域，环境污染造成的外部性不可能依靠市场自发解决，政府必须起到主导作用，科学的管理体制则是避免"政府失灵"的必要条件。环境外部性内部化的方式和程度取决于外部性的范围和大小，从而决定了政府的干预主体和机构设置。环境外部性包括空间外部性和时间外部性，在空间尺度上分为不同行政区域内或跨区域的环境外部性；在时间尺度上分为代内外部性和代际外部性。宋国君等依据布雷顿（Breton）最优区域配置理论和资源贴现率相关理论，结合我国行政区划管理模式构建了环境外部性的时空分类矩阵，提出适合外部性内部化的环境管理政府级别选择——三级两层的环境管理体制，各级管理机构分管不同环境外部性级别的环境问题。从空间的角度，市内环境污染由市政府负责，市际和省内污染由省政府负责，而具有较强跨区域性的省际、全国，甚至全球范围的污染应由中央政府负责；从时间的角度，代内污染由相应的地方政府负责，代际污染则由中央政府负责。

外部性理论作为本书的主要基础理论，并不仅仅停留在抽象表面，而是力图将其从主体、大小、影响范围三个维度应用到我国城市生活污水排放管理体制和机制的设计中。

2.3　污染者付费原则理论

2.3.1　污染者付费原则的起源与发展

污染者付费原则（Polluter Pays Principle，PPP）由经济合作与发展组织

（OECD）第一次正式提出，很快因成为各国国际贸易的一项规则而被国际社会广泛接受，逐步成为各国制定环境法的一项基本原则（阳相翼，2012）。

1972 年 5 月 26 日，在《理事会关于环境政策的国际经济方面的指导性原则建议》（*Recommendation of the council on Guiding Principles Concerning International Economic Aspects of Environmental Policies*）中，OECD 委员会首次在国际场合对污染者付费原则进行定义，"污染者付费原则的目的是分配污染防治措施的成本，来鼓励稀缺环境资源的合理利用并避免国际贸易和投资的扭曲。污染者应当承担由政府当局决定的污染防治费用，来确保环境处在一个可接受的状态。换句话说，这些措施的费用应当反映在生产或消费环节会产生污染的产品和服务的成本中。这样的措施不应当有相应补贴而导致国际贸易和投资的严重扭曲"。但同时，该建议中也指出，"污染者付费原则应当作为成员国的目标，但如果不会对国际贸易和投资产生非常大的扭曲，可以有一些例外或特殊安排，尤其在过渡时期"。可以看出，污染者付费原则在其确立之初，主要是从贸易公平的角度出发，其主要目的是防止国际贸易扭曲。

在提出污染者付费原则的定义后，OECD 发布了《关于污染者付费原则的注释》（*Note on the Implementation of the Polluter Pays Principle*），在操作层面为污染者付费原则提供一些指导，其指出"污染者付费原则并不包含将污染降到某一最佳水平，尽管并不排斥这种可能性"。这意味着，污染者付费原则的目的并非将污染水平降为零，而是使污染水平置于市场所能接受的状态，这体现了污染者付费原则的效率性（Coly，2012）。

1974 年，OECD 发布了《污染者付费原则执行建议书》（*Recommendation on the Implementation of the Polluter Pays Principle*）。这一建议书敦促 OECD 成员国"为了共同遵守 PPP 而更紧密地合作"，并且"不通过补贴、税收优惠或其他措施帮助污染者承担污染控制成本"，进一步确立了污染者付费原则的非补贴性。

欧共体国家对污染者付费原则的承诺可追溯到 1973 年欧共体首次环境行动计划中。1975 年，欧共体通过采纳一个要求国家执行污染者付费原则的《有关成本分配和公共行动的建议书》（*Recommendation Regarding Cost Allocation and Public Action*），保持其对污染者付费原则的立场。根据该建议书，由公法或私法约束的对污染负责的自然人或法人，需要支付消除或减少污染的费用，以达到政府当局规定的标准（Sands，2003）。

污染者付费原则得到全球公认缘于 1992 年《里约环境与发展宣言》（*Rio Declaration on Environment and Development*）的发表。该宣言的原则十六特别强调污染者付费问题，"国家当局应当尽力促进环境成本的内部化，并使用环境经济手段，考虑到公共利益以及不造成国际贸易和投资的扭曲，污染者原则上应当承担污染导致的损失"。对污染者付费原则的再次声明扩大了其影响力，重申了发达国家依据污染者付费原则来制定相关环境政策的意愿。《环境与发展国际盟约（草案）》声明，"当事人应当履行这样的原则，即防止、控制和减少对环境造成的潜在或实际损害的成本应由污染者承担"。通过几十年的发展，污染者付费原则已经由贸易原则逐渐转变为当今世界各国环境政策制定的基本原则和政策基石。

2.3.2 污染者付费原则的内涵界定

污染者付费原则虽然被世界各国广泛接受，但明显的简略性对它的解释和实践还是产生了一系列的困难（Howarth，2009）。"如何界定污染和污染者""污染者应付多少费用"是污染者付费原则的两个核心问题。回答好这两个问题将有助于掌握污染者付费原则的基本思想，也是污染者付费原则能够实现公平与效率的关键。图 2-3 展示了污染者付费的标准流程，共分为两个部分，分别对应着以上两个问题，其中，区域 I 界定了"污染者"和"非污染者"，区域 II 明确了污染者的付费标准（杨喆，2015）。

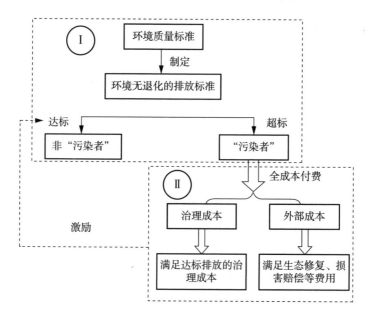

图 2-3　污染者付费的标准流程

　　清晰界定"污染"和"污染者"是使用和遵循污染者付费原则的根本前提。污染是由人类活动直接或间接地向环境排放一定数量和浓度的物质（或能量），当排放量超过环境自净能力时，人类社会和自然环境会产生如健康损害、财产损失、生态退化等现象，导致环境污染产生的物质即为污染物。污染的存在是客观的，但对它的界定具有主观性，因此污染是一个相对概念。基于科学认知，权威机构对一定范围内的环境要素设定质量标准和排放标准，并根据这些标准判别环境污染是否存在，即管理意义上的"污染"。

　　污染者是直接或间接向环境排放污染物的单位和个人，是造成环境污染的行为主体。对污染者的界定主要依据其行为是否造成环境污染，即是否会使环境退化。具体来说，如果某一主体的排放行为没有造成环境退化，即排放水平达到了环境无退化的污染物排放标准，其就不是管理意义上的"污染者"，反之亦然。例如，某点源向目标水质为Ⅲ类水的功能区排放废（污）水，如果该点源通过自身治理，达到Ⅲ类水或更高类别的排放标准，没有造成环境退化，那么该点源就不是"污染者"；反之，如果受纳水体水质已经低于水质标准，天然来水水质也低于水质标准或者没有天然来水，此时若该点源废（污）水排放低于Ⅳ类水标准，即使达标排放也会造成环境退化，其就是"污染者"。另外，如果某一行为主体排放了污染物，但其委托第三方（比如环保公司）进行治理，并且治理后的废水排放不会造成环境退化，则其也不是"污染者"。因此，排放标准的制定至关重要。

　　污染者付费的核心思想是应当由污染者承担确保环境处于可接受水平（或环境无退化）时的全部费用（即全部成本）。如果污染者不付费或者少付费，就会使污染者受益，社会受损。另外，若某一主体行为并没有造成环境污染，则不应对其收费，即"不污染不付费"。此外，污染者付费原则的最终目的是"污染者治理"，即通过全成本付费促使污染者选择自身治理或委托第三方治理，最终使排放水平达到环境无退化标准。一般而言，污染的全部成本包括治理成本和外部成本，二者是制定付费标准的基础。

　　如果排污主体的污染物排放标准达到环境无退化标准时，排污主体就不是污染者，排污主体排放污染物的外部成本已经全部内部化，即"不污染不付费"。对于排放污水的治理而言，污水收集管网、污水处理厂、污泥处理厂、排水管网以及企业或排污者私有的污水处理设施等都是污水治理系统的组成部分，所有用于这些工程的投资和运行费用，都可以视为污水排放的治理成本。全部治理成本指达到环境无退化的排放标准时所发生的治理成本。

由于不同功能区的水质目标不同，排放标准应"因地制宜"，由此产生的治理成本会存在地区性差异。污染者可以根据技术水平、治理成本、管理能力等情况，对不同的行为做费用—效益比较，选择自身治理或委托第三方治理污染。无论怎样选择，最终的目的是通过支付全部治理费用使外部成本内部化，使环境无退化。

污染的外部成本主要体现为环境损害成本，即污染物对人体健康和水生态安全带来的损害以及生物多样性丧失。这样的环境损害往往具有潜在性和不可逆性。例如，在被污染河流附近生活的居民，可能短时间内健康状况不会受到太大影响，但长时间饮用或接触不干净的水可能会引发癌症等恶性疾病。再如，某一珍稀物种由于其赖以生存的河流受到污染而灭绝，那么这种损失将是不可逆的。因此，污染的外部成本虽然难以货币化，但普遍认为其代价高昂，一旦发生，很难修复如初。

无论污染者不付费还是少付费，都会造成"谁污染谁受益""全社会承担外部成本"的不良后果。一般来说，环境损害具有不可逆性和长期性，导致生态修复和损害赔偿费用相当高。因此，环境污染发生后的外部成本往往远高于使排放水平达到环境无退化标准时的治理成本，与其事后"补救"，不如事前"治理"。倘若严格遵守污染者付费原则，理性的做法应当是污染者承担全部治理成本（可以选择自身治理或委托他人治理）使排放水平达到环境无退化标准，此时成本最小，环境效益最大。另外，由于外部成本往往难以货币化，而治理成本较容易计算，因此承担全部治理成本更具有可行性。

综上所述，污染者付费原则的真正含义是"污染者治理"，污染的全成本是制定付费标准的基础，但付费只是手段，污染治理才是结果，目标是确保环境质量不退化。关于实施污染者付费原则的政策手段，OECD 指出无论是通过命令控制型手段（排放标准）还是通过经济刺激型手段（环境税、排污收费、污水处理费），只要令污染者付出确保环境处于可接受水平的成本都是可行的。"一般地，污染者付费原则是指污染者满足污染防治措施的全成本，不管是通过对排放收费、其他经济机制或是强制要求减少污染的法规"，"污染者付费原则可以通过各种手段实施：生产过程控制和产品标准、法律法规或禁令、各种排放标准和污染税费，两种或两种以上手段也可以一起使用"。可见，污染者付费原则不仅仅局限于字面上的"付费"，只要污染者承担其所造成污染的全部成本即可。实际上，OECD 还肯定了命令控制型政策的作用，"命令控制型政策（比如排放标准、直接管制等）可以迅速削减污染物排放和

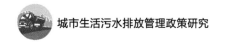

达到环境目标，以减少不能接受的损害，保障人体健康和水生态安全"。

2.4　公共政策制定理论

公共管理和政策分析是当代社会科学和管理科学研究的重要领域。政策科学对"公共政策"一词的含义解释得非常丰富，罗伯特·艾斯顿在1971年出版的《公共政策的路径》一书中对公共政策给出了宽泛的定义：公共政策就是政府机构和周围环境之间的关系（Robert Eyestone，1971）。政策科学的创立者哈罗德·拉斯韦尔认为，公共政策是一种含有目标、价值与策略的大型计划（林水波，1982）。美国著名学者戴维·伊斯顿认为，公共政策是政治系统权威性决定的输出，因此它是对全社会的价值做有权威的分配（Easton，1971）。我国学者陈庆云认为，公共政策是政府根据一定时期的特定目标，通过对社会中各种利益进行选择与整合，在追求有效增进与公平分配社会利益的过程中所制定的行为准则，同时利益的分配也是一个动态过程（陈庆云，2006）。可以看出，尽管各位学者对公共政策的定义有所不同，但均指明了一点，即公共政策与全社会的利益、价值直接相关。环境政策是国家（不仅指政府）为保护环境所采取的一系列控制、管理、调节措施的总和（夏光，2011）。由此可见，环境政策是公共政策的一部分，也是对利益或价值的一种分配，体现了国家为保护环境而做出的各种制度安排、改进与创新。但与其他公共政策相比，环境政策有具体性、有效性、适时性、多样性等特点。城市生活污水排放管理是水环境决策的重要形式，也是各利益相关者之间利益和价值再分配的重要手段之一，因此具备公共政策属性。

在政策研究中，政策问题的界定是首要的也是最基本的研究工作。如果政策研究不考虑引起政府行为的问题特征和维度的话，那么这种研究就远未结束。在问题的界定过程中，首先要分析该问题是否具有公共性，即该问题是否在现实中给大部分人带来影响并且具有较大的意义。同时，该问题又很难甚至无法通过个人的行为而得到解决。通过问题的界定和构建，可以获得关于一个问题的性质、范围及其严重性等信息。需要注意的是，在界定问题时，还需要清楚地认识到政策问题的内在特征，即政策问题的相互依存性、主观性、人为性和动态性，以免对错误问题采取措施而导致无法预测的结果（钱文涛，2013）。

环境政策的制定和实施就是实现内部化的过程，政策制定是为实现具体的政策目标所采取的政策工具。在政策制定之前，需要考虑适合的政策要求和手段类型。OECD 在其《环境管理中的经济手段》一书中，将环境政策分为命令—控制或者直接管理手段、经济手段或市场手段、劝说式手段三种，并给出这三类环境政策手段的内涵与外延（OECD，1996）。Joedan 在其《环境管制中的"新"政策工具》一书中将环境治理采用的政策工具分为管制型工具、基于市场的工具和自愿型工具三种（Joedan，2003）。罗小芳从制度经济学角度讨论了环境治理中三类政策手段的理论发展及实践，即基于环境干预主义学派的命令控制型手段，如环境标准等；基于所有权的市场环境主义学派的市场导向型手段，如可交易的排污许可证等；以及基于自主治理学派的自愿协商机制，如信息披露制度等（罗小芳，2011）。宋国君从政府管制的程度对这三类政策手段重新进行了界定，按照政府直接管制程度从高到低为：命令控制型（如排污许可证、排放标准、预处理、环境影响评价、总量控制等），经济刺激型（环境税、排污收费、污水处理费、生态补偿等），劝说鼓励型（信息公开、公众参与等）。

环境政策的选择是一个复杂的问题，与政策成本、政策问题和政策环境都有密切的关系。命令控制型手段是指国家行政部门根据相关的法律、法规和标准，对生产者的生产工艺或产品的管制，禁止或限制某些污染物的排放或者把某些活动限制在一定的时间空间范围内。命令控制型手段作为传统的环境管理手段，是国内外解决环境问题最常见、应用最广泛的手段，也是大多数国家不可或缺和处于主导地位的管理方式。综观国内外水环境管理的经验，制定水污染物排放标准是所有政策手段的核心内容。水污染物排放标准的高低实际上就是水污染外部性内部化程度的高低。对污染源实施较高的排放标准，意味着环境规制较为严格，内部化程度较高；而较低的排放标准，则意味着环境规制较为宽松，内部化程度较低。但是，由于命令控制型手段同时具有成本高、经济刺激不足等缺点，人们开始寻求如何基于市场机制，利用经济刺激型手段影响经济主体的行为选择，通过改变经济主体的行为成本引导其改变行为，并最终采取有利于环境的决策。经济刺激型手段把选择权部分地交给了经济主体，使经济主体可以基于成本—收益的考虑进行自由选择，执行成本低，灵活性高，在一定程度上提高了环境规制效率。其是以内化环境行为的外部性为原则，通过经济手段间接作用于政策对象，刺激其改变行为的一种方法。与传统的命令控制型手段"外部约束"相比，经济刺激型手段是一种"内在约束"力量，可以直接或间接地提高环保效率并降低环境治理成本与行政监控成本等。狭义的劝说鼓励型手段是一种基于意识转变和道德规劝影响人们环境保护行为的环境政策手段。在运用此手段时，管理者首先依据一定的价值取向，倡导某种特定的行为准则或者规范，对被管理者提出某种希望，或者与其达成某种协议。广义的劝说鼓励型手段是指除了命令控制型和经济刺激型手段的所有环境政策手段。工业污染治理方面的劝说鼓励型手段包括清洁生产、自愿协议等。劝说鼓励型手段的基本特征是强制性较弱，不需要确定性的政策目标和严格的监管，政策制定成本和执行成本都较低。

一般而言，命令控制型手段确定性强，见效快，适用于紧急或状况严重的环境事件。经济刺激型手段持续改进性好，长期效果较好，但是实施的条件比较严苛，缩小了应用范围，同时经济刺激型手段在确定性上劣于命令控制型手段，一些严重的"零环境容量"污染物管制就不适用于经济刺激型手段。劝说鼓励型手段的应用范围很广，大多数环境问题都可以通过劝说鼓励得到一定程度的预防或缓解，但是劝说鼓励的作用只是辅助的，在缺乏命令控制和经济刺激手段的情况下，仅靠劝说鼓励是不可能解决问题的。

这些环境政策手段并没有绝对的优劣之分，不同政策手段相互之间也没有绝对的排斥性，不必期望一项手段可以解决所有问题。但纵观世界环境保护政策的历史和现状，命令控制型手段一直是主要的环境政策手段，经济刺激型手段在多数情况下也离不开基础的命令控制型手段。从根本上来说，在任何时候、任何情况下，命令控制型手段的作用都是必要的，任何情况下都不会被替代，这是由环境物品本身的"公共物品"属性决定的，环境事务本身的外部性也决定了环境问题的解决不能脱离政府（宋国君，2020）。因此，本书假定未来较长的时间内我国仍将实施以命令控制型手段为主的水污染排放控制政策，对命令控制型手段进行修正和改进将是我国的主要任务。

2.5　利益相关者分析理论

"利益相关者"（Stakeholder）是管理学中的概念，在1963年由斯坦福研究所提出，最早应用于公司治理模式的研究。利益相关者理论认为，股东并不是企业实物资产唯一的所有者，债权人、管理者和员工等利益相关者都是为公司做出贡献的参与者。因此，一个理想的企业目标的制定，必须综合平衡考虑企业的各个利益相关者之间相互冲突的索取权。美国经济学家弗里曼对"利益相关者"做出了更为宽泛的定义："能够影响企业目标实现，或者能够被企业实现目标的过程影响的任何个人和群体。"与传统的公司治理模式相比，利益相关者治理模式转变了传统的股东至上的管理模式，更多地强调对社会、公众等其他利益相关者的影响。

利益相关者理论的提出不仅是公司治理模式的一大创新，而且对解决资源、环境、社会发展等其他领域的问题提供了新的思路和模式（李瑛，2006）。比如，李涛等利用利益相关者理论对我国流域水质达标规划过程中的利益相关者进行了分析，认为利益相关者的利益要在规划过程中得以体现，通过利益相关者之间利益的协调和整合，达到整体效益最大化（李涛，2020）。利益相关者理论不仅为公司治理提供了新的视角，也被应用于政策评估和设计领域。比如，在政策评估领域，瑞典学者 Vedung 在其专著《公共政策与项目评估》中提出了政策评估的利益相关者分析模式，特别是不同的利益相关者的政策参与及其影响机制。参与型评估强调利益相关者之间的协作关系，不仅关注政策实施效果的评估，还关注公众和其他利益相关者对政策满意度的评估。这种思路和方式，不仅有利于提高政策制定、实施的客观性和全面性，而且考虑各利益相关者的利益诉求，权衡多方利益，有利于提高决策的科学化和民主化。在我国，利益相关者也被称为"干系人"。

有效的利益相关者分析是政策评估的重要内容，也是政策设计的前提。具体包括以下三个步骤：一是利益相关者的识别和分类，依据政策目标、法律法规的规定识别主要的利益相关者，并进行分类；二是分析利益相关者的责任，包括利益相关者应承担什么样的责任和义务，法律赋予了什么样的权利，目前的权利和义务分配是否合理，利益相关者是否有能力履行责任，并可以行使权利；三是分析利益相关者的参与机制，包括利益相关者对信息的获取程度，参与的途径和程序，各利益相关者是否都可以充分决策，以及满意度如何（万建华，1998；宋国君，2020）。

利益相关者分析在城市生活污水排放管理中至关重要。城市生活污水排放管理涉及污染物排放、输送、处理等多个环节、多个管理部门、不同产生主体，干系人众多。城市生活污水排放管理是一个体系，只有不同利益相关者各司其职，其利益诉求得到表达，整个系统才能够运转起来。在对先进经验借鉴和城市生活污水排放管理政策进行设计时，利益相关者分析均作为一

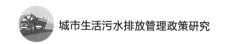

个重要的视角，关注不同利益相关者间的互动和博弈。

2.6　机制设计理论

在公共政策领域，机制影响着利益相关者行为选择的方式和社会互动过程中的动态利益格局。机制无法独立存在，其是依靠制度的建立而形成的，没有制度就没有机制，机制是制度的关键组成部分。

诺斯（1990）将制度定义为："制度是指规范人的行为的规则，它们抑制着人类交往中可能出现的机会主义行为，并无例外地对违反规则的行为施加某些惩罚。"该定义强调，制度是为约束人们的行为关系而设定的一些制约条件。但由于在现实经济生活中，人们拥有的信息量和处理分析信息的能力大不相同，从而导致个人理性与集体理性之间的冲突。新制度经济学认为，制度的关键作用是在信息不对称、决策分散化的情境下，如何设计一套约束行为人个体预期和集体预期相一致的激励相容机制。因此，诺斯将机制设计作为制度构成的一个很重要的方面，认为制度形成之后就必须付诸实施，制度对人们的行为关系做出规范性标准，如果不执行或未有效执行，结果就等于没有制度或制度失效。离开了实施机制，任何制度都将形同虚设。因此，在政策设计研究领域，机制设计作为其核心研究内容，通过设定合理的约束规则和激励相容，规定利益相关者的行为方式和社会经济利益分配格局，以解决制度在运行结果与预期目标的一致性问题。没有制度，机制的作用发挥无法保障；没有机制，制度将无法有效运行。机制设计理论已经成为政策设计研究的主流理论基础。

机制设计理论发端于 20 世纪早期一场对于中央计划经济体制能否有效实现资源配置的争论。持反对意见的一方认为中央计划经济体制在资源配置上劣于市场经济体制的原因在于，中央计划当局无法掌握消费者偏好以及厂商技术、成本等方面的信息，或者说即使掌握了所有信息也无法建立供需平衡关系；持支持意见的一方则认为即使在计划经济体制下，只要资源的流动由供求关系决定，即企业确定的产量满足"边际成本等于中央计划机构所制定的价格"的条件，其所导致的资源配置是帕累托有效的。这场争论的过程和结果并不是本书讨论的重点，重点是我们可以从争论中发现，信息不对称，即知识和信息的分散性、私人性直接影响了资源配置的效率（郭其友，

2007)。赫维茨在这一背景下首先提出了机制设计理论，认为在现实社会中，经济人都有自利的一面，由于知识和信息的分散与私人拥有的性质，经济人有隐藏或虚报信息的动机（赫维茨，1973）。因此，需要设计一种有效的激励约束机制，激励经济人报告真实的信息，并在追求个人利益的同时按照事先制定的规则行事，使其追求个人利益的行为与集体或社会价值最大化的目标吻合。

从赫维茨给出的定义可以看出，机制设计理论包括两个方面的问题：一是信息问题；二是激励问题。所谓信息问题，即在机制运行过程中必然伴随着信息传递过程。然而，由于信息不对称，没有哪一个机构能收集到所有经济运行所需的信息，因为这意味着高昂的信息成本。所以，需要设计这样一种机制，使实现目标所需的信息传递达到最小。激励问题同样源于信息不对称，在传递信息的过程中，经济人必然会出于自身利益考虑策略性信息传递，从而导致最终资源配置结果发生扭曲。因此，机制设计还应当具有激励经济人传递真实信息的功能。由此可以看出，机制设计理论的关键在于激励，即要设计这样一种机制，使每个参与人报告其真实私人信息的策略是占优策略。这也正是贯穿机制设计理论的"激励相容"的概念，即在信息不对称的条件下，通过设计一种满足多个利益相关者之间的博弈规则，从而实现利益相关者之间各自期望目标的激励相容。本书根据机制设计理论和激励相容原则，分析和设计城市生活污水排放管理机制与政策手段，通过规范的政策设计，保证利益相关者各司其职、各尽其责，在实现个体利益最大化的同时实现社会集体利益最大化，即实现政策目标。

2.7 行政许可制度理论

行政许可制度产生之初，是源于公共物品问题。由于公共物品的非排他性和非竞争性特点，依靠市场由私人提供并进行自主管理是不现实的，而以事前控制为主要目的的许可规制手段则能有效确保公共物品的提供，从而达到维护公共利益的目标（应松年，2004）。由此可以看出，许可规制是一项有利于弥补市场失灵、合理配置稀缺资源的政策手段。

从法学角度，行政许可是行政机关对行政相对人权利和自由的事前抑制和干预，行政相对人在从事某项特定行为前，必须向行政机关提出申请，经行政机关审查同意后获得相应的许可凭证。这表明，行政许可制度是以限制某种权利或资格的任意享有和自由运用为主导的，是对行政相对人追求自身利益的特定行为设置的必要条件（方世荣，1998；罗文燕，2008）。从这个角度来看，我们对行政许可制度的认识不能仅限于其"事前预防"的作用。获得许可对行政相对人意味着，在获得许可后，行政相对人必须按行政机关所给予的许可条件从事某些特定行为。因此，行政许可制度对某些特定权利和自由的干预应贯穿整个过程。可以说，行政许可制度是一种事前预防和事后监管相结合的规制手段（应松年，2004）。在现实社会的许多领域，某些权利或资格的随意享用和运用会直接影响他人的权益，甚至损害社会公共利益。企业生产运行过程中的排污行为便是典型的例子。所以，由政府建立排污许可规制，对企业运行条件和排污条件进行事前审查和过程监督具有重要意义。政府应按照国家相关规定对满足条件的企业发放排污许可证，同时在企业运行过程中按照排污许可证所设置的必要条件对企业排污行为进行监管。

在理论上，行政许可是"行政主体基于行政相对人的申请，对其是否符合法定条件进行审查判断，并据以做出是否准予其从事特定活动的行政行为"。其实质在于审查申请人是否具备从事某项特定活动的法定条件。正如一些学者分析的那样，行政许可强调的并不仅仅是对某种特定权利赋予行使权，更多的是权利行使应具备的法定条件。对于排污行为而言，排污许可不是单纯地准许企业排放污染物，而是要求排污企业必须在一定的许可条件下排放污染物，即必须遵守法定的排放标准和排放限制条件，否则即为违法。根据行政许可制度中的证据举证理论，行政相对人应承担主要的证明责任。这不仅体现在许可申请阶段，在从事许可活动的过程中，即在许可有效期内，被许可人同样负有证明责任。尤其在许可执行阶段，按照证明责任机制中"谁主张，谁举证"的原则，被许可人应当就其主张的事实即守法排污行为提供证据，否则承担事实不成立即违法排污的后果。同时，行政主体也需要承担一定的证明责任，但与被许可人的证明责任不同，行政主体所承担的证明责任主要是查明事实和事实判断。这里，有必要对证据学的相关理论进行梳理，以明确排污许可证制度中被许可人和许可授权机构双方应各自承担的证明责任。

首先，从被许可人即许可排污企业的立场来看，证据是其守法排污行为的证明依据。按照证据的三大根本属性——客观性、相关性和合法性，证据与所要证明的事实必须是相关的，而且证据信息本身必须是客观的、合法的。所以，在排污许可证制度中，许可排污企业的守法排污证据是指其生产及排污过程中产生的所有与污染物排放相关的信息。许可排污企业应按照法律相关规定对上述信息进行搜集，保证证据信息的合法性。同时，由于从证据传递到事实判断主体即许可授权机构需要一定的时间，因此为保证证据的客观性，在许可授权机构知悉前，许可排污企业应对所搜集的证据信息进行完整的记录和保存，避免因证据传递的延时导致信息损毁，使得证据无法客观再现许可排污企业污染排放行为的历史事实。因此，按照许可排放限制条件的要求，为证明其污染排放行为合法，排污企业应通过合法手段搜集能证明其依法履行许可行为的各种信息。这意味着排污企业必须对其被许可的排污行为实施污染物排放监测，同时将监测信息完整记录，并定期以法定形式向行政机关上报。

其次，从许可授权机构的立场来看，被许可人的证据是其对被许可人许可行为是否守法进行判断并做出处理或处罚决定的依据。作为事实判断主体，许可授权机构不仅是被许可人证据信息及其证明的被动接受者，还是被许可人守法排污事实的主动发现者。对于许可排污行为而言，许可授权机构不仅要依据许可排污企业所提交的证据进行事实判断，还应对许可排污企业的污染排放行为进行稽查，以搜集可靠的一手信息帮助其进行事实判断并得出结论。因此，许可授权机构有责任对许可排污企业进行定期的监督核查，对其排污行为是否持续满足许可排放限制条件实施动态复核，在验证排污企业监测、记录、报告真实性的同时对许可排污企业的排污事实进行守法判断和处理。

第3章 美国城市生活污水排放管理制度分析

与很多高速发展的国家水环境治理进程相似，美国早期工业革命突飞猛进，也曾衍生出了层出不穷的水环境问题，水环境也曾一度被严重污染。在《清洁水法》（Clean Water Act, CWA）出台之前，凯霍加河曾因河面漂浮油污而引发火情。但经过 50 多年的水污染治理，美国水环境治理已经取得显著成效。城市生活污水处理厂作为有效去除水污染物并避免水污染物直接流入水域的公共处理设施，不仅是主要管理的点源，还是可以提高水污染物处置处理效率的规制单元。为保证污水全部处理并实现连续稳定达标排放，美国从国家层面上建立了法律、法规、制度、标准、导则等，包括有效的管理体制、严格可控的排放管理制度、运行良好的管理机制等。因此，对美国城市生活污水排放管理制度进行分析，深入了解其管理工作的全过程，对其经验进行总结，探索可以通用的方法和规则，可以为我国城市生活污水排放管理政策的研究和设计提供现实的经验参考。

3.1 美国城市生活污水排放管理制度框架

3.1.1 《清洁水法》发展历程

从第一部涉及水污染的联邦立法——1899 年的《河流和港口法》开始至今，美国水环境保护立法已经走过了 100 多年的历程，逐步从各州形式各异的法律发展成为统一的联邦法律，从以单纯保护饮用水的法律发展成为以保护水生态环境的法律，从"禁止向河流中倾倒垃圾"这种简单的禁令发展成为结构严谨、内容丰富、运行良好的法律法规体系。总体来看，美国水环境保护立法发展过程中重要的里程碑主要包括：1899 年《河流和港口法》、1948 年《联邦水污染控制法》、1956 年《水污染控制法》、1961 年《联邦水污染控制法修正案》、1965 年《水质法》、1966 年《清洁水恢复法》、1970 年《水质改善法》、1972 年《联邦水污染控制法修正案》、1977 年《清洁水法》、1981 年《城市生活污水处理厂建设拨款修正案》、1987 年《水质法》、1998 年《清洁水行动计划》、2014 年《水资源改革和发展法》等。因篇幅所限，本书着重介绍与城市生活污水排放管理政策相关的内容。

（1）1899 年《河流和港口法》

联邦政府控制水污染问题的实践，可以溯源至美国最古老的、已逾世纪之久的联邦污染法：1899 年《河流和港口法》（Rivers and Harbors Act，RHA），又称《垃圾法》（Refuse Act）。该法案旨在保障美国水体自由开放的适航性，因为那是美国商业的生命线之所在。该法案第 13 条为保障河流和港口的航运活动顺利进行，禁止任何人对通航河流和港口排放任何妨碍航运的垃圾，但是联邦公共生活污水处理厂和经美国陆军工程兵团许可的排放除外（王曦，1992）。这一规定被理解为向可航水域排放污染物设立了一个大范围的许可证制度，即经美国陆军工程兵团的许可才可以向可航水域排放污染物，否则除了生活污水和市政雨水，任何排放行为都是违法的。数十年来，这些规定都由美国陆军工程兵团负责实施，对那些不干扰航行的排放并不要求排放许可证。

20 世纪 60 年代之前，《河流和港口法》并非为保护国家的水环境质量，只是为了保障美国航运业的发展、保护河道的通畅，是一部为发展经济服务的法律，未被认为是一部水污染控制法。因此，《河流和港口法》的重点不是预防污染而是保障适航性，法院在适航性上充分的判决理由也甚于污染。但经过最高法院对"垃圾"的扩大解释①，使之适用于工业污染，这样美国司法部可以直接依据该法案提起诉讼。此后，饱受水污染困扰的公众和环保主义者开始广泛使用这一工具来应对水污染排放事件。依据《河流和港口法》的规定，1970 年 12 月尼克松通过行政命令，宣布建立排污许可证项目，由当时成立的美国国家环保局和陆军工程兵团来负责管理向美国可航水域及其支流排放污染物和其他垃圾的行为。排污许可证制度的建立要求所有排污者按

---

① 在很长一段时间内，该法案第 13 条都被用于禁止向可航水域倾倒可能影响航行的"固体垃圾"。由于对"垃圾"的含义法律没有给出明确的解释，所以此后许多法律工作者都将其扩大解释为包括所有种类的污染。

证排污，节省了之前数额巨大的诉讼成本。①

（2）1948 年《联邦水污染控制法》

在 1948 年《联邦水污染控制法》出台之前的半个世纪中，立法者已经做出多次尝试，累计有 110 多个法案来处理水污染问题，但都没有成功。"二战"之后，水污染问题因工业活动的加速而迅速显现，这就对各州提出了更高的水污染治理要求，各州也必须采取更为积极的措施来消除水污染和提高水质。但由于各州通过"逐底竞赛"获取经济利益的实际追求，也使大部分州缺乏治理水污染的动力。最终在 1948 年，杜鲁门总统签署总统令颁布了公法第 80-845 号《联邦水污染控制法》，水污染控制以州为主导、以水质为基础，联邦政府主要负责科学研究和对城市污水处理厂的融资提供支持。

1948 年《联邦水污染控制法》内容并不多，只有短短 13 条，但却开启了联邦水污染控制立法的先河（司杨娜，2016）。该法案明确规定，"国会的政策是承认、保留和保护各州在控制水污染问题上的首要责任和权利"，联邦卫生局局长得"准备或采纳综合项目以消除或减少州际水体和河流的污染并改善地表和地下水体的卫生条件"。控制水污染仍然被认为是州和地方的问题，联邦政府只是起到辅助作用。该法案在联邦政府强制执行问题上的规定也是很温和的，只有当州际水污染确实影响到相邻州人民的健康时，在取得污染源州同意的前提下，联邦政府才能对污染者提起公共损害赔偿诉讼，也就是说污染源州对联邦管辖拥有否决权。② 如此复杂的联邦介入程序使得联邦政府想要行使管辖权难上加难。

1948 年《联邦水污染控制法》是美国联邦法律中第一部主要应对水污染的法律。该法案明确设定了水污染管理者，确定州政府为水污染治理的主要

---

① 虽然美国确立了排污许可证在该法案下防止对通航水域污染方面的权威，但事实上这是一种"绝对主义"的体现，即要么绝对禁止排放，要么在取得排污许可证的情况下绝对许可排放。在美国工业化时代，人们对水污染的关注还仅局限于城市内部用水和污水的排放，尚未对污水处理和河流等水体污染给予充分重视，城市政府的治理目标是提高城市的饮用水卫生，解决因饮用污染水而导致居民发病和死亡的问题成为燃眉之急，因而没有把河流湖泊的水体质量列入其考量范围。对于从排污管道、街道排放到水体中的污染物并没有任何治理。

② 联邦政府要想对州际水污染者发出禁令，必须先由卫生局长向污染者发出两次通知，在污染问题没有好转的情况下，再由联邦安全局局长指定的委员会召开听证会。如果污染者不听取听证会的建议，才将案件提交至司法部部长。即便司法部部长向法院提起诉讼，在联邦政府管辖的道路上仍然有两个难以逾越的障碍。第一，司法部门必须证明被诉的污染确实危及邻近州的公共健康，而这是非常困难的。第二，该法案规定法院在做出减少排放的判决时必须考虑自然的和经济的可行性，但法律对于如何掌握这种可行性没有客观要求，这就意味着当减少污染的可行性较小时，是可以污染的。

责任人，建立了联邦政府支持和帮助州政府治理水污染的制度框架，配置了联邦政府和地方政府共同治理的组织构架，并针对工业水污染防治提出了治理的初步设想，明确规定给予州和地方政府低息贷款用于建设污水处理厂等。这些都体现了立法上的进步，然而该法案显然是一个临时性、实验性的尝试，并没有从根本上改变水污染控制法的整体格局。总体来看，1948 年《联邦水污染控制法》并没有进行很好的设计，实现目标很少，且并不普遍禁止污染，只赋予联邦政府极其有限的权力。

（3）1965 年《水质法》

由于美国水污染没有得到很好的控制，以及 20 世纪 60 年代持续增强的环境意识和接连不断的环境运动，使得越来越多的公众意识到依靠州政府控制水污染是远远不够的，必须对《联邦水污染控制法》进行进一步的改革。在这种背景下，国会开始考虑加强联邦政府对水污染的控制。国会的态度得到了美国环境法历史上一个领军人物——参议院议员埃德蒙德·缪斯基（Edmund Muskie）的支持。1963 年，以缪斯基为代表的参议院公共工程委员会提交议案，建议联邦政府在卫生教育福利部内建立联邦水污染控制局，同时建议联邦政府对所有跨州水域和可航水域制定水质标准和排放标准。这一议案虽然在众议院遇到了很大阻力，但是得到了时任总统林登·约翰逊的支持。最终国会采纳了对受纳水体采用水质标准，但排放标准留待将来立法确定。这就是 1965 年《水质法》。

1965 年《水质法》主要在以下几个方面进行了改进：一是将立法目的确定为"提高水环境的质量和价值，建立一个预防、控制和减轻水污染的国家政策"，从以往的水污染到现在的水环境质量，这是一个显著提升。二是在该法案制定后 90 日内，卫生教育福利部应设立联邦水污染控制局，主管联邦发起的水污染控制项目和建设拨款项目。三是要求各州政府或州水污染控制机构在 1967 年 6 月 30 日之前制定适合于本州的水质标准，并提交联邦政府审批。水质标准必须达到保护公众健康和福利的目的，考虑到水的用途和价值，水体功能按照饮用水源、鱼类和野生动物、工业、农业、娱乐等用途进行划分。如果各州没有制定标准，将由卫生健康福利部部长颁布。

1965 年《水质法》是 1972 年《联邦水污染控制法修正案》之前改进较大的一部法律，它从之前单纯的水污染防治提升到水环境质量改善，从之前单纯的保护公共健康转变为向多种利益转变（曾睿，2014）。水质标准不再只对饮用水源进行保护，而是一个复杂的标准体系，进而使得不同功能用途的水体得以保护。同时，联邦水污染控制局这一新机构的建立，扩大了联邦政府在水污染控制中的作用，给予各州更大数额的拨款用于水污染治理技术研发。但联邦的权力依然非常有限，进程受阻，因为按照1965年《水质法》的要求，控制水污染的职责仍主要由州政府承担。截至1971年6月30日，全美大约只有半数的州政府制定了水质标准。法律虽然赋予联邦政府在州政府不制定水质标准的情况下主导制定水质标准，但却没有给予其足够的执行权力，执行水质标准的主要权力依然归属于州政府，如何建立排放源与水质标准之间的关联也难以确定，这就导致即使采取水质标准也无法将这些标准转化为对个体排放源排放标准的有效机制。更为重要的是，法律并未规定任何民事或刑事处罚措施，各州的执法者为保护工业界的利益而多选择合作的方式来取代法律的强制执行。整体而言，由于各州制定水质标准进程缓慢，联邦政府也缺乏有效的干涉途径和执行力，全国的水质改善状况并不理想（汤德宗，1990）。

（4）1970年美国国家环保局成立

1965年《水质法》极大地增加了联邦政府在水污染防治中的作用，但水污染事件依然频发。到了1970年，国会和公众已经清楚地认识到，各州政府主导实施的水质标准执行较为困难，水质标准一旦制定便成为"名副其实"的污染许可证，且获得批准的标准也都是保护某种用途的最低标准，没有州政府愿意采用较高的水质标准。但仅仅依靠水质标准实际上等同于承认了污染者有权排放污染，只要其排放没有导致水质超标即可。也就是说，只要水环境容量足够大，能够稀释或降解污染，不超出水质标准就是合法的。另外，在有多个污染源同时排放污染的情况下，如何证明到底是哪个污染源造成了水质超标，或者各个污染源对水质超标的贡献率是多少很难确定。联邦政府并没有任何关于污染源排放地点、数量和污染物成分的信息，缺乏执行的基础依据。1970年7月9日，尼克松向国会提交了1970年的第三号重整计划，把内政部的联邦水污染控制局、卫生教育福利部的国家空气污染控制局、固体废物管理局合并为美国国家环保局（1970年12月美国国家环保局成为有行政能力的独立机构）。

根据1970年联邦政府建立的排污许可证制度，1971年美国陆军工程兵团颁布了实施许可证制度的行政法规。作为许可证制度的管理部门其有责任判断排放对航行的影响以及决定是否颁发许可证，但必须受到美国国家环保局的监督并满足制定的水质标准。当陆军工程兵团颁发的许可证不能达到水质标准时，美国国家环保局可以决定许可证无效。由于缺乏必要的污染源排放数据和信息，美国国家环保局无法判断哪些排污行为违反了水质标准。

（5）1972 年《联邦水污染控制法修正案》

截至 1972 年《联邦水污染控制法修正案》出台前，美国水污染状况并未得到根本好转，尽管水污染防治法经常修订，却并未显著改善美国水体水质。90% 以上的水域已经受到相当程度的污染，2/3 的河流和湖泊因污染而不适宜游泳，其中的鱼类不适宜食用。很大部分的城镇污水和工业废水是不经过任何处理就直接排放到河流或湖泊的。

不断出现的水污染事件使越来越多的人开始关注环境问题，也开始有环保主义者意识到环境问题的症结是污染。1962 年，美国海洋生物学家蕾切尔·卡逊女士的《寂静的春天》出版。这本书用通俗易懂的语言描述了杀虫剂等农药的使用对生态环境尤其是鸟类的毒害作用，指控美国化学工业界故意散布误导政府和社会公众的资料并隐瞒事实真相，而政府官员则盲目地接受化学工业界的不实资料并对杀虫剂的使用熟视无睹。该书在引发化学工业界猛烈抨击的同时，也强烈震撼了广大社会公众，使公众第一次正视"环境"这个在美国国家法律和政策中从未提及的词汇。作为开创人类环境保护事业的启蒙之作，这本书的出版对之后全世界环境保护的影响都非常巨大，甚至被后人誉为"世界环境保护运动的里程碑"。但在当时，还未能引起足够多的美国公众对环境问题的注意，也未转化为政治上的动力，没有从根本上刹住美国水环境快速污染的趋势。

美国社会公众最终从水环境污染问题的集体麻木状态中清醒过来，是缘于俄亥俄州的凯霍加河河面燃烧事件。虽然这次燃烧事件造成的经济损失不超过 10 万美元，远远低于 1952 年那次燃烧事件带来的 150 万美元的经济损失，但由于人们的环保意识大大提高，那些文字、图片还是在视觉上和形象上给社会公众带来了巨大的冲击。加上知名摇滚乐手兰迪·纽曼（Randy Newman）专门为此创作歌曲 Burn On，风靡全美，其他流行乐手也纷纷跟进。1970 年，又爆发了"地球日"的大规模环保运动，有 2000 万人参加了"地球日"活动，占当时美国人口的 6%。在如此巨大的社会压力下，美国国会终于在 1972 年通过了《联邦水污染控制法修正案》①。

1972 年《联邦水污染控制法修正案》是美国水污染控制法历史上的一个里程碑，该法案的出台彻底改变了美国水污染控制法的格局，联邦立法第一次超越各州立法。各州的立法者也必须在联邦立法的基础上制定各州法律，各州从法律的制定者变成了联邦立法的实施者（滕海键，2016）。该法案总结了以前历次水污染控制法的历史经验，对以前的立法进行了重组、修订、扩张，同时又根据美国水污染控制的现实需要创立了一些新的制度，从而比较全面地建立了向美国联邦水域排放污染物管制的基本框架。比如，该法案把立法目标确定为"恢复和保持国家水体化学、物理和生物的完整性"。首次规定了美国国家环保局对工业企业和污水处理厂制定排放标准，联邦政府确定了其在水污染控制中的绝对权力。保持了对所有地表水水体设定水质标准的要求，使得任何人或组织都无权向美国的任何天然水体排放污染物，除非得到许可。对点源污染从水质标准管理为主转向以技术为基础的排放标准，国家污染物排放消除制度和以技术为基础的排放标准制度成为控制点源量身定制的法律制度。该法案的出台，使得点源在有效逃避法律管理多年后，成为美国水污染控制的重中之重。该法案还规定了水污染管理的行政机制，确定了多样化的执行方式，行政机关可以对违法者进行行政制裁或通过司法部对违法者提起民事、刑事诉讼并追究违法者的法律责任，同时还通过具有典型公益性质的公民诉讼制度加强私立执行，得以对联邦公力执行进行有效补充，构建了完整的执法机制。这些内容都具有划时代的意义，对其他国家构建本国水污染防治的法律体系具有重要的借鉴意义。总之，1972 年《联邦水污染控制法修正案》奠定了《清洁水法》的制度基础，包括水质标准、排放标准和国家污染物排放消除制度等。

（6）1977 年《清洁水法》

在 1972 年《清洁水法》颁布实施后的几十年时间里，美国水污染控制法的基本框架没有重大的改变，有的只是细枝末节的修改（晋海，2013）。1972年《清洁水法》要求国家排污许可证要标明每个排放源必须要达到的排放标准和达到标准的最后期限，并以 5 年为一个台阶，经过两个台阶之后进入较

---

① 虽然 1977 年才赋予《清洁水法》作为正式名称使用的法律地位，但因为 1972 年《联邦水污染控制法修正案》对原有水污染防治法律进行了较大修改，之后的法律基本上是在 1972 年法的基础上修订。因此，1972 年《联邦水污染控制法修正案》是美国《清洁水法》的主要内容，一般也把 1972年法称为《清洁水法》。

高的标准。同时这种 5 年上一个台阶的要求与排污许可证的五年有效期契合。第一批排污许可证发放于 1972—1976 年，这一时期美国国家环保局将控制重点放在废水中的生化需氧量、总悬浮固体、油脂、酸碱度等常规污染物及部分金属污染物上。但美国国家环保局未能按照 1972 年法的要求对有毒有害物质排放进行有效管制，这导致了美国自然资源保护委员会（National Resources Defense Council，NRDC）对其提起诉讼。该案于 1976 年通过法庭达成了和解，确认了国家污染物排放消除制度需要优先控制的 65 种有毒有害污染物，要求美国国家环保局尽快制定 21 种重点行业的基于技术的排放标准，来解决有毒有害污染物的排放问题，并确定以《清洁水法》的权限来管理有毒有害污染物的排放。这些内容被整合到 1977 年《清洁水法》的框架中，使得这部法律将重点放在有毒有害污染物的控制上（尚宇晨，2007）。

　　1977 年的修正案被称为《清洁水法》①。该法案将污染物控制的重点由常规污染物转向了有毒有害污染物。这一时期对有毒有害污染物的控制被称作第二批许可行动。1977 年《清洁水法》要求有毒有害污染物的控制需要按照经济可行的最佳技术（BAT）的排放标准，另外设立与 BAT 处理率相当的最佳常规污染物控制技术（BCT）的排放标准。原本由 BPT 控制的常规污染物由于受到 BCT 的控制而提高到一个新的水平。但 1977 年《清洁水法》放宽了达到排放标准的最后期限，以缓和工业界履行法律的压力②。BAT 和 BCT 执行的最后期限都被推迟到 1984 年 7 月 1 日。此外，1977 年《清洁水法》还增加了排污许可证修订、最佳管理实践改进、预处理标准设置等内容。该法案还强调，各州承担管理和执行的首要责任，但美国国家环保局拥有强制执法的最终权威。工业企业和城市生活污水处理厂应满足基于技术的排放标准以及由各州所实施的更加严格的基于水质的排放标准。

　　总体来看，1977 年《清洁水法》较 1972 年的修改多达 70 多处，绝大部分修订都进一步强化了美国国家环保局处理复杂水污染问题的能力，特别是 21 个主要工业行业 65 种有毒有害污染物的控制，后来进一步扩展到涵盖 34 个主要工业行业的 126 种有毒有害污染物。自 1977 年《清洁水法》颁布实施

---

　　① 值得一提的是，法律名称的改变也显示了立法者理念和目标的进步。此前，"水污染防治法"一直是使用"联邦水污染控制法"的名称，到 1977 年开始，法律明确了使用"清洁水法"的名称。

　　② 1972 年法案制定排放标准时，更多地考虑了排放标准的环境效益而忽视了达到标准的成本，以致工业企业达标排放的成本过高。

之后，美国水体的有毒有害污染物的排放量就显著下降了。但由于现实困难无法实现 1972 年法案确定的目标，1977 年《清洁水法》推迟了点源的污染排放控制进程。

（7）1981 年《城市生活污水处理厂建设拨款修正案》

联邦政府开始投资城市生活污水处理厂建设是在 20 世纪 50 年代，即 1956 年《水污染控制法》授权联邦政府拨款建设城市生活污水处理厂。然而，城市生活污水处理厂建设需要巨额资金，仅凭地方政府财力远远不够。到 1972 年，美国国会发现州和地方政府并没有对城市生活污水处理厂建设投入足够的资金，而且随着人们对清洁水需求的不断增加，建设城市生活污水处理厂的需求也日益增多。特别是 1972 年《清洁水法》要求城市生活污水处理厂应进行二次处理，这就进一步增加了投资需求，而联邦政府每年只能拨款大约 40 亿美元，这对解决污水处理问题的资金缺口是远远不够的。到 1980 年，美国国家环保局估计政府得花费 1190 亿美元才能满足所有合格的城市生活污水处理厂的需要。如果再把雨水收集和处理系统算进去，就需要再增加 1120 亿美元。在如此巨大的压力下，美国国会不得不专门就城市生活污水处理厂的财政拨款问题制定专门的法律，这就是 1981 年《城市生活污水处理厂建设拨款修正案》。

《城市生活污水处理厂建设拨款修正案》对联邦政府拨款建设城市生活污水处理厂做出了明确的规制，这是城市生活污水处理中的关键问题之一。该法案更加科学地设计了联邦政府对城市生活污水处理厂建设的财政拨款，不仅削减了联邦政府用于城市生活污水处理厂设计和建设的拨款比例，明确联邦政府拨款由原定的 75% 下降到 55%，而且细化了各州在随后 5 年中可获得联邦政府的拨款数额，着眼于满足当前城市生活污水处理需要，取消了对城市生活污水处理厂备用容量建设拨款的支持。虽然 1972 年《清洁水法》要求所有的城市生活污水处理厂在 1977 年 7 月 1 日之前达到二级处理标准，但事实上根据水污染控制联盟的统计，只有 33% 的城市生活污水处理厂能够满足该要求。1978 年，美国国家环保局对城市生活污水处理厂的守法情况进行分析，结果表明，绝大部分城市生活污水处理厂还不能完成 1977 年的二级处理标准的要求。1981 年《城市生活污水处理厂建设拨款修正案》再次延长最后期限到 1988 年 7 月 1 日。由此可见，虽然 1981 年《城市生活污水处理厂建设拨款修正案》在处理联邦政府和州及地方政府的拨款问题上有了很大的进步，但污水的实际处理效果还不太明显。

（8）1987 年《水质法》

1987 年《水质法》延续了 1972 年《清洁水法》的立法结构。1977 年《清洁水法》要求所有排放源对常规污染物、非常规污染物和有毒有害污染物的控制在 1984 年 7 月 1 日分别达到最佳常规污染物控制技术和经济可行的最佳技术排放标准，但都没有获得预期的成功。这是因为早期的工业废水处理技术普遍落后以及对有毒有害污染物的可处理性资料不足，某些工业行业没有相应的排放限值指南或者不在排放限值指南的管理范围内，导致部分工业行业难以在排污许可证中普遍地应用相应的排放标准。很多情况下，排污许可证编写者只能根据每个排放源的具体实际情况制定基于技术的排放标准，这就是"最佳专业判定"（Best Professional Judgment，BPJ）。虽然制定了一系列工业行业排放标准，但标准制定的过程严重滞后，因此 1987 年《水质法》再次延长了达到 BAT 和 BCT 排放标准的期限，延期至 1989 年 3 月 31 日。

1987 年的《水质法》还对建设拨款规定进行了改革和调整，停止了联邦为污水处理厂提供基金的拨款计划，用清洁水州周转基金来取代。清洁水州周转基金在帮助各州政府达到《清洁水法》的目标，改善水环境，保护水生生物、保护和修复饮用水水源、保存国家用于休闲用途的水体等方面，都发挥了重要的作用。通过清洁水州周转基金，联邦政府和州政府共同拨款，联邦政府为州政府提供年度资金，州政府再以低息贷款的形式发放给各种水质项目。根据规定，州政府设立管理机构，按照联邦政府拨款的 20% 提供资金。通过联邦拨款，州政府拨款、偿还贷款、债券等，实现资本化运作。贷款通常利息很低（有时甚至没有利息），虽然大部分的贷款都拨到了地方政府，但是也可以发放给商业组织和非营利性组织，偿还期限长达 20 年。当时大部分的清洁水州周转基金不仅为市政污水收集和处理设施提供了融资，还对城市雨水和非点源管理计划、国家河口计划以及地下水保护项目等提供支持。

3.1.2　《清洁水法》主要内容

（1）立法目标

《清洁水法》第 101 条明确规定了美国水环境保护的国家目标，即"恢复和保持国家水体化学、物理和生物的完整性"。作为法律内在价值的体现，该立法目标清晰、明确，站在生态系统的高度将生态系统的完整性作为法律追求的终极目标。这是一种史无前例的说法，也是一个很高的目标，完整性可以说是没有任何污染的，就是要保持水体原来的、免于人类活动干扰的自然状态。这样的立法目标让人瞠目结舌,在刚提出来的时候也引起了很多争议。即使被认为是走在美国环境保护最前沿的加利福尼亚州,提出的水环境保护目标也明显低于该目标,宣称对水环境的治理要考虑到水体用途和价值等。考虑到水环境治理的难度和所需要的时间远远超出公众的想象,所以现在讨论《清洁水法》立法目标的可行性似乎并不具有现实意义,但它表明了《清洁水法》的立法意图和立法精神,以及所要实现的基本价值和使命。

为了实现这一目标,《清洁水法》又衍生出两个有明确时限的国家目标:①到 1985 年底实现污染物的"零排放";②到 1983 年在那些可能的水域达到能够保护鱼类、贝类和其他野生生物的生存和繁殖,满足居民休闲娱乐的水质标准,即"可钓鱼、可游泳"。这两个目标被看作实现水体化学、物理和生物完整性的中期目标。虽然直到今天这两个目标都没有达到,但对于美国来说并没有因为没有达到目标而受到指责。相反让公众意识到水污染是一个很严重的问题,需要做更大的努力才能实现这一目标。它清楚地表达了美国在水污染治理方面的最终意向:在水质上,实现"可钓鱼、可游泳",保护水质直至满足水体化学、物理和生物的完整性;在排放上,不断降低排放水平直至"零排放"。因此,《清洁水法》一直得到公众的大力支持,为美国水环境保护工作指明了方向。

除此之外,还设立了五项国家政策,以促进目标的实现:一是禁止有毒有害污染物的排放;二是受污染的水体要制定水质管理计划;三是要大量建造污水处理厂;四是提高研究能力和示范项目;五是控制非点源污染。这些政策最终被具体细化为各项管理制度,这样,《清洁水法》的立法目标不再是空洞的口号,而变成了被公众寄予希望的价值追求。整个目标体系呈现金字塔式的逻辑结构:管理制度支撑国家政策,国家政策支撑中期目标,中期目标支撑立法目标,形成严密的逻辑体系(于铭,2009)。

(2)水环境保护基础设施投资

1972 年《清洁水法》要求联邦政府为城市生活污水处理厂建设增加财政援助,使城市生活污水和排入市政污水管道的工业废水在排入地表水域之前都要得到适当的处理。同时为各州的水污染控制周转基金垫入先期资金,或者贷款给各种方案,由各州政府提供相应的匹配资金。用于建设城市生活污水处理厂的贷款偿还后归各州所有,用于该州其他城市生活污水处理厂的建设。可以看出,1972 年美国国会在通过《清洁水法》赋予联邦政府水污染控制的管理权限和要其扛起行政责任的同时,也相应地给予了行政部门大量拨款，要使之尽快、有效地控制住水环境的污染。

美国联邦政府是从 1961 年开始拨款建设城市生活污水处理厂的，在 10 年之后的 1971 年，这项拨款仅仅达到 12.5 亿美元。然而 1972 年《清洁水法》有关条款规定，1973 年财政年度拨款 50 亿美元，1974 年财政年度拨款 60 亿美元，1975 年财政年度拨款 70 亿美元，用于城市生活污水处理厂的建设。统计资料表明，从 1972 年到 2003 年底，美国各级政府实际用于建设城市生活污水处理厂的资金达到 770 亿美元。在联邦政府的财政资助下，各地大力建设污水收集系统和城市生活污水处理厂，普遍实现了城市生活污水的二级处理，并接纳达到预处理要求的工业废水，为许多在技术上或经济上难以单独处理的工业单位解决废水排放问题，为控制水环境污染奠定了重要的基础。

（3）国家污染物排放消除制度

受到以凯霍加河河面燃烧为代表的众多水环境污染事件的刺激，美国国会达成共识，即不能再依赖地方政府对水环境的管理，要立即、全面地实行由联邦政府主导的国家污染物排放消除制度，以确保美国的水体不再受到严重污染。在 1972 年《清洁水法》中，新确立的点源水污染排放控制管理机制——国家污染物排放消除制度成为美国控制水环境污染的核心制度。

国家污染物排放消除制度的英文全称是 National Pollutants Discharge Elimination System，简称 NPDES。根据 1972 年《清洁水法》的规定，任何人或组织都无权向美国的任何天然水体排放污染物，除非得到许可。所有点源排放都必须事先申请并获得由美国国家环保局或得到授权的州、地区、部落颁发的国家污染物排放消除制度（NPDES）下的排污许可证，同时其排放必须严格遵守排污许可证的规定，否则便是违法。[①] 排污许可证的管理机构可以依据法律规定，对违反排污许可证要求的点源撤销其排放许可。排污许可证每 5 年更新一次。当时美国约有 65000 个城市生活污水处理厂和有一定规模的工业企业直接排放到地表水域，这些点源很快就被置于排污许可证的管制之下。在控制了这些主要的点源之后，排污许可证的管辖对象进一步扩展，包括了

①　由联邦政府主导排污许可证的重要意义在于能大幅度提高监督执法的强度，类似于美国飞机场的安全检查在"9·11 恐怖袭击事件"之前是由地方负责，而现在全部由联邦工作人员接管，来保证堵塞"9·11 恐怖袭击事件"那样的安全漏洞。1972 年之后，所有美国的排污单位都要遵守联邦法令，由联邦政府机构签发排污许可证并监督执行，国家级的排污许可证还意味着违法事件将由联邦调查局进行审查，由联邦政府法务部的检察官起诉，在联邦地区法庭审理。这样的控制比之前的全部管理和责任都在基层要严格、有效得多。美国国家污染物排放消除制度执行、发展到目前的水平，可以说除稍显复杂，有时过于烦琐之外，从控制水环境污染的角度来看，已经相当成熟。

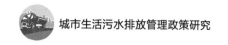

对环境影响较小的排污户。

NPDES 是一个复杂的系统，不仅包括排污许可证，还包括如何制定排放标准以及确保排放标准如何通过排污许可证制度予以落实。具体而言，NPDES 的主要内容根据以下思路展开：首先，从政策的顶层开始，美国国家环保局制定水质基准，水质基准中明确了水质标准制定的科学基础。各州以美国国家环保局的水质基准为参考，制定州水质标准并明确水体水质目标。其次，美国国家环保局制定全国统一的排放控制要求——排放限值导则。排放标准或基于技术制定，或基于水质制定。基于技术的排放标准的制定依据是排放限值导则，基于水质的排放标准的制定依据是日最大污染负荷计划（Total Maximum Daily Loads，TMDL）或水质标准。再次，对于受损水体，美国国家环保局制定了一系列督促措施，要求州政府上报受损水体列表并为受损水体制定 TMDL 计划，督促州政府进行水质达标管理。最后，联邦或州的排污许可证编写者将基于技术的或基于水质的排放标准写入排污许可证中，排污许可证是实施排放标准的落脚点。美国国家环保局或被授权的州政府为污染源颁发许可证。

经过简化的 NPDES 框架如图 3-1 所示。整个框架可以划分为目标、排放标准的制定、排放标准的实施三个层次。目标有两个维度——维护水体水质和促进技术进步；排放标准的制定是指根据排放限值导则、水质标准或 TMDL 要求制定具体点源的排放标准；排放标准的实施是指通过执行排污许可证将排放标准落实到具体点源。

（4）废水中的污染物和排放标准

美国国家环保局在 20 世纪 70 年代将废水中的污染物分为三种：常规污染物、非常规污染物和有毒有害污染物。常规污染物主要包括五日生化需氧量（BOD_5）、总悬浮固体（TSS）、粪大肠菌群、油脂、酸碱度、pH，它们存在于城镇生活污水当中。有毒有害污染物主要包括重金属、持久性有机物、卤化物、硫化物等，有毒有害污染物对人体健康和生态系统的危害非常大，具有较强的致癌、致畸性，在一定剂量下甚至可以直接致命。有毒有害污染物很难通过自然系统降解，一旦排入水体，很可能在底泥中积累下来，通过食物链发生生物富集作用，最终对人体造成危害。从影响来看，对有毒有害污染物的控制应当比对常规污染物的控制更为严格。在 1977 年《清洁水法》通过后，有毒有害污染物经常与优先控制污染物混用。非常规污染物的定义并不如常规污染物和有毒有害污染物那样明确，指的是那些无法归类到上述

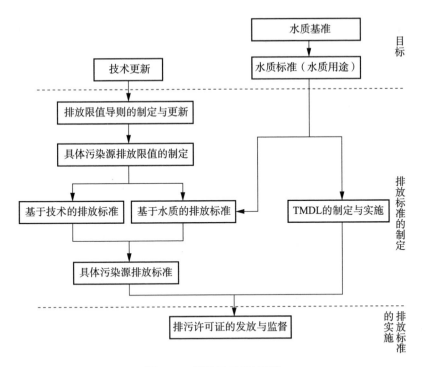

图 3-1　美国 NPDES 系统

两种类别的污染物，主要包括化学需氧量、总有机碳、氮、磷等。由于二级
处理标准的普及，排放到美国水体当中的点源废水，量最大的是城镇污水处
理厂的排放水，主要的污染物是常规污染物，其次是非常规污染物，也会含
有一些有毒有害污染物。工业废水排放量虽比城镇污水处理厂的少，但却含
有更多的有毒有害污染物。

1972 年《清洁水法》就提出实现污染物的"零排放"和"可钓鱼、可游
泳"，这两个国家目标反映了该法案要从技术和水质两个方面治理水环境的战
略，修正了在这之前偏重于从水体水质控制污染的做法。基于此，美国国家
环保局建立了两套排放标准体系——基于技术的排放标准和基于水质的排放
标准。这两套排放标准体系对于排污许可证制度来说至关重要，它们将排污
许可证中的排放标准与技术进步速度和水质要求联系起来，保证了排放标准
的合理性。从目标层次来看，基于技术的排放标准对应着《清洁水法》中
"零排放"的目标，基于水质的排放标准对应着《清洁水法》中"可钓鱼、
可游泳"的目标。两套标准体系反映了《清洁水法》要达到的美国水环境国
家目标，也反映了立法者希望以稳健的方式达到立法目标，即必须尽快地制

止水污染行为，恢复水环境质量，同时尽可能地避免伤害经济发展。《清洁水法》要求制定阶段性的、先低后高的技术标准，从经济上促使排放源朝着降低污染的方向走，并用执法手段遏制超标排放和偷排漏排行为。

基于技术的排放标准是全国性的，公平地对待分布在美国各地的排放源，并防止地方政府可能以过分牺牲环境为代价来发展地方经济。根据 1972 年《清洁水法》的规定，美国国家环保局为污水处理厂制定"二级处理"标准，并要求在 1977 年 7 月 1 日前达到。要求工业排污者在 1977 年 7 月 1 日前达到最佳可行控制技术（BPT）的排放标准，在 1983 年 7 月 1 日前达到经济可行的最佳技术（BAT）的排放标准，体现了法律对排污者继续改善排放水质的要求。对于在行业技术排放标准颁布之后新建的工业企业，需要执行新源绩效标准（NSPS）。然而，美国国家环保局未能在法案规定的时间内完成所有排放限值指南的编写，另外，已经颁布的指南中也没有充分重视和强调有毒有害污染物的排放问题。为此，1977 年《清洁水法》修改了 BAT 要求的适用范围，规定其只用于非常规有毒有害污染物，同时要求对常规污染物应用 BCT 进行管控。但 BAT 和 BCT 执行的最后期限都被推迟到 1984 年 7 月 1 日。1987 年《水质法》再次延长了达到 BAT 和 BCT 排放标准的期限，延期至 1989 年 3 月 31 日。综观基于技术的排放标准的改进过程，《清洁水法》规定了各种标准的截止时间，但由于技术和行政上的困难，绝大多数截止时间都被推迟。尽管排放标准的制定存在很多困难，但美国的水环境污染控制还是取得了很大的成就，美国绝大部分直接排放到地表水体的污染源在一个不太长的时间内得到了初步控制，只能在排污许可证各项排放标准的限定条件下进行排放。

通过基于技术的排放标准，美国的点源污染排放得到了基本控制，但一些水体仍不能完全满足水质标准的要求。为了进一步改善水环境质量，恢复和保持国家水体化学、物理和生物的完整性，达到"可钓鱼、可游泳"的水质标准，美国国家环保局要求为排放源设定更加严格的、基于水质的排放标准。可以看出，美国点源水污染物排放标准以基于技术的排放标准开始，在要求降低污染物排放的同时考虑处理成本，演变到基于水质的排放标准，至此把对水环境的生态要求远远地放在对处理成本的考虑之前，朝着禁止污染物排放的方向前进了一大步。简单地讲，美国对点源污染排放的依法管理是在对排放源的理解和接受程度不充分、处理污染物的设施建设和技术能力不充足、排放标准制定不及时的开始阶段，先通过 NPDES 排污许可证进行初步控制，之后在实施过程中不断增强，在各种条件都已经改善时，对排放源进一步严格管理——实施基于水质的排放标准。

（5）日最大污染负荷计划

日最大污染负荷计划的英文全称是 Total Maximum Daily Loads，简称 TMDL，是指在满足水质标准的条件下，水体能够容纳某种污染物的最大日负荷量。[①] 它包括污染负荷在点源和非点源之间的分配，同时还要考虑安全临界值和季节性变化等因素。TMDL 的最终目标是受损水体达到水质标准，通过对流域内点源和非点源污染物浓度和数量提出控制措施，从而引导整个流域执行最好的流域管理计划。TMDL 是设计为恢复受损水体水质的制度。根据国家 NPDES 的要求，对所有点源实施基于技术的排放标准，根据各个水体的水质标准实施基于水质的排放标准。对于已知水质受损的水体，如果排入这个水体的点源在实施基于技术和水质的排放标准后还是不能恢复污染水质，就要对这个水体的流域实施 TMDL 计划，为这个水体"量体裁衣"地制定针对点源和非点源的污染负荷。有了这个污染负荷之后，TMDL 计划就必须在这个基础上为点源排放制定相应的排放限值。在贯彻《清洁水法》的过程中，各地根据州水质标准实施基于水质的排放标准先于 TMDL 计划，形成实际上实施基于技术的排放标准、实施基于水质的排放标准和实施基于 TMDL 计划下的水质排放标准这样依次递进的三个步骤。TMDL 计划成为在执行基于技术的排放标准和基于水质的排放标准之后继续前进的一步，是水污染防治在"收官"阶段的步骤。可见，TMDL 计划是在点源已经被严格控制并且执行了 NPDES 排污许可证各项要求的基础之上建立起来的一项帮助受损水体达到水质标准的污染物削减计划。

3.2　国家污染物排放消除制度（NPDES）排污许可证制度

3.2.1　发展历程

NPDES 排污许可证项目衍生于多项法律提案，其历史起源可以追溯到 20

---

① 为何是日时间尺度？按照保障人体健康和水生态安全的要求，水体中污染物浓度任何时刻都不能超标。以重金属、有毒有害物质、pH 值、致病细菌为例，一年 365 天即使 364 天所有污染物指标均达标排放，但只要有一天严重超标就会对人体健康和水生态安全带来很大影响。但是美国国家环保局并不是针对所有的污染物都是日时间尺度，对于那些不是有毒有害的污染物（比如营养物质），可以有稍微长时间的平均。还比如泥沙沉积物，只是季节性的，也是允许较长时间的。

世纪 60 年代中期。1965 年，美国国会制定《水质法》要求各州政府或州水污染控制机构在 1967 年 6 月 30 日之前制定适合本州的水质标准。但是，尽管得到了越来越多的公众关注和联邦资金投入，大约只有半数的州政府于 1971 年制定了水质标准。为强制排污者执行水质标准，不得不由执行机构对排污行为与水质问题间的响应关系进行举证。在对排放的污染物、水质/健康关系进行量化时，管制机构受限于技术水平，无法确定诸多内容，无法认定违规行为，水质标准的实施受到了极大的限制。由于未能成功完成制定水质标准项目，加上联邦政府法案的强制执法效率低下，促使联邦政府在 1899 年的《河流和港口法》框架下修订了 1970 年排污许可证项目《废弃物法案》（Refuse Act Permit Program，RAPP），使其成为控制水污染的手段之一。

《废弃物法案》要求任何向公共水道排放废物的设施均需获得联邦排污许可证。该计划的具体要求由美国国家环保局和陆军工程兵团制定，两个管理机构随后完善了排污许可证计划的行政和技术基础。① 在此管理框架之下，排污者需要向陆军工程兵团申请排污许可证，而陆军工程兵团则向美国国家环保局询问排污许可证中所规定的排放标准是否可以达到水质标准以及最新的排放限值导则的要求。同时，州政府也被要求检验排污许可证申请。反过来，美国国家环保局也同时监督州政府的执行情况。可以看出，美国国家环保局在设立之初充当的并不是一个"管理者"，而更加类似官方的咨询机构。然而，这看似合理的管理体系再一次跌了跟头。1971 年 12 月，俄亥俄州联邦地区法院做出决定，独立设施排污许可证的颁发需按照 1969 年《国家环境政策法》（National Environmental Policy Act，NEPA）的要求准备环境影响评价报告，《废弃物法案》被废止。但是排污许可证的理念被保留了下来，在 1972 年《清洁水法》修正的内容中包括了作为国家水污染控制核心的 NPDES 排污许可证项目。

1972 年《清洁水法》的制定显著地改变了美国水污染控制的基本思路，维持了以水质为基准的污染物控制思路，但同样强调了基于工程技术或末端治理的控制策略。《清洁水法》第 402 条明确要求美国国家环保局制定并实施

---

① 令人意外的是，管理这个计划的主体机构是陆军工程兵团，而美国国家环保局则负责为 22 种类型的排放源制定排放限值导则。

NPDES 排污许可证项目。NPDES 排污许可证包括持证者的基本信息、允许的污染物排放标准、监测和报告义务、法律和行政等方面的要求。

NPDES 排污许可证管理在试点的基础上不断完善。1973 年 3 月，美国国家环保局批准了印第安纳州河流污染控制委员会向 5 个公司颁发排污许可证，这是美国第一批 NPDES 排污许可证。在实施 NPDES 排污许可证初期，大部分的行业还没有全国统一的排放限值导则，并且没有全面考虑有毒有害污染物，排污许可证的排放标准由许可证编写者根据 BPJ 确定限值。随着控制技术的进步和各界的推动，1977 年《清洁水法》改进了 NPDES 排污许可证项目，将关注点从传统污染物转向控制有毒有害污染物。在 1987 年《水质法》中加入了对工业和市政雨水排放的排污许可证要求。《水质法》重点提出了各州水质达标的策略，如果各州的不达标水体在实施基于技术和水质的控制措施后，仍未能达到相应的水质标准，那么美国国家环保局就要求各州政府对这类水体制定并实施 TMDL 计划。此外，该法案还要求美国国家环保局对污泥中的有毒物质进行鉴定，并进行总量控制。该法案还发布了反降级的规定，禁止对已颁发排污许可证中的排放标准进行降级处理（姜双林，2016）。

3.2.2　管理体制

美国 NPDES 排污许可证项目的监督管理体制采取统一监督管理和分级管理相结合的模式，即"合作联邦主义"，核心是如何处理联邦政府与地方政府（各州）之间的许可证授权签发与监督上的分工与合作关系。根据《清洁水法》的规定，美国国家环保局的职能包括"制定国家污染物排放消除制度，同时如果有必要，可以为各州制定或审批许可证计划，对尚未获得许可证审批的州以及尽管获得了许可证审批但依然存在违反国家法律或标准的州强制实施国家污染物排放消除制度；审查、修改、暂停和吊销任何机构发放的国家污染物排放消除制度（NPDES）下的排污许可证，其中包括美国陆军工程兵团"。

根据《清洁水法》第 402（b）条和 NPDES 行政法规第 123 节的规定，美国国家环保局可以授权州、领地或部落政府机构执行全部或部分 NPDES 排污许可证项目，如果某个州想要获得授权代替美国国家环保局管理 NPDES 排污许可证项目，则需要向美国国家环保局提交"一揽子"文件以获得其批准，其中包括：州长请求审查和批准项目的信件、达成协议的备忘录、项目说明、法律授权的声明以及作为项目基础的州法律和行政法规。美国国家环保局在收到申请之后的 30 天内确定提交材料是否完备，90 天内答复是否给予授权。整个授权的过程包括公众审查、评论和听证会。州申请的 NPDES 排污许可证项目包括：市政和工业设施的 NPDES 个体许可证项目、一般许可项目、预处理项目、联邦设施的许可、污泥项目。一个州可以获得 NPDES 排污许可证项目中一个或多个项目的授权。目前，有 46 个州（不包括爱达荷州、新罕布什尔州、马萨诸塞州、新墨西哥州）和弗吉尼亚群岛获得授权，负责本地区全部和部分 NPDES 排污许可证的颁发。对于未得到美国国家环保局授权的州政府而言，NPDES 排污许可证的颁发由美国国家环保局区域办公室负责。获得授权运行某许可证项目的州政府，需要与美国国家环保局签订包括 9 项具体内容的协议备忘录，既包括实体上的也包括程序上的，如项目组织、拟用许可证表格的形式、遵守跟踪和执行方案、实施美国国家环保局授权的州立法授权、对违法者施行强制执法的规定、提供关于许可决定司法审查的机会（为被许可的排污者提供法律救济）等，这实质上体现了联邦政府与州政府之间在水污染控制上的职能分工和合作主义。

州政府可能会拒绝参与，但大多数州不会选择这种做法，因为它们也想获得联邦政府用于环保的项目基金。经批准的项目，会伴有联邦经费资助。通常，经由州政府颁发的许可证或执行的项目，美国国家环保局将不再处理，但美国国家环保局必须检查由州政府颁发的许可证，并有权反对许可证中出现和联邦要求相矛盾的内容，保留必要时收回州政府许可证管理的权力。许可证一旦颁发，就要被强制执行，被授权的州和联邦机构有权监督和强制企业执行许可证的要求。可以看出，美国国家环保局依然保留对州政府许可决定的监督权威和独立的强制执行权威。[①]

美国国家环保局通过实施许可证质量评估（Permit Quality Reviews）和州评估框架（State Review Framework）对各州的 NPDES 排污许可证项目执行情况进行监督，帮助各州发现项目管理问题并改进。在 NPDES 排污许可证质量评估过程中，美国国家环保局对某一类许可证的语言、情况说明书、排放标准的计算和其他支持文件进行审阅，评估该州的许可证是否与《清洁水法》

---

① NPDES 排污许可证在美国属于联邦政府的专案，联邦政府具有最终审批和执行的权力。如果出现违法现象，联邦执法机构就可以介入，联邦调查局可越过州政府直接进行调查。

及其他环境法规的要求一致，以提高各州 NPDES 排污许可证项目的执行一致性，识别 NPDES 排污许可证项目管理的成功案例，帮助各州改进许可证项目的管理。州评估框架主要是对各类 NPDES 排污许可证项目的绩效进行评估。根据法律法规的规定，公民可以向美国国家环保局提出申请，要求取消对某个州的 NPDES 排污许可证项目授权。

3.2.3 排污许可证类型与主要内容

从理论上讲，排入美国水体的污染物源，可分为直接排放源和间接排放源。直接排放源直接排放污水进入受纳水体，间接排放源排放的污水经过公共污水处理厂处理后再进入受纳水体。在美国国家计划中，NPDES 排污许可证只发给直接排放的点源，工业和商业的间接排放源则由国家预处理项目进行控制（叶维丽，2014）。NPDES 排污许可证项目主要关注的是工业企业和公共污水处理厂等直接排放源。在这些主要的排放源分类里，有很多项目规定的特殊类型的排放，如图 3-2 所示。公共污水处理厂接收了居民和商业的

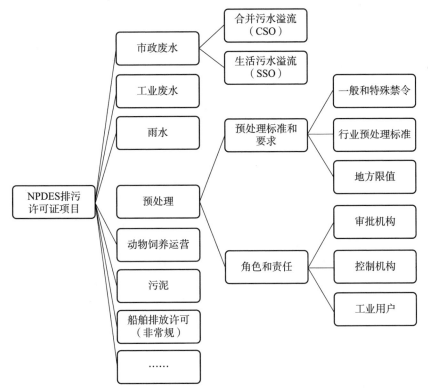

图 3-2 美国 NPDES 排污许可证项目分类

主要生活污水，大型的污水处理厂也接收和处理来自工业企业的纳管废水（间接排放者）。公共污水处理厂可以处理的污染物种类一般为常规污染物（如 BOD_5、TSS、类大肠菌群、油脂、pH 等），根据纳管的工业企业点源自身特点，也可能包括非常规污染物或有毒有害污染物。与公共污水处理厂不同，工业企业点源的原材料、生产流程、处理技术以及工业设施污染物排放规律变化多样，这是由工业企业所属行业及生产设施特点决定的。

在 NPDES 排污许可证制度下，美国境内所有正在或者将要向水体排放污染物的点源都必须获得一个 NPDES 排污许可证。根据《清洁水法》，排污许可证主要由基本信息、排放标准、监测和报告要求、特殊规定、一般规定等组成，如图 3-3 所示。

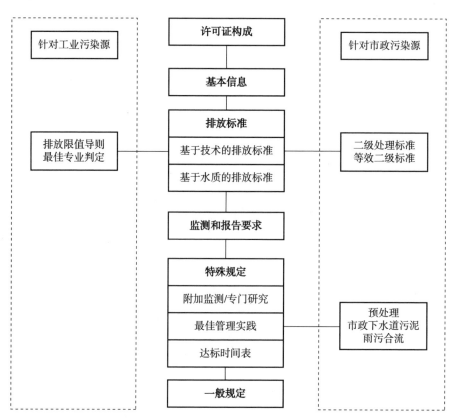

图 3-3　NPDES 排污许可证的主要内容

基本信息：一般包括排污许可证持证者的名称、排放设施的名称和位置、被批准排放口的具体位置、受纳水体、具体的管理部门、授权该排污许可证的法律和法规、排污许可证有效期、管理部门主管官员的签字声明。所有信息均由美国国家环保局区域办公室或经授权州提供模板式语言或格式。

排放标准：排放标准是排污许可证的核心，也是污染物向受纳水体排放的主要控制机制。基于技术的排放限值（Technology-based Effluent Limits，TBELs）是对点源排放的最基本要求，当污染源在达到该标准的基础上仍然不能满足排入水体水质目标时，应实施基于水质的排放标准（Water Quality-based Effluent Limits，WQBELs），这是对点源的进一步要求。排污许可证编写者的大多数时间均花费在根据相应的技术和水质标准制定适当的排放标准上，通常取最严格的计算结果作为最终的排放标准。不同污染物可能会遵守不同的排放标准，比如汞等有毒和优先控制的污染物可能会按照基于水质的排放标准进行排放，而磷酸盐等常规污染物则按照基于技术的排放标准进行排放。

监测和报告要求：用以描述废水和受纳水体特征，评价废水处理效果和确定遵守排污许可的条件。定期的监测和报告是促进工业企业自证守法、确保污染控制正常进行的经济而有效的方法。这可以让持证者意识到依法排放的责任，并及时掌握污染处理设施的运行情况，这也成为监管部门执法行动的重要基础。

特殊规定：除了满足 NPDES 排污许可证所要求的"一般规定"，许可证还可以包含应对特殊情况的规定以及适应预防性的要求，用来补充排放标准的规定，同时为未来排放标准的修订和发展提供数据基础。这部分通常是非数值式或描述性的法定要求，因为不包括具体的量化指标，所以这部分特殊规定不能被放在排污许可证的排放标准部分。比如，最佳管理实践、污染防治、额外的监测和研究、达标期限等。提出特殊规定的目的是鼓励持证者采取行动削减现阶段排放的污染物总量，或者减少未来污染物排放的可能性。

一般规定：也叫"样板"规定，是美国国家环保局要求许可证对排污者提出的各种预先设定好的法定条件。这些一般规定列举了持证者在实施和遵守这些法定条件时的法律、行政和程序上的要求，包括定义、检验程序、记录保存、通知要求、对违规的处罚和持证者的责任。采用一般规定有助于确保美国国家环保局、区域办公室或州政府颁发的排污许可证的统一性。许可证编写者需要了解一般规定的内容，需要经常向持证者解释这些内容。

3.2.4　排放标准体系

理想的排放标准包括 TBELs 和 WQBELs。TBELs 是考虑到一定阶段下的社会经济条件，按照当时的先进技术水平制定的工业点源排放限值或技术要求，目的是促使企业的技术达到行业先进水平（管瑜珍，2017）。一般来说，TBELs 是按照行业制定的，其要求在全国范围或一定区域内是统一的。WQBELs 是指基于一定阶段下社会对水体功能的需求，根据该时期实施的水质标准制定的工业点源排放限值。WQBELs 的目的是保证点源的排放不影响下游水质。WQBELs 是针对污染源逐一制定的，对每个污染源的控制要求都不同。

TBELs 严格按照最先进的技术制定，为了满足排放标准的要求，企业不得不采用先进的生产技术和污染处理技术。从长期来看，随着技术的创新和发展，TBELs 不断严格，企业的排放水平将随之下降。WQBELs 严格按照水质标准制定，保障水体水质达标。在一个较长的时期内，随着社会对水体要求的提高，水质标准也将逐步提高，WQBELs 也会越来越严格，促使企业的排放水平下降。最终，随着 TBELs 和 WQBELs 的修订和更新，工业点源排放接近"零排放"，进入水体的污染物数量接近于零，水体恢复到接近天然的状态，恢复化学、物理和生物的完整性。

"反倒退"（Antibacksliding）和"反降级"（Antidegradation）原则是美国1977 年《清洁水法》对排放标准明文提出的基本要求。它的含义是，NPDES 排污许可证的更新不能降低对某一污染物的排放要求，其基本目的是使排放标准随着经济的发展、技术的进步逐渐趋严，逐渐逼近"零排放"的国家目标，而不能出现降级和倒退的情况。执行这项原则的关键是使降低排放要求的门槛非常不易跨过，使得任何改变都十分困难，甚至不可能。排污者可以自行决定，或者达到比通常更严格的排放要求，或者向管理部门提出降低排放要求的申请，并证明这不违反"反倒退"和"反降级"的原则。

排放标准的"反倒退"原则和水质标准的"反退化"① 原则的结合使用，在美国 NPDES 排污许可证的颁发、更新过程中，形成美国水环境管理的又一个有力的武器，对制止水环境污染起到了重要作用。

---

① 反退化详见美国水质标准分析部分。

3.2.5　基于技术的排放限值（TBELs）的制定

（1）排放限值导则

美国国会认为制定全国统一的工业行业最佳可行控制技术的排放限值导则的目的在于避免"污染者天堂"，并且能够使美国水体的水质达到更高水平。排放限值导则（Effluent Limitation Guidelines，ELGs）是指美国国家环保局基于工业类别和子类别内技术、工艺等因素而制定的基于技术的排放标准，其目标是在考虑工业类别、经济可达性以及污染物削减收益对应的成本增加等因素的基础上，确保不同排放位置、不同受纳水体、具有相似排放特性的工业企业或设施，适用相似的基于最佳污染控制技术的排放标准。

排放限值导则主要基于现有点源和新建点源两种污染源类别建立。美国国家环保局针对这两种类型的点源提出了对应的污染控制技术的排放标准，主要包括最佳可行控制技术（Best Practicable Control Technology Currently Available，BPT）、最佳常规污染物控制技术（Best Conventional Pollutant Control Technology，BCT）、经济可行的最佳技术（Best Available Technology Economically Achievable，BAT）、新源绩效标准（New Source Performance Standards，NSPS）以及工业污染源排入公共污水处理厂的预处理标准等。BPT、BCT、BAT 是针对向天然水体排放的现有工业点源，NSPS 是针对向天然水体排放的新建工业点源，现有工业点源预处理技术（Pretreatment Standard for Existing Sources，PSES）和新建工业点源预处理技术（Pretreatment Standard for New Sources，PSNS）分别针对排入公共污水处理厂的现有源和新源。不同的污染物排放标准分别针对不同的污染源（新源和现有源）以及不同的污染物（常规污染物、非常规污染物、有毒有害污染物），同时考虑企业的承受能力，并给予合理的过渡期，使得不同工业行业的排放标准具有较好的针对性、可操作性和科学性（宋国君，2014）。排放限值导则适用的技术标准类型如图 3-4 所示。

BPT 是针对各类污染物当前可达到的最佳可行控制技术，是基于技术的排放标准的第一阶段要求。制定 BPT 时，美国国家环保局需要考虑行业内企业设备的使用年限、污染治理工艺和技术因素，同时还要综合评估污染削减成本与收益。一般来说，美国国家环保局制定 BPT 的标准是行业内运行良好设备的最佳水平的平均值。

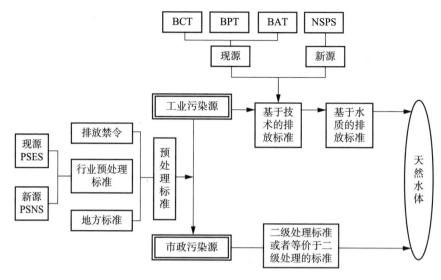

图 3-4　美国污染源类别与对应技术排放标准

针对常规污染物的 BPT 后来被 BCT 所取代，该技术是美国国家环保局针对现有工业点源常规污染物排放确定的最佳控制技术。BCT 的制定同样需要考虑行业内企业设备的使用年限、污染治理工艺、技术因素以及污染削减成本与收益。此外，美国国家环保局针对 BCT 提出了需要注重成本的合理性分析：第一，充分考虑污染控制技术的成本效益分析，确定该技术是否合理；第二，对比公共污水处理厂处理该污染物的成本和水平。这里隐含的含义是，如果工业企业处理该污染物的成本高于公共污水处理厂成本，那么由公共污水处理厂来治理则更具成本有效性。

BAT 是针对非常规污染物和有毒有害污染物已经存在的最佳控制技术。

BAT 的制定虽然考虑到排放削减的成本，但是并非必须达到污染削减收益与成本的平衡。美国国家环保局制定 BAT 的标准是某行业内某一类设备能够达到的最好的污染控制水平。与 BPT 和 BCT 类似，BAT 的制定也需要综合考虑行业内企业设备的使用年限、污染治理工艺、技术因素，可以将 BAT 指定为工艺升级改造之后"能够达到"的水平。根据《清洁水法》的要求，排放有毒有害污染物的点源必须适用经济可行的最佳技术。

NSPS 适用于直接排入天然水体的新源排放的常规污染物、非常规污染物和有毒有害污染物。由于新建点源有机会在建设之初采用最好的、最有效的生产设备、生产工艺和污水处理技术，因此 NSPS 反映的是通过最佳控制技术能够达到的水平。

PSES 是面向排向公共污水处理厂的现有工业点源的标准，PSNS 是面向排向公共污水处理厂的新建工业点源的标准，这两项标准的目的是防止工业废水中的污染物干扰或者穿透公共污水处理厂的操作。PSES 的水平与 BAT 相当。PSNS 与 NSPS 同时发布，由于新源有机会采用最好的污水处理技术，PSNS 也是按照最佳技术制定的。由于公共污水处理厂可以处理常规污染物，而美国国家环保局的预处理标准中没有常规污染物，所以 PSES 与 PSNS 中都不包括常规污染物。

（2）公共污水处理厂 TBELs 制定程序

公共污水处理厂是申请个体许可证①的主要排放源。与工业污染源的排放控制方式类似，《清洁水法》要求公共污水处理厂采用可行的污水处理技术达到所要求的处理效果。《清洁水法》第 301 条要求所有的公共污水处理厂在 1977 年 7 月 1 日之前达到"二级处理"水平。具体来说，《清洁水法》要求美国国家环保局依照该法案第 304 条（d）（1）款的规定，制定公共污水处理厂二级处理标准。根据这一法律要求，美国国家环保局制定了联邦法规第 40 卷 133 节，即二级处理条例。随后，修订的《清洁水法》第 304 条（d）（4）款要求美国国家环保局制定特定类型公共污水处理厂的替代标准，这些标准被称为"等效二级标准"。

TBELs 通过研究现有成熟污染物去除技术能够达到的污染物处理水平以及社会经济条件，设定了一个出水水质的最低限度。在制定公共污水处理厂基于技术的排放标准时，美国国家环保局在全美范围内开展处理后污水排放情况调查，收集污染物排放相关的调研数据。根据法律规定，美国国家环保局有权要求污水处理厂提供有关污水排放的信息。美国国家环保局为此制定了相应的"308 部分调查问卷"，对收集的污染物排放相关调研数据进行统计学分析，并依据当下各污水处理技术和工艺状况能达到的处理效果，计算出污水处理厂正常运行条件下能够达到的排放限值，即二级处理标准和等效二级标准（文扬，2017）。

市政污水的一个显著特点就是适合使用生物方法处理。在公共污水处理厂中，生物处理工艺被称为二级处理，一般接在沉淀（初级处理）之后。美

---

① 排污许可证主要分为两种类型：个体许可证和一般许可证。个体许可证是专门为个体设施量身定做的，它针对该设施的具体特征、功能等规定特别的限制条件和要求。一般许可证是在一种"伞状"许可证项目下涵盖大量相似设施的许可证，无须个人申请，适用于一定地理区域内具有某种共同性质的特定排污设施。

国国家环保局根据污水处理厂去除有机物和 TSS 的绩效数据建立了二级处理标准。这一标准适用所有公共污水处理厂，并限定了二级处理出水水质的最低水平，通过 BOD$_5$、TSS 和 pH 等指标来表征。美国国家环保局在二级处理标准中没有规定氮和磷的排放标准，因为在正常工况下，活性污泥处理系统无法有效或稳定地去除这些污染物（Bardie，1979）。根据联邦法规第 40 卷 122 章 45 节（f）款，在制定排放标准时，必须综合多个方面进行考虑，比如污水二级处理要求以及污水处理厂设计流量等。此外，还可以应用基于浓度的排放标准确定 30 日平均限值和 7 日平均限值。二级处理标准具体限值见表 3-1。

表 3-1　污水处理厂二级处理标准具体限值

指标	30 日平均限值	7 日平均限值
BOD$_5$	30 毫克/升（或 25 毫克/升 CBOD$_5$）	45 毫克/升（或 40 毫克/升 CBOD$_5$）
TSS	30 毫克/升	45 毫克/升
BOD$_5$ 和 TSS 的去除率	不低于 85%	—
pH	6~9	

美国国会认为需要针对某些小型社区的生物滤池或氧化塘等污水处理设施制定替代标准。这些设施需要大量的资金投入才能建设成为可以达到二级处理标准的新处理系统。因此，为了防止建设不必要的昂贵的新处理设施，国会在 1981 年要求美国国家环保局对可替代现有技术的生物处理技术提供补助，包括生物滤池和氧化塘。美国国家环保局于 1984 年对二级处理条例进行了修订，允许采用生物滤池或氧化塘的污水处理设施使用替代限值，以满足"等效二级处理"的要求。这次修订所基于的重要概念包括：能够显著减少 BOD$_5$ 和 TSS 但始终不能达到二级处理水平的某些生物处理设施，应区别于二级处理设施单独界定；等效二级处理设施费用低且更容易操作，因此可在较小的社区使用，美国国家环保局制定的规定要尽可能有利于这些技术的持续利用；用于确定等效二级处理标准的方法应与二级处理标准的相同；等效二级处理设施的应用不能对水质产生不利影响；等效设施运行良好，应避免费用昂贵的工艺升级改造等。能够采用等效二级处理标准的公共污水处理厂必须满足以下条件：污染物排放无法达到二级处理标准，主体处理工艺是生物滤池或氧化塘；等效二级处理设施的排污不会对水体水质产生不利影响；有显著的生物处理效果，30 日平均 BOD$_5$ 去除率不低于 65%。等效二级处理标准

具体限值见表 3-2。

表 3-2　污水处理厂等效二级处理标准具体限值

指标	30 日平均限值	7 日平均限值
BOD₅	不超过 45 毫克/升 （或不超过 40 毫克/升 CBOD₅）	不超过 65 毫克/升 （或不超过 60 毫克/升 CBOD₅）
TSS	不超过 45 毫克/升	不超过 65 毫克/升
BOD₅ 和 TSS 的去除率	不低于 65%	—
pH	6~9	

　　如果污水处理厂在运行过程中超出设计的排放标准限值，则视为不合格。如果是由于超负荷运行或结构性缺陷导致其处理效果不佳，那么解决该问题的方案应当是建设新的污水处理设施，而非调整排放标准限值。在无法取得州内新型生物滤池处理效果数据时，分析同类污水处理厂数据是确定许可证排放标准限值的首选方法。如果没有同类污水处理厂的分析数据，可以参照有关文献。

　　美国国家环保局制定污水处理厂基于技术的排放标准的目标是设定一套基于当前技术污水处理厂普遍能够达到的最低标准。2008 年，美国国家环保局通过"清洁流域需求调查"，收集了全美约 5% 的公共污水处理厂排放数据，总处理量约占全美市政污水处理总量的 70%。[①] 在制定二级处理标准时，美国国家环保局将少数应用生物滤池或氧化塘等附着微生物工艺的市政污水处理设施纳入标准计算的对象设施范畴。因此，在该调查中美国国家环保局检验了执行 TSS 出水排放标准限值为 30 毫克/升的应用生物滤池或氧化塘作为二级处理单元的公共污水处理厂的处理程度。其中 21 座公共污水处理厂的 TSS 30 日平均值为 11 毫克/升，298 个监测值的 95% 分位数是 20 毫克/升。由于这些污水处理厂对 BOD₅ 和 CBOD₅ 的要求不一致，因此现有数据不足以支撑生物滤池或氧化塘的 BOD 绩效统计。如果将生物滤池或氧化塘的绩效和活性污泥系统的数据进行整合，可以得到 TSS 30 日平均值为 9 毫克/升，95% 分位数依旧是 20 毫克/升（USEPA，2013）。调查结果表明，二级处理标准是公共污水处理厂基于当前技术条件在规范操作情况下可以达到的标准，遵循了基于技术的排放标准最初的设计宗旨（文扬，2017）。

---

　　① 被调查的污水处理厂一共有 166 座，日处理能力均超过 455 万立方米（活性污泥二级处理设施）。

3.2.6 基于水质的排放限值（WQBELs）的制定

（1）水质标准

水质标准是美国基于水质进行水污染控制的基础，是执行《清洁水法》中水质清单、国家污染物排放消除制度等各计划的基本原则。水体的指定用途（Designated Uses）、保护特定水体用途的水质基准（Water Quality Criteria）、反退化政策（Antidegradation Policy）和一般政策（General Policy）共同构成了美国的水质标准体系。[①]

水质标准是用来保护用途的，即在保证用途的要求下每种污染物的最大浓度水平。美国国家环保局规定，在任何可实现的地方，水质标准都应该保护水质，提供对鱼类、贝类和野生生物的繁殖及水中和水上娱乐的保护（即"可钓鱼、可游泳"的目标）。在制定标准时，各州应考虑水体对公共供水、鱼类和野生生物的繁殖、娱乐、农业、工业和通航的用途与价值，同时各州可制定比《清洁水法》中要求更为严格的水质标准。美国水质标准反映了水生态系统所有组成的质量状况，主要包括营养物标准、有毒有害污染物标准、水体物理化学标准等（孟伟，2006）。但其并不由美国国家环保局统一制定，而是在水质基准的基础上由各州环保部门结合当地的水资源与水环境条件自行制定、评估和修改，且每3年需要回顾和修订水质标准，并要接受公众和地方组织的听证，最后提交美国国家环保局审批。审批的依据包括：州是否实施了符合《清洁水法》的水质用途、州实施的水质标准能够保护指定的水质用途、州在修订或实施标准的过程中是否遵循了合法的程序、指定的用途是否基于适宜的科学和技术分析等内容。各州制定的水质标准经美国国家环保局审核通过后才能实施（郑丙辉，2007）。

①水质基准。水质基准在制定水质标准，以及水质评价、预测等工作中被广泛采用，是水质标准的基石和核心（周启星，2007）。水质基准是指水环境中污染物对特定保护对象（人或其他生物）不产生不良或有害影响的最大剂量和浓度，或者超过这个剂量和浓度就会对特定保护对象产生不良或有害影响。美国的水质基准是基于最新的环境科学和环境毒理学建立起来的，并准确反映以下最新科学知识：a. 所有可以识别的健康和福利影响的种类及程

---

① USEPA. Water Quality Criteria and Standards Plan-Priorities for the future ［R］. Washington D C: US Environmental Protection Agency, 1998a, EPA 822-R-98-003.

度，包括对水生生物和娱乐用途的影响，这些影响可能由任何水体中的污染物导致；b. 通过生物、物理和化学过程的污染物或其副产物的浓度和扩散；c. 污染物对生物群落多样性、生产力和稳定性的影响。水质基准是污染物浓度的科学参考值，不具有法律效力，一般用数值型基准（科学数值）和叙述型基准（描述性语言）来表示，为各州制定水质标准提供了技术支持和科学依据。数值型基准主要包括一些特定的参数，如污染物的含量和限值等，以保护水生生物和人体健康。各州在数值型基准无法建立时，会建立叙述型基准，或作为数值型基准的一种补充，比如禁止排放有毒有害物质，确保"可钓鱼、可游泳"目标的实现。在某种程度上，定性标准比定量标准威慑力更大。

美国依据《清洁水法》建立了一套完善的水质基准体系。早在 20 世纪 60 年代，美国国家环保局就开始了水质基准的研究工作，并发布了多个水质基准的技术指南和指定导则，先后提出了 167 种污染物的基准。[①] 主要划分为两大类：毒理学基准和生态学基准。前者是在大量的暴露实验和毒理学评估的基础上制定的，如水生生物基准和人体健康基准；后者是在大量现场调查的基础上通过统计学分析制定的，如沉积物基准、细菌基准、营养物基准等。水生生物基准又可分为慢性基准[②]和急性基准[③]。

美国国家环保局提供参考性的水质基准，并根据最新的科技成果和最近的数据来制定参考的水质基准，为各个州制定自身的水质基准提供科学依据，各个州也可以不采纳美国国家环保局提供的水质基准。美国国家环保局提供的参考值并没有法律效力，直到州政府通过立法之后才具有法律效力。

②指定用途。州负责对本区域内的水体指定用途，即描述水质目标或水质期望。指定用途是法律确认的水体功能类型，包括水生生物保护功能、接触性景观娱乐功能、渔业功能、公众饮用水水源功能等。这些用途是州或部落确定的支撑水体健康的保障。一个水体有各种各样的指定用途，一般情况下，一个水体最好指定 5~6 个主要的使用功能，在指定用途的过程中也要考虑下游水体的使用。

指定用途＝现有用途（Existing Use）+潜在用途（Potential Use）。如果指

---

①　USEPA. National recommended water quality criteria [R]. Washington DC：Office of Water, Office of Science and Technology, 2009 [2010-05-31]. http：//www. epa. gov/ost/criteria/wqctable/.

②　慢性基准指生物可以长期连续或重复地忍受而不会受到不良反应的毒性最高浓度。

③　急性基准指生物可以在一个短时期内忍受而不至于死亡或受到极其严重伤害的毒性最高浓度。

定用途等于现有功能,就是比较准确的描述;如果指定用途大于现有功能,即指定用途比现有功能更高一些的话,就存在一个潜在的使用。如果证明达不到的话,可以通过提供用途可达性分析(Use Attainability Analysis,UAA)降低到现有使用功能;如果指定用途小于现有功能,此时反退化政策就起作用,必须提升到现有使用功能。

另外,当一个水体有多种指定用途时,应当采取措施保护最为敏感的指定用途。比如铜的限值,人体自身抗铜的能力很强,所以含量可以较高,但对于鱼类来说,极低的铜浓度便会对鱼类产生危害。由此可以看出,一个指定用途为饮用水源地的水体并不能有效地保护鱼类,在保护水生态的时候,要采用保护鱼类的水质基准。

③反退化政策。反退化政策是美国水质标准体系中非常重要的一部分。1972年《清洁水法》虽然没有包括反退化政策(Antidegradation Policy),但这一政策在其颁布之前就已经出现在美国政府的环境政策文件之中。1975年11月28日美国国家环保局将反退化政策写入水质标准之中,成为联邦环境法规的一部分。反退化政策的目的是防止水质优良的水体出现退化风险,即水质只能越来越好,不能变差。此规定划定了水污染防治的红线,在严格保护水质方面发挥了重要的作用。

美国联邦法典第131.12章(40 CFR 131.12)对反退化政策做了细致的说明和规定,要求各州制定和采纳适宜全州范围的反退化政策,并明确相应的执行办法。政策和执行办法至少达到以下要求:a. 有必要保护的江河水体的用途和水质水平应当得到维持和保护。b. 对于水质好于满足鱼类、贝类和其他野生生物的繁殖以及水下和水上娱乐活动水平的水体,水质应当得到维持和保护。除非州政府发现计划在执行过程中,如果要完全满足关于政府间协调和公众参与的规定,的确有必要为重要的经济和社会发展而允许水质降低。在允许水质退化或者降低的过程中,州政府要确保水质仍可完全满足当前用途。另外,州政府应当保证有针对新的和现存的点源达到最高法令和法规的要求,有针对非点源控制的低成本和合理的最佳管理实践。c. 对于由高质量水质水体组成的国家优质水资源(ONRWs,国内也有学者将其翻译为杰出的国家资源水域),比如国家公园、州立公园、野生动物保护区以及具有独特的娱乐或者生态学意义的水体,水质必须得到维持和保护,禁止任何理由的退化。d. 在潜在的水质损害和热排放污染有关的案例中,反退化政策及其执行方法应同联邦法规第316章保持一致(宋国君,2013)。

在美国各州的反退化政策说明和执行细则中一般只强调上述前三个方面，具体信息在各州政府的网站上均有公开，相关文件可以免费下载，供公众了解和监督。总体来说，各州执行反退化政策的目的在于：一方面确保没有降低水质的行为，一项指定用途一旦达到就应当维持下去；另一方面维持和保护高品质水体，保护国家优质水资源。州政府需要制定相应的规则和执行程序来确保水体的当前用途，防止清洁水体遭受不必要的水质退化。特别是当某些水体的自然水质要好于水质标准的要求，在接受一定程度内的污水排放后也可以满足水质标准时，反退化政策就将起到作用，限制会导致水体水质降低的排放行为。

由于联邦政府的人力物力限制，其规定往往不能具体到各种细节，因此，一般情况下，联邦政府会要求每个州将反退化政策作为其水质标准的一个组成部分，制定相应的具体执行办法，并对各州所制定办法进行严格审批，对各州的执行情况进行监督与核查。联邦政府还可以通过提供技术、资金和其他方面的支持来协助各州制定反退化政策和执行具体行动计划，和各方干系人共同展开切实可行的水质保护管理措施。各州政府所制定的反退化政策执行计划均需报送美国国家环保局审批后方可生效。当然，各州在执行过程中也具有相对的灵活性和自由度，可以做到具体问题具体对待。如加利福尼亚州将反退化政策纳入其所有的流域水质量控制计划，而且在其反退化政策中还包括了关于地下水保护的内容；西弗吉尼亚州在反退化法规中特地强调对于所有天然的鳟鱼繁殖水域的保护，严禁其水质降低；亚利桑那州的反退化执行计划表明，如果水质评定显示地表水发生明显退化，但是并未违背水质标准，那么州环境质量管理部门便可就退化的程度和导致退化的污染源进行监察来判别水质变化的趋势和决定相应的行动。当然，反退化政策也会考虑一些不可避免的例外状况，诸如水体中物质的背景值本身就高于标准要求、水量少容易干涸、不可弥补的人为活动参与、水文特征因人为活动而改变、水体物理条件不合适以及因该项政策会对当地经济社会发展造成巨大损失的情况等，一般以最后一种情况发生的例外居多。当面临这些特殊状况，水体不得不容纳额外的污染量时，必须满足以下三点基本要求：a. 通过用途可达性分析手段证明是为了当地重要的经济和社会发展而做出的必要牺牲，且没有其他可替代方案。b. 必须经过相关政府机构间的协商达成一致。如果林业、农业和旅游等部门因为自身对水质用途的考虑认为水质降低不可行，则不允许水质降低。c. 必须做到对点源和非点源污染的控制，点源污染至少要达到基于技术的排放标准，非点源污染要满足日最大污染负荷计划的要求。当然，即使在满足上述条件下允许水质有所降低，也必须达到"可钓鱼、可游泳"的最基本水质要求。

④一般政策。除了水质标准的前三个组成部分，各州可自行决定在它们的水质标准体系中包括普遍影响标准如何应用或实施的一般政策（General Policy），这主要是执行方面的具体要求，取决于各州自主裁量。简单来讲，就是在具体执行水质基准、指定用途和反退化政策时有什么样政策手段来协助，比如说混合区（Mixing Zone）的确定、基准必须达到的临界低流量、方差的有效性等。与水质标准的其他组成部分相比，当一般政策被认为是新的或修订的水质标准（比如它们构成了对水质基准、指定用途和反退化政策要求或其任意组合的变化）时，将受制于美国国家环保局的审查和批准。

从以上关于美国水质标准体系的介绍中可以看出，《清洁水法》对于有关水质标准的法律规定得十分详尽，使得美国水质标准具有很强的操作性。同时，也表现了较强的时效性，各项技术强制性规范都以法律规定的限期为保障，且随着现实的变化而更新，有力地促进了水环境保护工作的进展。

（2）WQBELs制定程序

通过分析污水对水质的影响，当发现基于技术的排放标准并不能满足水质标准的要求时，根据《清洁水法》的要求，排污许可证可以采取更加严格的排放标准，以保证水体满足水质标准。因此所有排放源在执行并达到基于技术的排放标准后，受纳水体仍不能满足水质标准时，就要执行基于水质的排放标准。WQBELs帮助实现《清洁水法》"恢复和保持国家水体化学、物理和生物的完整性"的目标，并达到"保护鱼类、贝类和其他野生物的生存和繁殖，满足居民休闲娱乐"的目标（即"可钓鱼""可游泳"）。基于水质的排放标准是针对水体——制定的，美国国家环保局制定了一项基于水质的排放标准的计算方法，而各州政府制定了本地水体的功能，并且根据这一功能确定了点源的排放标准。基于水质的排放标准完全从确保受纳水体满足水质标准这一角度出发，不考虑点源的污染控制成本和技术可行性，代表了更为严格的排放要求，是保障人体健康和水生态安全的最后一道闸门。

基于水质的排放标准的制定方法主要包括以下四个步骤：确定适用的水质标准、识别废水与受纳水体的状况、确定WQBELs的必要性、计算特定参数的WQBELs。

①确定适用的水质标准。

美国地表水质标准包括三个方面：指定用途、水质基准和反退化政策。指定用途是通过对水体适用情况的预期，为州辖区内的水体进行分类。水质基准是根据指定用途制定的支持该种用途的地表水质基准。美国国家环保局要求制定的水质基准必须保证严格、科学，使用充足的参数和论据来保证达到指定用途的需要。反退化政策强调当前良好的水体水质不得恶化，划定水环境质量红线，在严格保护水质方面发挥重要作用。

②识别废水与受纳水体的状况。

首先，如果具有可适用 TBELs 的污染物，则只需验证该标准是否能够满足水质标准的需要以及是否需要进一步执行 WQBELs。在之前排污许可证制定中已经确定为需要制定 WQBELs 的污染物，排污许可证编写者只需要审定 WQBELs 是否继续有效。其次，需要识别废水的关键状况，包括污染物浓度和流量。需要识别受纳水体的关键信息，包括上游流量、污染物背景浓度、温度等特征。最后，需要确定废水进入水体的混合模型，划定稀释和混合区范围。如果稀释和混合区不被允许，则排污口必须达到水质标准要求，且没有必要采用水质模型分析，直接基于水质标准的要求来制定末端排放标准即可。稀释和混合区是指废水进入受纳水体后与水体发生混合作用的区域，该区域内水质在一定程度上允许超过水质标准。在稀释和混合区得到许可时，描述污水和受纳水体之间的相互作用关系通常要求使用水质模型。由于水质模型的专业度较高，许可证管理机构通常会设立水质专家组通过模型分析确定 WQBELs 的必要性。

《清洁水法》允许各州自行决定混合区的要求，美国国家环保局推荐各州在水质标准中对是否允许混合区做出明确说明。若混合区规定是州水质标准的一部分，那么该州需要对定义混合区的程序进行描述。各州对于混合区是逐案确定的，通过空间尺寸来限制混合区的区域范围。水质标准中一般已经列明了允许划定稀释和混合区的污染物指标。排污许可证编写者需要查阅水质标准，在允许的情况下根据废水和受纳水体的特征为该类指标计算出稀释和混合区。一般来说，河流的混合区不得大于河流 1/4 宽度和下游 1/4 英里长度，湖泊的混合区不得超过水体表面面积的 5%。在很多情况下，稀释和混合区被分为两种——适用于生物急性基准的混合区和适用于生物慢性基准的混合区。急性混合区面积更小一些，对排放的要求更为严格，如图 3-5 所示。

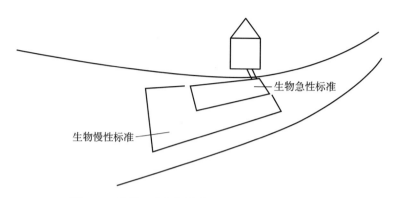

图3-5 适用于生物急性基准和慢性基准的混合区

③确定 WQBELs 的必要性。

美国国家环保局和很多授权的州都认为许可证编写者需要通过合理潜力分析（Reasonable Potential Analysis）来决定一个污染源是否需要制定 WQBELs。合理潜力分析是通过合理的假设来判断一个污染源的废水排放情况，无论是单独的还是与其他源的废水混合在一起，在一定的条件下，是否会引起水质超标。如果推断该污染源会引起水质超标，则需要制定 WQBELs。

相关手册为许可证编写者提供了一系列模型来做合理潜力分析。许可证编写者根据污染物的种类和河流水动力情况选择合适的模型。在完全混合情况下，可以应用最简单的物质平衡模型，很多的有毒有害污染物属于这种情况。在非完全混合情况下，应该根据实地观察或者染色跟踪实验来建立模型，进而做出预测。

④计算特定参数的 WQBELs。

如果合理潜力分析判定一项污染物排放可能违反水质标准，那么就需要为该指标制定 WQBELs。以保护水生生物为目的排放标准为例介绍其制定过程。

第一，确定急性和慢性污染负荷分配（WLA①）。在计算 WQBELs 之前，排污许可证编写者首先需要在急性和慢性基准的基础之上，为排放点源确定恰当的污染负荷分配。一个 WLA 可以根据 TMDL 计划制定，或直接为个体点源进行计算。如果某个水体的某项污染物已经有经美国国家环保局批准的 TMDL 计划，那么特定点源排放者的 WLA 应当根据 TMDL 计划计算。第二，

---

① WLA 是指在下游水体达标的前提下，污染源的最大允许污染物排放总量或浓度。WLA 的计算需要考虑储备能力、安全因素以及其他点源和非点源的排放，一般根据污染物水平和水生生物之间的剂量反应关系来计算。

为每项污染控制指标的 WLA 计算长期均值浓度（Long Term Average，LTA）。美国国家环保局提供了基于统计规律利用 WLA 计算 LTA 的方法。根据美国国家环保局的方法，对于排放记录遵循对数正态分布的污染物来讲，排污许可证编写者将 WLA 设定为一定置信区间内的样本，之后利用标准差计算出样本均值，样本均值即为长期均值 LTA。这样可以保证，如果将污染物排放浓度控制在 LTA 之下，污染物浓度超过 WLA 的概率很小。在应用水生生物基准时，排污许可证编写者通常基于急性基准建立一个 WLA，同时基于慢性基准建立一个 WLA。之后计算对应的急性 LTA——可确保排放浓度几乎总是低于急性 WLA，计算对应的慢性 LTA——可确保排放浓度几乎总是低于慢性 WLA。每一个急性和慢性的 LTA 代表对排放者的不同绩效期望。第三，选择最低的 LTA 作为持证排放者的绩效基础。为保证所有适用水质标准能够实现，排污许可证编写者将选择最低的 LTA 作为计算排放标准的基础。选择最低的 LTA 将确保企业排放污染物的浓度几乎总是低于所有计算的 WLA。此外，由于 WLA 是使用临界受纳水体条件计算得出的，限值的 LTA 也将确保水质基准在几乎所有条件下得到充分保护。第四，计算最大月均值和最大日均值。按照统计学的方法将 LTA 转化成最大月均值和最大日均值。[①] 第五，在情况说明书中记录 WQBELs 的计算结果。在排污许可证情况说明书中记录制定 WQ-BELs 的过程，需要清楚地说明用于确定适用水质标准的数据、信息以及相关推导过程，为排污许可证的申请者和公众提供一份公开透明的、可复制和可辩护的记录。可以看出，WQBELs 在数值上并非直接等同于实现水体达标的污染物最高浓度，而是经过一定的统计学转化。从 WLA 到 LTA 的转化，提供了更多的安全性保障，确保企业长期排放水平低于可能造成水生生物急性毒性和慢性毒性的水平。

排污许可证中公共污水处理厂基于水质的排放标准除了用平均每周限值（Average Weekly Limits，AWL，在一个自然周内每日排放均值的最高允许值)[②] 和平均每月限值（Average Monthly Limits，AML，在一个自然月内每日

---

① 美国国家环保局一般运用统计学方法来确定最大月均值和最大日均值。其中，将最大日均值设定为长期均值的 99% 分布空间的水平，将最大月均值设定为月日均排放测量值的 95% 分布空间的水平。在数值上，最大月均值比最大日均值更小，也就是说月均值更为严格。这是符合统计学规律的，由于水污染物排放大多符合对数正态分布，最大日均值的波动范围将大于最大月均值，最大日均值有较高的概率出现高值，而经过平均之后的最大月均值比最大日均值更接近长期均值，因此数值更小。

② 也可称 7 日平均值。

排放均值的最高允许值)① 表示，其余与点源基于地表水质的排放标准确定方法基本相同。在技术支持文件中，美国国家环保局建议在制定公共污水处理厂的毒性污染物排放标准限值时，应按照最大日限值制定，而非周平均限值。WQBELs 是各州政府对当地污水处理厂制定的基于水质的排放标准，其目的在于满足水环境质量的要求，因此排放标准限值更为严格。WQBELs 是在具体情况中对 TBELs 的补充，TBELs 是 WQBELs 的制定基础。WQBELs 通过美国国家环保局授权各州环保局根据自身情况制定，具有很强的灵活性，甚至可以因厂而异。表 3-3 列举了美国部分污水处理厂的 WQBELs，均为 30 日平均值。可以看出，WQBELs 均严格于二级处理标准中的排放限值。同时在 TBELs 中没有要求的 N、P 等指标，在 WQBELs 中也根据各州受纳水体的不同而设置了不同的排放标准。随着 WQBELs 的制定，水环境得到了有效保护，并产生了更为科学的参考依据。

表 3-3 美国公共污水处理厂的 WQBELs

名称	BOD	CBOD	TSS	TP	NH_4^+-N
Rock Creek	—	8	8	0.1	
Durham	—	8	8	0.11	—
Alexandria Sanitation Authority	—	5	6	0.18	8.4
Noman M. Cole Jr.	5	—	6	0.18	1
LOTT Budd Inlet	9	—	30	—	

综上所述，排污许可证编写者首先需要计算基于技术的排放标准（TBELs），之后视需要制定基于水质的排放标准（WQBELs），然后通过比较 TBELs 和 WQBELs 的数值，选择较为严格的作为最终排放标准。在写入排污许可证之前，编写者还需要为最终排放标准进行"反倒退"审查，禁止重新发布的排污许可证或者补充、修改的排污许可证做出比原许可证宽松的决定（主要指排放标准，也包括排污许可证的其他要求或规定），这样才能最终将排放标准确定下来。②

---

① 也可称 30 日平均值。

② 总体来看，需要将计算出来的 WQBELs 与以下五个值进行对比：TBELs；根据 TMDL 的计算值；基于流域的要求进行对比（流域管理是综合全面的管理方法，可在一个地理区域内恢复和保护水生生态系统并保护人类健康）；遵循反退化的政策；排污许可证每 5 年更新一次，并保证排放标准要越来越严格。对比后，选出最严格的一个，按照排污许可证的排放要求执行。

3.2.7　监测、记录和报告要求

在规定了排放标准之后，排污许可证编写者需要进一步对监测、记录和报告做出规定。《清洁水法》给排污许可证持证者施加了首要的监测责任，而不是美国国家环保局或州政府，这符合成本效益原则。持证者需定期对其排放行为做自我监测并对监测结果加以汇报，从而使管理部门获得必要的信息来评估污染物的特征以及判断污染物排放者的守法情况。

监测方案的制定包括监测地点、监测频率、样本收集方法、数据分析方法、报告和记录保持要求等。首先，排污许可证的编写者需要制定合适的监测地点来确保达到规定的排放标准，以及提供必要的数据来确定排放对受纳水体的影响。排污许可证制定要求中并不会确定固定的监测地点，而是授权排污许可证编写者考虑监测地点是否合适、是否易接近、是否可行、是否代表废水特征等因素来确定，其对地点的安全和可操作性负有法律责任。其次，监测频率针对每一个污染源和每一种污染物均是不同的，部分州环保局甚至还颁布了本州的监测导则来帮助排污许可证编写者确定合适的监测频率。监测频率的确定需要排污许可证编写者根据污染物排放和污水处理设施的不同参数，或实际的测量数据，抑或参考同类型的污染源监测结果，综合考虑污染物处理设施的设计容量、污染物处理技术使用、达标记录、污染源的监控能力、排放地点、排放的废水中的污染物属性等方面。最后，排污许可证编写者还需要对每种需要被监测的污染物基于其排放特性确定特别的采样收集方法。在美国普遍使用的采样方法是随机抽样和混合抽样，也包括连续顺序监测，而真正的全年连续监测设施并未大规模使用。

另外，美国建立了多级监测计划来调整监测的频率，如果在初始监测中发现达标状况良好，则根据达标情况减少监测频率；如果初始监测结果较差，则增加频率，以制定更加节省成本的监测方案。当然，仍然需要提供能够证实污染源遵守排放标准规定的数据和信息。美国国家环保局颁布出台的《基于污染源达标表现的 NPDES 监测频率变更临时导则》为污染源通过历史记录的持续达标状况调整监测频率提供了依据。

依据监测方案获得的监测数据，需要经过既定目标的处理加工才能转化为信息。因此，排污许可证编写者必须确定监测数据的分析方法，这些方法包括针对常规、非常规和有毒有害污染物的实验室分析方法，或者在处理设施中所涉及的测试化学、物理和生物特性的测试程序和方法等。这些方法大部分都已经制定成法规。同时，由于监测数据量的积累，数据及其所蕴含的

大量信息为环境管理服务的潜在能力也迅速增加。在美国，虽然排污许可证规定污染源必须一年至少申报一次自行监测结果，但是申报的内容与监测方案对应，仍要按照监测频率规定的时间尺度。

同时，污染源记录和周期性的报告监测结果提交到基于排放监测报告的数据库，通过该数据库能够给排污许可证制定者提供参考，同时也能够给行业排放标准的制定提供更加丰富的资料，刺激行业内的技术进步。在监测记录的保持方面，要求至少保持记录 3 年，且监测记录需要包括以下因素：采样的数据、地点、时间，采样者姓名，数据分析内容，数据分析者的姓名，使用的分析方法，分析结果等。按照《清洁水法》的规定，排污许可证中注明具有商业机密授权之外的监测数据记录和报告都必须对任何个人和团体无条件公开，保障公众的环境知情权。

3.3　工业废水预处理制度

城市生活污水处理厂会收集并集中处理生活污水和工商业废水，其工艺特点决定了进水水质的好坏是影响污水处理厂能否正常运行的关键因素之一。由于工业废水具有排放量大、污染物种类多、成分复杂等特点，工业间接排放源①是污水处理厂的重要管理对象。纳管企业作为工业间接排放源的主要组成部分，在我国数量众多，对其间接排放的监管是我国工业污染防治的重要内容。美国工业废水预处理制度在工业废水间接排放管理方面取得了显著成效，值得我国借鉴。

3.3.1　发展历程

1972 年美国《清洁水法》建立了以国家污染物排放消除制度为核心的点源排放管理体系，要求所有向水体排放污染物的点源均需获得 NPDES 排污许可证。其中，公共污水处理厂②（Publicly Owned Treatment Works，POTW）是受控于 NPDES 排污许可证项目中最大的一类污染源，是隶属于州政府或市政

---

① 按照工业废水排放去向的不同，工业点源通常分为直接排放源和间接排放源。直接排入受纳水体的污染源为直接排放源，通过城市污水管网排入城市生活污水处理厂，经处理后排入受纳水体的污染源（工商业者）为间接排放源。

② 美国的"城市生活污水处理厂"中文直译应该是"公共拥有的处理设施"，反映了污水处理厂在美国的公有性质，不过这与我国的"国有"或"集体所有"不同。比如，洛杉矶县卫生特区的所有权属于它服务的约 500 万人口这个集体。

当局的生活污水和工商业废水的处理设施。① 通常，公共污水处理厂能够有效去除生活污水中的常规污染物，但对于工业废水中的有毒有害污染物和非常规污染物不能很好去除。在 1972 年《清洁水法》中，美国国家环保局就提出要实施污染源控制专案（Source Control Program），加强对工业废水间接排放的管理。但当时美国国家环保局对水环境保护的注意力更多地集中于生活污水中的常规污染物，比如五日生化需氧量（BOD_5）、总悬浮固体（TSS）等，没有能够及时对工业源污染物的排放采取有力的控制措施。

　　由于工业废水具有排放量大、污染物种类多、成分复杂等特点，如果不对工业废水间接排放（尤其是有毒有害污染物）进行系统性管控，则极易影响公共污水处理厂运行的稳定性。为了防止以间接排放形式进入公共污水处理厂的工业废水中有毒有害污染物和非常规污染物对公共污水处理厂正常运行产生"干扰"② 或"穿透"③，1977 年《清洁水法》提出了国家预处理计划（National Pretreatment Program），要求间接排放源达到预处理标准后才能将工业废水排入污水管网，即对排入污水管网的工业废水中的有毒有害污染物进行控制，从而防止对公共污水处理厂正常运行及对受纳水体水质产生负面影响（黄新皓，2020）。

　　1978 年，美国国家环保局颁布了国家预处理计划的联邦法规——《一般预处理条例》（General Pretreatment Regulations），对预处理计划目标和适用范围、预处理标准和要求、预处理计划编制、预处理计划授权等进行了详细规定，明确了联邦、州、地方政府和工业企业在实施预处理计划中的责任（付饶，2018）。尽管《一般预处理条例》在国家层面设定了统一实施要求且成效显著，但由于要求细致复杂、操作灵活性较低，美国国家环保局最终决定对《一般预处理条例》进行精简和调整，并于 2005 年出台《预处理简化规定》（Pretreatment Streamlining Rule），对旧条例做了 13 项修改，简化了部分执行程序和排放要求，合理配置监管资源，增加了公共污水处理厂在预处理计划中的灵活性，确保在对工业间接排放实现有效管控的基础上，减轻法规执行

---

　　① 《联邦法规》第 40 卷第 403 章明确规定，处理设施指用于储存、处理、循环和回用城市生活污水以及工业废水的任何设备或系统，也包括将废水输送到处理设施的下水道、管道或其他运输载体等。

　　② 干扰（Interference）是指：抑制或破坏公共污水处理厂处理过程，影响污泥处理或使用；违反了公共污水处理厂的 NPDES 排污许可证的任何要求，违反了《清洁水法》《固体废物处置法》《清洁空气法》《有毒有害物质控制法》《海洋保护、研究和保护法》。

　　③ 穿透（Pass Through）是指公共污水处理厂对污染物没有处理能力，污染物会污染受纳水体。

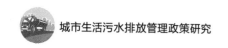

的技术和行政负担，实现成本效益最大化。

在美国《清洁水法》所要求的、由美国国家环保局所实施的各项水环境保护制度或计划中，预处理计划的执行使排放到水环境中的有毒有害污染物减少的幅度相当突出。以洛杉矶县卫生特区为例，1971—2003 年，该卫生特区城市生活污水处理厂所排出的重金属和总悬浮固体逐年显著下降，特别明显的是出水中重金属含量从 1971 年的每年约 3400 吨降低到 1988 年的每年约 400 吨。预处理计划的重要性还可以从其在美国水环境保护的人力资源中所占的比例可以看出，在美国所有水环境保护专案中，预处理计划用到的人力最多。在洛杉矶县卫生特区，从事该地区 NPDES 排污许可证审批发放以及执法检查的人员大约为 25 人，而从事预处理计划包括发放给工业废水间接排放许可证和对间接排放的工业用户实施执法检查的人员要超过250 人。几十年来，联邦、州、地方政府和工业企业间建立了良好的伙伴关系。通过各方面的参与，包括联邦和州政府有关管理部门、需要间接排放的工业污染源、实施城市生活污水处理的地方行政当局以及环保团体等，美国预处理计划已经发展得比较成熟，在减少有毒有害污染物进入污水管网、增加污泥处置和利用及改善美国水域水质等方面取得了显著成效。同时，对于预处理计划中一些比较严格的要求，工业界也基本上都能够接受。对于控制工业废水间接排放所涉及的各种问题，也已经有了比较明确的、经过实践考验的、比较理性的应对措施。

3.3.2 制度目标与效益

（1）预处理计划总体目标

在美国国家环保局的水环境管理框架中，预处理计划是美国国家污染物排放消除制度的一部分，执行这个计划是发放给公共污水处理厂排放许可证的一项要求。《一般预处理条例》明确了预处理计划的目标：有效管控工业废水污染物间接排放，防止工业废水中有毒有害污染物或非常规污染物对公共污水处理设施的干扰和破坏，保障污水处理设施安全稳定运行；有效预防穿透效应导致的非常规污染物和有毒有害污染物的排放，或预防污水处理工艺不能处理的污染物进入。此外，预处理计划还有三个第二位目标，即增加市政和工业废水及污泥的回收和再利用机会；防止工业废水排放对公共污水处理设施的损害；保障公共污水处理厂工作人员的安全和健康（王树堂，2019）。

（2）预处理计划三个第二位目标

本书主要讨论这三个第二位目标。了解这些目标有助于进一步认识工业废水间接排放可能对公共污水处理厂运行造成的危害和实施预处理计划可以取得的效益。另外，除了这些国家预处理计划明确制定的目标、要求达到的环境效益，妥善地控制工业废水的间接排放还可以产生其他重要的环境效益甚至经济效益。

市政和工业废水及污泥的回收和再利用可以产生很重要的环境效益和社会效益，尤其是在那些水资源稀缺的地方。妨碍实现出水回用和污泥回收再利用的原因，很多时候是出水和污泥中含有浓度过高的有毒有害污染物，主要是重金属。目前环境工程的技术水平已经可以使一般公共污水处理厂生产回用水的价格接近自来水价格，但是如果公共污水处理厂出水中含有过多的重金属，就会极大地增加回用水生产的成本，使其价格超出用户的承受能力，使出水回用变得不可行。有毒有害污染物在活性污泥中造成的问题远甚于其对生产回用水的影响，因为目前还没有任何适用的环境工程技术可以从活性污泥中单独去除某种或某类有毒有害污染物而不造成更多更大的环境问题。所以，以预处理计划为手段防止工业废水中的有毒有害污染物不受控制地进入公共污水处理厂，是预处理计划的一个重要目标。

工业废水间接排放可以对公共污水处理厂的设施造成破坏，一个典型问题是酸性废水会对公共污水处理厂的管道产生腐蚀和破坏。一般的污水管网是用水泥或塑料制造的，适用于传输酸碱度中性偏碱的生活污水。但有些工厂，比如用柑橘类水果生产果汁的食品厂通常会排放大量强酸性的工业废水，严重腐蚀用水泥或塑料制造的污水管网。工业废水排放甚至还可能引起爆炸等，对公共污水处理厂设施带来毁灭性的破坏，这种最严重的问题虽然不会经常发生，但确实在美国的公共污水处理厂发生过，尤其在预处理计划实施之前和实施初期。根据美国国家环保局 1982 年的资料，美国工业废水排放引起公共污水处理设施破坏最严重的两次分别发生在美国实施预处理计划之前的 1977 年和之后不久的 1983 年。1977 年美国俄亥俄州，曾因一家橡胶生产工厂意外排放了大量的石脑油、丙酮和异丙醇而引发了多起爆炸事故。1983年，美国宾夕法尼亚州公共污水处理厂发生爆炸并引起大火，导致 2 人死亡、13 人受伤，已查明引起问题的污染物是甲烷、氯气和硫化氢，但未能确定具体的工业用户。正是由于这些事件的发生，美国国家环保局在 1990 年修改了预处理计划，加入了特殊禁令的第一条。所以，防止工业废水排放对公共污水处理设施的损害，也是预处理计划的一个目标。

上述 1983 年的事件，显示了工业废水不受控制地排放会对公共污水处理厂工作人员的生命造成极大的威胁。防止这些威胁、保障公共污水处理厂工作人员的安全和健康成为预处理计划的另一个重要目标。工业废水排放对公共污水处理厂工作人员的安全和健康造成的大多数问题，还是由于有些工业废水自身或者在和其他工业废水混合后会产生一些毒性气体，工作人员吸入了这些有毒气体会引起头晕、头痛，皮肤刺激，呼吸困难，严重时也可能罹患癌症，甚至突然死亡。

（3）预处理计划的经济和环境效益

预处理计划包含了比较明确和具体的经济和环境效益。很多时候，工业废水的间接排放（经过在工业企业和公共污水处理厂两个阶段的处理）比直接排放（工业企业排放的废水浓度直接达到公共污水处理厂的出水浓度）有更高的经济效益。这是因为：工业废水的处理成本一般比生活污水高；废水处理的成本一般与污水中的污染物浓度存在反比关系；废水处理的边际成本随着污染物浓度的降低呈指数增长；许多工业废水处理的边际成本增幅远高于生活污水。

工业废水中的某些污染物，比如一些石油类有机化合物，在低浓度时，不但处理成本高，而且可能无法用一般的废水处理技术处理达到可以直接排放的排放浓度。但是在混入城市生活污水之后，却可能通过协同代谢或其他方式被降解或转化成非污染物，取得重要的环境效益。部分地方政府由于缺乏对工业企业间接排放的有效控制，造成公共污水处理厂活性污泥中重金属浓度含量过高，且还把这种做法掩饰成处理工业废水重金属的手段。事实上，处理含有较高浓度重金属的工业废水，比如电镀废水和金属加工过程中产生的废水，使其浓度降至一个较低的水平，在环境工程的技术上不是一个困难的问题。但确实有一些工业废水，含有的重金属浓度并不高，然而现有的环境工程技术却难以使其处理到可以直接排放的程度，尤其是达到保护人体健康和水生态安全的污水排放标准。在这种情况下，经过仔细的计算，留有充足的余地，是可以考虑让这些工业废水排入公共污水处理厂的。尽管这部分重金属并没有得到真正的环境工程意义上的处理（极少数的重金属会被二级处理系统中的微生物吸收，转化成某些细胞有机物的一部分），实际上是被稀释，部分进入到活性污泥，部分随着出水进入地表水体。但是，只要出水和活性污泥中重金属的浓度可以得到妥善控制，是可以做到不损害受纳水体的重要环境功能和不影响污泥的有效利用的。当然，争取完善环境工程技术水平进而提高处理重金属的能力，避免让重金属排放到公共污水处理厂乃至地表水体，这是完全能够做到的。但是在当前的经济条件和技术条件下，比起让含有重金属的工业废水从工厂直接排放到地表水体，在严格控制下的间接排放是更好的选择，有更好的环境效益。

美国预处理计划取得的巨大环境、经济、社会效益，说明美国国家环保局对于这部法规的执行是有效的，达到了《清洁水法》中有关条款的要求。对于这一点，无论是预处理计划的各级管理机构、预处理计划的管理对象、环保组织，还是社会公众，大体上是没有争议的。然而，社会公众不仅要求政府的行政有效果，还要有效率。虽然关于美国国家预处理计划的效率和宏观经济学方面的资料很难让我们对这个问题给出清楚、明确的答案①，但在更大范围的环境保护与经济发展之间关系的研究却显出一个比较清晰的画面，可以帮助我们判断美国预处理计划的效率和在控制工业废水间接排放方面政府的监管与经济发展之间的关系。有研究表明，美国政府 20 世纪 70 年代增强对环境的监管对于经济增长速度放慢的影响仅占 8%～16%，也就是说在导致经济增长放慢的因素中，绝大部分（84%～92%）是与环境保护无关的其他因素。按照美国国家环保局 1990 年的统计，美国工业界作为一个整体，为达到美国国家环保局环境要求的总支出仅占其总生产费用的 2%，而劳动力、能源和原材料支出变化的影响要远远超出环境保护支出的影响。如果进一步计算环境保护费用所产生的环境效益、社会效益以及对经济发展本身的推动，可以得出比较稳健的结论：美国环境保护并没有对经济发展造成较大的负面影响。

3.3.3 预处理制度管理体制

（1）实施主体之间的关系与责任分工

预处理计划作为 NPDES 排污许可证项目框架下的一个类别，由美国国家环保局或获授权的州政府负责审批和监管。预处理计划不像其他制度主要依赖联邦或州政府，而是注重地方政府的作用。《一般预处理条例》规定了预处理计划的四大主体：审批机构（Approval Authority）、控制机构（Control Authority）、公共污水处理厂（Publicly Owned Treatment Works）和工业用户（Industrial User），四者与美国国家环保局共同构成预处理计划的实施主体。审批机构对控制机构负有审批、监督、审查和执法责任，控制机构对工业用户负有监管和执法责任，美国国家环保局对所有预处理计划的执行情况具有监督权和最终审批权②。四者关系如图 3-6 所示。各实施主体之间的主要责任分工如图 3-7 所示。

---

① 研究环境保护效率一般用费用效益分析法，但环境保护的收益往往难以比较和定量化。

② 总部职责包括：监督各级别的预处理计划实施情况；制定和修订预处理计划相关法规、政策、标准和技术指南；开展适当执法行动。区域办公室职责包括：监督授权州的预处理计划实施情况；在未获授权的州履行审批机构职责；开展适当执法行动。

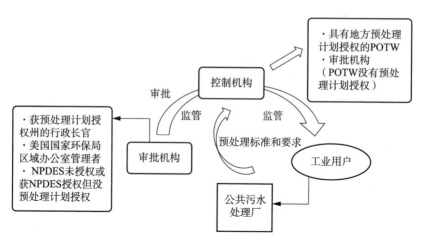

图3-6 预处理计划实施主体间的关系

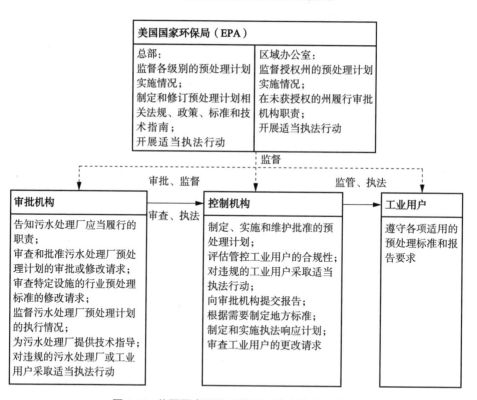

图3-7 美国国家预处理计划实施主体责任分工

（2）预处理计划的管理对象

所有排放非居民生活污水到城市生活污水处理厂污水收集管网的排放单位都是预处理计划的管理对象，被统称为工业用户。工业用户是指任何排放非生活污水至公共污水处理厂的间接排放点源，是美国国家预处理计划中最基本的构成单位。由于工业用户数量众多，美国国家环保局根据生产规模、工艺水平、废水排放量等特征，将工业用户划分为重点工业用户（Significant Industrial User，SIU）、分类工业用户（Categorical Industrial User，CIU）、非重点分类工业用户（Non-Significant Categorical Industrial User，NSCIU）、中间层分类工业用户（Middle Tier Categorical Industrial User，MTCIU）4类（见表3-4）。工业用户中数量较多的一部分是排水量较小、含有较低污染物浓度的单位。虽然这些工业用户的废水排放通常对公共污水处理厂的运行影响不大，但是仍然存在引起严重问题的可能。比如那些使用有机溶剂的干洗店，正常工作时排出的废水极少，但可能由于机器故障或者人为原因使干洗店中的大量有机溶剂进入公共污水处理厂污水收集管网，从而引起公共污水处理厂运行的严重问题。所以这些工业用户需要有适当的管理，但是并不需要占用过多的人力和物力。重点工业用户主要是指那些排水量较大、含有毒性或浓度较高的污染物、对公共污水处理厂影响较大的单位，需要遵守《一般预处理条例》中的附加要求，是美国国家预处理计划的主要管理对象。划定重点工业用户的目的是确保在大多数情况下，通过管控这些重点工业用户就能对污水处理厂的正常运行提供充分保护。对这些重点工业用户废水间接排放的控制占用了控制机构绝大部分的人力和物力，是美国预处理计划的主要部分。预处理计划要求所有工业用户均需遵守联邦、州、地方预处理标准和要求，包括提交报告、企业自行监测、通知和保留活动记录，以及确保监测采样、样品收集和分析符合要求。根据规定，工业用户需保留各类活动记录至少3年，除商业机密外，提交给城市生活污水处理厂或州的所有信息必须向公众公开，以便美国国家环保局和州代表或公众检查，而不受任何限制。

表3-4　工业用户的分类

类别	定义
重点工业用户	满足下列4个条件之一的工业用户被定义为SIU： （1）所有适用于国家行业预处理标准的工业用户，非重点分类工业用户除外； （2）工业废水平均排放量超过25000加仑/日（不包括公共卫生废水、非接触式冷却废水或锅炉排污废水）； （3）工业废水排放量等于或大于干旱期公共污水处理厂平均处理水量或有机负荷5%的工业用户； （4）可能对公共污水处理厂运行造成不利影响，或可能存在违反预处理标准和要求风险而被控制机构要求实施重点管理的工业用户

类别	定义
分类工业用户	所有适用于国家行业预处理标准的工业用户（基于技术而非基于受纳水体水质的风险或影响）
非重点分类工业用户	满足下列条件的 CIU 被定义为 NSCIU： （1）适用于国家行业预处理标准，总排放量不超过 100 加仑/日（不包括公共卫生废水、非接触式冷却废水或锅炉排污废水）； （2）持续遵守所有适用的行业预处理标准和要求； （3）每年提交符合 NSCIU 定义的认证声明； （4）从未排放任何未经处理的浓缩废水
中间层分类工业用户	满足下列条件的 CIU 被定义为 MTCIU： （1）工业废水排放量不超过干旱期公共污水处理厂平均处理水量的 0.01%（或 500 加仑/日，以较小者为准）；工业废水排放量不超过干旱期公共污水处理厂平均有机负荷的 0.01%；对于制定了地方标准的公共污水处理厂，工业废水排放量不超过任何污染物的最大进水允许负荷（MAHL）的 0.01%； （2）过去两年没有出现严重不合规情况； （3）每日流量、生产水平或污染物水平不存在重大变化而降低报告要求

（3）预处理计划的管理机构

控制机构主要是污水处理厂所属的地方政府，主要是市一级政府或县卫生特区政府。几乎所有的美国公共污水处理厂都是由州以下的地方政府所拥有。由于历史或其他原因，有些城市拥有一座或多座公共污水处理厂且仅为自己的城市服务，有些城市的公共污水处理厂还为自己城市之外的其他社区提供服务。还有些地区的污水处理脱离了当地市政当局的关系，由专门成立的且往往是跨越不同城市的卫生特区（Sanitary District）提供。这导致这些污水处理厂的名称不尽相同，但是都属于公共污水处理厂这个类别。

公共污水处理厂在美国具有公有性质，几乎所有的污水处理厂都是由州以下的地方政府所拥有的。由州以下地方政府直接执行联邦层级的计划在美国水环境管理体制中并不多见，但这种管理体制对于控制工业废水间接排放是必要的。美国是一个以州为基础的联邦制国家，州政府有相当广泛的自治权。《美国宪法》第十修正案规定，各州政府拥有"宪法明文规定由联邦政府所执掌的权力和明文否定各个州可拥有的权力之外的所有权力"，所以联邦政府管辖的地方事务往往是由联邦和州这两级政府的有关机构共同合作处理，比如《清洁水法》中要求的 NPDES 排污许可证的发放和 TMDL 计划的制定等。因为美国的地方政府拥有污水处理厂的所有权，直接掌管公共污水处理厂的运行并且对其出水水质等负有法律责任，而且他们对工业用户的经济行为和污染物排放更加熟悉，对工业用户所在的区域有行政权和执法权，所以从行政管理的效果和效率角度来看，让地方政府来管理工业用户的废水间接排放显然比联邦或州政府更加适当。控制机构是预处理计划的主要执行主体，负责制定和实施地方预处理计划，当公共污水处理厂提交的预处理计划获得审批机构批准时，公共污水处理厂成为控制机构。控制机构的主要职责包括：制定、实施和维护批准的预处理计划；评估管控工业用户的合规性；对违规的工业用户采取适当的执法行动；向审批机构提交报告；根据需要制定地方标准；制定和实施执法响应计划；审查工业用户的更改请求；等等。国家预处理计划的条文中规定，控制机构要对工业用户发放排污许可证或实施其他等位的管理方式①，实际上几乎所有的控制机构都采取发放排污许可证的方式。当然这里的排污许可证与美国国家环保局或经授权的州政府向公共污水处理厂发放的 NPDES 排污许可证是有根本区别的，这里要注意避免混淆。

（4）公共污水处理厂具有双重身份

公共污水处理厂是污水集中处理单位，获地方预处理计划授权的公共污水处理厂被赋予控制机构的部分职能，具有制定法定权限、监管工业用户和向审批机构提交报告的责任，在预处理计划实施中具有重要作用。这就使得公共污水处理厂在预处理计划实施中具有双重身份，既是污染的排放者又是污染的处理者，既是监管工业用户的主体又是受审批机构监管的主体。《一般预处理条例》规定，大型公共污水处理厂（日设计流量超过 500 万加仑/日）和较小的公共污水处理厂（工业用户的废水可能"干扰"和"穿透"城市生活污水处理厂）需要编制地方预处理计划。如果美国国家环保局或获授权的州政府发现进入公共污水处理厂的废水性质、体积及处理过程违反了城市生活污水处理厂废水排放标准和污泥正常处置的规定，也可要求日设计流量低于 500 万加仑/日的公共污水处理厂编制地方预处理计划。符合条件的公共污水处理厂必须在现有 NPDES 排污许可证补发或修正后的 3 年内获得授权制定地方预处理计划。目前，约有 1600 个公共污水处理厂已经制定并正在实施预处理计划，管理着超过 20000 个重点工业用户。虽然制定预处理计划的公共污水处理厂只占美国全国公共污水处理厂总数的 10% 左右，但这些公共污水

---

① 这里所谓的与排污许可证等位的管理方式是法规给予管理对象的一种备选，在美国的法律法规中比较常见，目的在于避免不必要的"一刀切"做法。实际上几乎所有的控制机构都采取发放排污许可证的方式，但是这个备选却始终存在。

处理厂处理的废水量约占美国全国废水量的 80% 以上。

公共污水处理厂的预处理计划应当至少包括 6 项内容，如图 3-8 所示。公共污水处理厂需要对其 NPDES 排污许可证进行修改以纳入预处理计划相关要求，并提交给审批机构以供审查和批准。公共污水处理厂的监管权属于行政管理权，公共污水处理厂需要获得法律授权才能代表地方政府行使这项公权力。事实上，联邦层面的《一般预处理条例》并未授权公共污水处理厂执行预处理计划的法定权限；该联邦法规仅规定了公共污水处理厂执行预处理计划的最低要求。公共污水处理厂的法定权限源于州层面的法律，州法律必须赋予公共污水处理厂联邦法规所要求的最低法定权限；在州法律授权不足的情况下，则需要对州法律进行修订以满足最低授权要求。当公共污水处理厂隶属于市政府时，其法定权限通常在《下水道使用条例》（SUO）中详细说明，且同区域的公共污水处理厂一般采用相似的规定（规则或条例）作为法定权限的依据。

法定权限	实施程序	资金来源
·公共污水处理厂必须在联邦、州或地方法院可执行的法律授权下实施地方预处理计划	·公共污水处理厂必须制定和实施确保达到预处理要求的程序	·公共污水处理厂必须拥有足够的资源和合格人员来执行获批预处理计划规定的权限和程序
地方限值	**执法响应计划（ERP）**	**重点工业用户名单**
·公共污水处理厂必须制定特定情形下的地方限值或提供不需要制定地方限值的理由	·公共污水处理厂必须制定和实施执法响应计划，其中包含详细说明如何调查和应对工业用户违规行为的程序	·公共污水处理厂必须准备、更新并向审批机构提交所有重点工业用户名单，并注明哪些是非重点分类工业用户或中间层分类工业用户（如适用）

图 3-8　公共污水处理厂预处理计划的主要组成部分

公共污水处理厂的法定权限至少包括以下几点：允许或禁止工业用户将废水排放到公共污水处理厂；要求工业用户遵守预处理标准和要求；要求工业用户遵守计划时间表，并提交报告证明合规情况；检查和监督工业用户；要求工业用户制定违规补救措施；遵守保密相关要求。在公共污水处理厂服务范围扩大至管辖区之外时，为确保公共污水处理厂能有效地实施和执行预处理计划，公共污水处理厂会采取以下几种方式①：在涉及多个公共污水处理厂的辖区内建立一个独立组织（由州或市政当局建立）来管理预处理计划；以协议形式要求每个市政当局执行涵盖其辖区内所有工业用户的预处理计划，或授权市政当局所属的公共污水处理厂管理；如果辖区外的工业用户在非行政地区，则公共污水处理厂将该地区纳入管理；与辖区外的工业用户签订合同，但合同通常会限制公共污水处理厂的执行能力，因此，只有在其他方式都无效的情况下才使用这种方式。

在获得法定权限后，公共污水处理厂实施预处理计划的主要步骤如图3-9所示。公共污水处理厂采用发放工业废物调查问卷（Industrial Waste Survey，IWS）的方式，要求工业用户提供活动信息和所排放废物性质，确定工业用户类别，然后汇总编制工业用户名单（每年更新一次）。对于重点工业用户，公共污水处理厂需要向其发放工业用户许可证，并至少每年开展一次采样监测和执法检查。此外，公共污水处理厂还需要审查工业用户提交的合规计划和报告，制定执法响应计划（ERP），并在发生违法行为时及时启动执法。

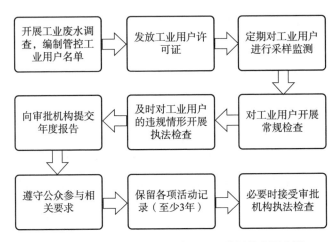

图3-9　公共污水处理厂实施预处理计划的主要步骤

①确定工业用户名单。明确管理对象是公共污水处理厂实施预处理计划首要解决的问题。对于如何确定工业用户，美国国家环保局没有明确规定，公共污水处理厂可以根据情况自己确定工业用户名单，并进一步确定各工业用户的类别，以保证预处理标准和要求适用于任何设施。通常，公共污水处

---

① 某些州规定了治外法权，允许公共污水处理厂管理对其系统有贡献的管辖区外工业用户，然而，治外法权管理程度有限，会限制公共污水处理厂实施和执行计划的能力。

理厂采用发放工业废物调查问卷的方式，要求工业用户提供活动信息和所排放废物的性质，对于可能成为重点工业用户的，公共污水处理厂会再次发送详细的工业废物调查问卷以确定其分类。在确定后，公共污水处理厂会编制工业用户名单，并每年更新一次。工业用户名单通常包括：工业用户的名称、位置、分类、适用的标准、排放限值、排放量、许可证/等效许可证状态、合规日期和其他特殊要求。

②发放许可证/等效许可证。获地方预处理计划授权的公共污水处理厂在确定工业用户名单后，会开展信息收集和核实工作，通过数据分析、制定情况说明书和编制许可证三个步骤，向管辖范围内的工业用户发放许可证/等效许可证，分为通用或单独许可证/等效许可证两类。对于涉及相同或类似操作、排放相同类型废物、具有相同或相似排放限值和监测要求，以及更适合使用通用型的多个工业用户，公共污水处理厂可以选择发放通用许可证/等效许可证来管理。但对于以质量限值为排放标准的重点工业用户，公共污水处理厂通常发放单独许可证来管理。重点工业用户单独许可证/等效许可证主要包括以下内容：期限（不超过 5 年）；不可转让声明；排放标准包括基于预处理标准、地方限值及州和地方法律的最佳管理实践；自行监测、采样、报告、通知、记录保存等；污染物取消授权；取样位置、频次、样品种类；违反预处理标准或要求和所适用的民事、刑事处罚标准声明；合规时间表；在需要的情况下，提交非常规控制计划。

③检查。根据规定，公共污水处理厂需对工业用户开展定期、不定期和特定检查。检查内容包括：当前的数据、合规记录的完整性和准确性、自行监测和报告要求的充分性、监测地点和取样技术的适宜性、排放限值、预处理系统的运行和维护以及整体性能、非常规控制计划、污染预防、获取数据以支持执法行动等。作为重点管控对象的重点工业用户，公共污水处理厂至少每年检查一次；对于中间层分类工业用户，公共污水处理厂可每两年检查一次；对于非重点分类工业用户，公共污水处理厂至少每两年评估一次其是否继续符合该类用户分类的标准。因定期检查有时会中断工业用户的正常运行，因此，公共污水处理厂会采取不定期检查以便更准确地反映工业用户的合规性。对于影响公共污水处理厂收集信息或存在可疑用户及被举报等问题，公共污水处理厂会开展特定检查。不论哪种类型的检查，均包括前期准备、现场评估和跟踪。其中，取样是验证符合预处理标准的最合适方法，因此，

美国国家环保局要求样品必须具有代表性，且各类样品①的取样和分析方法需按美国国家环保局编制的程序进行，但《一般预处理条例》也赋予了公共污水处理厂一定的灵活性。如果工业用户能够证明给定的污染物既不存在也不预期存在于排放中，则公共污水处理厂可以减少对该污染物的取样频次。如果公共污水处理厂已授权取消某种污染物的信用②，则公共污水处理厂只需在授权期间（3 年内）对该污染物至少进行一次取样。

④执法。公共污水处理厂通过检查、取样和评估工业用户提交的报告确定工业用户是否存在违法行为，任何超标排放、与许可证中规定的排放要求不一致的情况、未按要求完成合规的行为均被视为违规行为。《一般预处理条例》中定义了重大违法行为（SCN），并以 6 个月为单位进行评估，对违法行为按性质采取不同执法手段。被发现存在重大违法行为的工业用户的名称必须在一定发行量的报纸上发表，并在公共污水处理厂管辖范围内公告。公共污水处理厂的执法手段包括：给工业用户的非正式通知，一般指轻微违规行为；非正式会议；警告信或违规通知（NOV）；行政命令和合规计划，要求工业用户解释为何不采取措施；行政罚款；民事诉讼，向法院提起诉讼的正式程序，旨在纠正违规行为并对违规行为进行处罚；刑事诉讼，正式的司法程序，公共污水处理厂有权对每一项违规行为进行至少每天 1000 美元的民事或刑事处罚；终止服务（撤销许可证）。

⑤向审批机构提交报告。公共污水处理厂需向审批机构提交由首席执行官或其他正式授权的雇员签署的包括预处理计划实施、变更以及公共污水处理厂执法情况的年度报告。除非有更高频次的要求，否则每年提交一次。报告至少包含以下内容：公共污水处理厂的工业用户名单，该列表中必须标识被指定为重点和非重点的工业用户；报告所述期间工业用户合规情况摘要；报告期内公共污水处理厂进行的合规和执法活动（包括检查）总结；公共污水处理厂预处理计划的变更摘要（未报告过）；审批机构要求的任何其他相关信息。此外，公共污水处理厂还需将与预处理计划有关的所有文件和监测记录保存 3 年以上，具体见表 3-5。

---

① 如 pH、氰化物、总酚、油脂、硫化物和挥发性有机化合物等。
② 污染物消除是指在公共污水处理厂处理过程中减少污染物的数量或改变其性质。公共污水处理厂也可以授予等于或者小于其"一贯清除率"（Consistent Removal Rate）（50% 以上的去除率）的污染物清除信用。取消某种污染物的信用，表明公共污水处理厂能够清除该种污染物。

表 3-5　公共污水处理厂保存的两种记录类型

公共污水处理厂自身的活动记录	与工业用户相关的活动记录
法定权限 预处理计划 预处理计划的批准和修改 工业用户名单 公共污水处理厂的 NPDES 许可证副本 地方限制 应急响应计划 来自美国国家环保局/州的回复信息 向审批机构提交的年度报告 公告 资金和资源的变化情况 适用的联邦和州法规 工业用户合规和许可记录 工业废物调查问卷结果	工业废物调查问卷 许可证申请，许可证和情况说明书 检查报告 工业用户提交的报告 监测数据（包括实验室报告） 计划（如非常规控制、污泥管理、污染预防） 执法活动 与工业用户的所有往来信件 电话记录和会议摘要

（5）预处理计划的督导机构

对地方政府发出直接排污许可证，要求建立污水处理厂预处理计划的单位被称为美国国家预处理计划组织机构中的审批机构。按照《清洁水法》的要求，这个单位应该是美国国家环保局，在那些已经被授予 NPDES 排污许可证制度和预处理计划事权的州政府，这个单位可以是州政府的有关行政当局。在那些经审批机构认定，管理条件尚未具备因而没有批准污水处理厂预处理计划的地方，审批机构还兼有控制机构的身份和权责。目前，审批机构由美国国家环保局区域办公室或获得授权的州政府担任，美国已有 36 个州政府获得预处理计划审批权，区域办公室履行 14 个未获授权州政府的审批机构责任。审批机构是国家预处理计划的监管主体，负责审批控制机构提交的地方预处理计划，主要职责包括：告知公共污水处理厂应当履行的职责；审查和批准公共污水处理厂预处理计划的审批或修改请求；审查特定设施的行业预处理标准的修改请求；监督公共污水处理厂预处理计划的执行情况；为公共污水处理厂提供技术指导；对违规的公共污水处理厂或工业用户采取适当的执法行动。审批机构设立"预处理协调官"（Pretreatment Coordinator）职位，对控制机构的工作进行监督、核查和指导。审批机构每年都要对控制机构进行检查并做出年度检查报告，检查内容一般为控制机构的日常工作，每 5 年要对控制机构和污水处理厂预处理计划进行合规性审计，全面检查预处理计划的执行情况，重点核查预处理计划的预算、人力资源、仪器设备资源、地方预处理法规和标准、工业用户达标排放状况、控制机构执法情况等。年检报告和每 5 年的合规性审计报告会具体而明确地指出控制机构执行预处理计划工作中的不足之处，并可要求其在一定期限内改正。

3.3.4　预处理标准体系

《一般预处理条例》规定，工业废水在排放进入公共污水处理厂的管网之前要先达到一定的标准，也就是预处理标准。预处理标准体系与点源排放标准体系类似，由联邦、州和地方等不同级别的政府制定，是预处理计划的核心，可以表述为数值型标准限值，也可以是叙述型的禁令或最佳管理实践（周羽化，2013）。预处理标准体系也考虑了基于技术和基于水质两个层面，目的是让工业用户排放管理与地方水环境质量保护等需求直接挂钩，具体包括：排放禁令、行业预处理标准和地方标准。预处理标准体系的内容既庞杂又具有很强的技术性，特别是行业预处理标准和地方标准，需要有专著进行阐述，本小节仅就这三种标准做一简短的介绍，如图 3-10 所示。

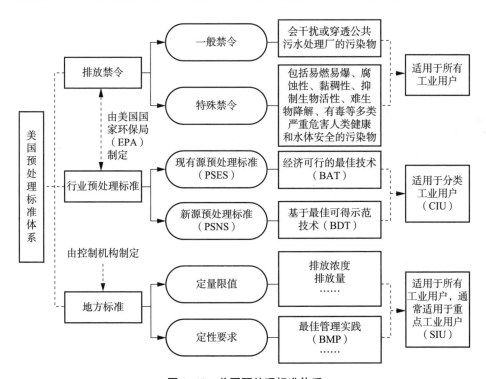

图 3-10　美国预处理标准体系

（1）排放禁令

排放禁令（Prohibited Discharge Standards）是由美国联邦制定的国家标准，是适用于所有工业用户的强制性最低要求，旨在为城市生活污水处理厂提供一般意义上的保护，明确禁止工业用户排放严重影响城市生活污水处理厂正常运行的污染物。排放禁令包括特殊禁令（Specific Prohibition）和一般禁令（General Prohibition）。特殊禁令是指禁止那些已经认定为会严重影响城市生活污水处理厂运行的污染物排放，主要包括美国国家环保局制定的法规中具体列出的易燃易爆、易腐蚀、易堵塞、严重影响人类健康和安全的8类污染物。此外，排放到城市生活污水处理厂的各种废水还可能存在上述8类污染物之外的会引起干扰或穿透的污染物①。一般禁令就是禁止工业用户向城市生活污水处理厂排放任何可能会导致干扰或穿透处理设施运行的污染物。一般禁令赋予控制机构更宽泛的权力，在引起干扰和穿透的原因不能立即查清时，也可以采取有效的措施，更加严格地控制工业废水的进入，保障污水处理厂的稳定运行。《一般预处理条例》中具体列出的8类污染物，主要如下：禁止排放会在公共污水处理厂发生燃烧或爆炸的污染物；禁止排放会对公共污水处理厂设施造成腐蚀性损害的污染物，任何酸碱度低于5.0的废水排放都必须有专门为之设计的管道设施；禁止排放会引起堵塞、干扰公共污水处理厂运行的含过多固状或黏稠状物质的污染物；禁止排放会干扰公共污水处理厂运行的过大流量或过高浓度的污染物；除非经控制机构提出，审批机构特许，否则不得排放温度超出40℃的废水，以防止过多热量抑制二级处理过程中微生物的活性；禁止排放会引起干扰或穿透的，含过多石油、不能生物降解的切削冷却油或矿物油的污染物；禁止排放会在公共污水处理厂产生有毒气体、蒸气或烟雾，并可能导致严重的工人健康和安全问题的污染物；在控制机构指定的地点之外，禁止排放任何车载可移动容器之内的污染物。

（2）行业预处理标准

根据行业污染控制技术水平和排放特性，美国国家环保局针对特定工业类别制定了国家统一的基于技术的排放限值导则（ELGs）。排放限值导则是美国国家环保局针对每个行业制定的基于当前最佳可行技术的排放标准（包

---

① 由于工业废水所含物质的复杂性，本来化学性质平和的不同废水混合之后产生的化学反应也可能会引起干扰或穿透的发生。

括常规污染物、有毒有害污染物和非常规污染物），适用于工业废水排放到地表水和公共污水处理厂。为确保导则中的排放标准符合实际要求，美国国家环保局每年都会审查工业废水排放（直接和间接）情况，评估当前标准是否会对人体健康和环境造成影响，或是否有更先进的污染控制措施减少排放。值得注意的是，排放限值导则分为直接点源排放标准和间接点源排放标准，后者又被称为"行业预处理标准"（Categorical Pretreatment Standards）。这两种标准对同种污染物的限值一致，但二者管控的污染物种类有所不同。因常规污染物可由下游的公共污水处理厂处理，故行业预处理标准主要控制有毒有害污染物和非常规污染物。但是，美国国家环保局仍然有权根据实际需要制定常规污染物的行业预处理标准，防止常规污染物的过量负荷对公共污水处理厂运行造成干扰或作为有毒有害污染物、非常规污染物的替代标准。

行业预处理标准是一种基于技术的排放标准，是美国国家环保局根据产生排放的设施/活动类型、原材料、污染物特征、废水处理工艺和成本、环境效益和社会效益等因素来制定的，主要分为 PSES 和 PSNS。通常，PSNS 较 PSES 更为严格一些。目前，美国国家环保局制定了 35 个工业类别的预处理标准。行业预处理标准是一种刚性的排放标准，适用于美国任何地方的所有相关企业。任何受到行业预处理标准规范的工业企业废水进入城市生活污水处理厂之前都要先达到这种标准。行业预处理标准还特别规定，不能通过稀释的办法来规避污染物处理。必要时，除了以污染物浓度作为排放标准，还必须采用污染物质量（流量×浓度）作为排放标准的测量单位来判断行业预处理标准的达标状况。按照《清洁水法》的要求，美国国家环保局为工业废水的直接排放制定了阶段性的、先低后高的技术标准，希望能以稳健的、尽量不妨碍经济发展的方式达到立法目标，即尽快地制止污染并恢复水环境。首先要求工业排放达到较低水平的最佳可行控制技术（BPT），然后达到高一层次经济可行的最佳技术（BAT），以及更高一层次的新源绩效标准（NSPS）（在很多情形下，BAT 和 NSPS 所规定的排放标准限值是很接近甚至是同样的）。BAT 是已经存在的（在工业界使用或者刚刚从实验室发展出来的）、经济上办得到的最佳控制技术，这是美国水环境保护工作中控制点源工业废水的非常规污染物和有毒有害污染物的主要方法。用于控制间接排放的行业预处理标准与控制直接排放的 BAT 原则和方法有重要的相似之处，都要求使用现有最佳的处理技术，两者的排放标准限值基本一致。

（3）地方标准

出于受纳水体水质保护、污泥安全处置和公共健康保障等特殊需求，当某种污染物排放超出公共污水处理厂的处理能力或受纳水体水质标准时，公共污水处理厂可以根据自身需要制定地方标准[①]（Local limits）。一般来说，公共污水处理厂所在的区域不同，接纳的生活污水和工业废水的比例、类型、污染物浓度、排放的受纳水体、水体水质、上下游情形、公共污水处理厂自身污水和污泥所要达到的标准等各不相同，这些条件对于每个公共污水处理厂来说都是特殊的，因此必须根据自身独特的条件对于所接纳的工业废水制定独特的地方标准，这体现预处理排放标准的灵活性。

生化需氧量和动植物油脂等污染物由于自身特性不适于制定全国统一的排放标准，而应该由各个公共污水处理厂根据自身处理能力制定适合当地的排放标准。比如，固态或黏稠的动植物油脂会与其他固状污染物一起阻塞污水管道，这种阻塞固然与废水中的动植物油脂浓度有关，有时候更重要的决定因素是污水收集管道的直径、污水流速、当地地势以及当地的气温条件等。某个特定浓度的动植物油脂可能对温暖气候条件下的地区是合适的，但是在寒冷地区的污水管道就很可能引起阻塞。所以，这类污染物排放到公共污水处理厂的标准若由联邦政府统一制定并要求各州"一刀切"地统一执行，显然是不可行的。地方标准的另一个用途是进一步控制行业预处理标准限定排放的污染物。行业预处理标准是一种基于技术的排放标准，制定时并不考虑接受排放的公共污水处理厂的负荷。在某些情形下，工业用户按照行业预处理标准达标排放的废水仍然有可能干扰或穿透公共污水处理厂。这种情形可能是公共污水处理厂接受的生活污水的某种污染物背景值比较高，也可能是该区域排放同样污染物的工业用户比较集中。此时就需要控制机构为该种污染物另行制定更加严格的地方标准，使公共污水处理厂能够正常运行且出水能够满足地表受纳水体的水质要求。由此可见，要求所有工业用户控制其废水的污染物在排放标准之内，尤其是实施准确的地方标准，是实现预处理目标的关键。这要求控制机构定期、及时检查，必要时加以修订，要求审批机构在审计公共污水处理厂预处理计划时必须检查地方标准的合适性。

地方标准从地方水环境保护需求出发，与受纳水体水质联系起来，是最

[①] 也可以称为"地方限值"。

严格的限制，一般可以是数字性（浓度或质量限值）或叙述性的要求。地方标准通常用于管控重点工业用户，表现为工业用户的末端排放限值，即排入污水管网连接处的排放限值。公共污水处理厂采用最佳管理实践（BMP）[①] 作为地方标准时必须进行评估，并要求工业用户的许可证/等效许可证中包含适用的最佳管理实践（满足行业预处理标准要求）。最佳管理实践包括处理要求、操作程序、污泥或废物处理、原料储存的排水管理、油脂收集要求以及控制厂区径流、溢出或泄漏的措施等。虽然地方标准是在地方层面制定的，但是也属于预处理标准体系的一部分，因此美国国家环保局和州政府也可据此开展执法检查。2004 年，美国国家环保局发布的《地方限值制定指南》规定了地方限值的具体制定程序和方法，如图 3-11 所示。公共污水处理厂需要遵循《地方限值制定指南》中的方法来评估制定新的地方限值的必要性及现有地方限值的充分性。

3.3.5　预处理标准制定方法

（1）污染物"穿透性"分析

制定预处理标准最重要的过程就是进行污染物的"穿透性"分析（Pass-through Analysis）。该分析的目的是在间接排放的废水与直接排放的废水水质特征一致的条件下，对比分析公共污水处理厂对某种污染物的去除效率与排污单位自行处理后直接排放的去除效率。如果公共污水处理厂对某种污染物的去除效率低于排污单位自行处理后的去除效率，则将该污染物视为"穿透性"污染物，需要制定预处理标准。一般情况下，"穿透性"分析主要包括以下三个方面内容：

①污染物的挥发性。具有强挥发性的污染物，由于易在污水管网或公共污水处理厂的处理系统中挥发，从而降低公共污水处理厂生物处理系统对其的处理效率，因此该类污染物被美国国家环保局列为"穿透性"物质。

美国国家环保局在"穿透性"分析中用污染物的亨利常数来衡量其挥发性。在美国国家环保局对有机化合物、塑料及合成纤维行业、制药行业、农药行业等行业预处理标准制定过程中，都将亨利常数为 $1.0 \times 10^{-5} \, \mathrm{m^3 \cdot atm/gmole}$ 作为判定标准，高于该数则为强挥发性物质，由此定义为"穿透性"物质。

---

① 最佳管理实践可以由美国国家环保局编制作为行业预处理标准，也可以由公共污水处理厂编制作为地方限值。

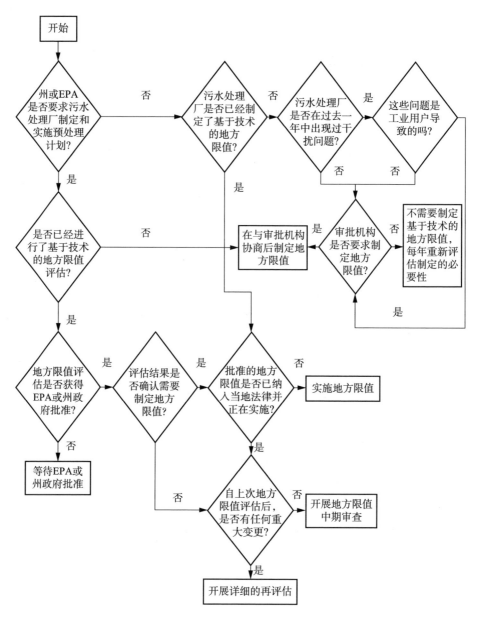

图 3-11 美国预处理计划地方限值制定过程

②BAT 和公共污水处理厂去除率比较。在最早的行业预处理标准制定过程中，美国国家环保局采用 5% 的差异来衡量 BAT 和公共污水处理厂对某一污染物的去除率差异，如果 BAT 去除率高于公共污水处理厂去除率 5%（之前采用过 2%），则该物质具有"穿透性"。在后来的方法改良中，为避免

"过保护"或"失保护",美国国家环保局摒弃了 5% 的判断标准,而是直接将 BAT 的去除率与公共污水处理厂的去除率进行比较。就污染物去除率的计算而言,美国国家环保局一般采用各类专项研究或调研中获取的各工业用户和公共污水处理厂的进出水水质数据进行分别平均后再计算去除率,计算见式(3-1)、式(3-2)。

$$R_i = \frac{\overline{I_r} - \overline{E_{POTW或BAT,t}}}{\overline{I_r}} \times 100\% \tag{3-1}$$

$$R_{POTW或BAT} = median(R_i) \tag{3-2}$$

式中:R_i——某公共污水处理厂/工业用户的去除率,%;

$R_{POTW或BAT}$——公共污水处理厂/工业用户对某种污染物的去除率,%;

I_r——公共污水处理厂/工业用户的平均进水浓度,mg/L;

$E_{POTW或BAT,t}$——公共污水处理厂/工业用户的平均出水浓度,mg/L;

r——公共污水处理厂/工业用户进水样本,$1-r$;

t——公共污水处理厂/工业用户出水样本,$1-t$。

对于重金属等具有累计性特点的污染物,美国国家环保局采用富集在污泥中的污染物含量来进行去除率的计算。需要注意的是,公共污水处理厂对某种污染物的进水浓度一般采用月平均值,这样才能与污泥富集所需时间匹配,计算见式(3-3)。

$$R_{POTW或BAT} = \frac{S_u \times P_S \times Q_{sldg} \times \overline{G_{sldg}}}{I_r \times \overline{Q_{POTW或BAT}}} \times 100\% \tag{3-3}$$

式中:P_S——污泥固体含量,%;

Q_{sldg}——污泥总量,m³;

$Q_{POTW或BAT}$——公共污水处理厂/工业用户的平均排水量,m³;

G_{sldg}——污泥密度,kg/L;

S_u——污泥中某种污染物的含量,mg/kg;

u——污泥样本,$1-u$。

③行业特征污染物对公共污水处理厂正常运行的干扰。美国国家环保局通过对接收某行业废水的公共污水处理厂进行专项调研,研究分析行业特征污染物是否对公共污水处理厂的正常运行引起"干扰"或发生"穿透"现象,如果产生影响则需对这些污染物制定预处理标准,例如在制药、农药等行业都有类似做法(周羽化,2013)。

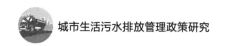

（2）预处理标准限值

一般而言，预处理标准限值与 TBELs 限值一致，等于长期平均值（Long Term Average，LTA）乘以变异系数（Variation Factor，VF）；对于某些污染物，其长期平均值低于监测方法检出限，则其预处理标准限值为监测方法检出限乘以变异系数。

美国国家环保局建议公共污水处理厂基于各污染物最大允许总负荷（Maximum Allowable Headworks Loading，MAHL）来制定地方标准。所谓最大允许总负荷，是指在不引起"干扰"或发生"穿透"的前提下，公共污水处理厂所能接受的某污染物的最大负荷。在计算 MAHL 时，首先是计算基于各类环境要求而确定的允许总负荷（Allowable Headworks Loading，AHL），最严的 AHL 则被确定为 MAHL。各类环境要求主要包括：污水排放标准、污泥质量标准、空气质量标准、安全操作标准以及资源保护要求等。

例如，对某公共污水处理厂的镉排放而言。第一，基于排污许可证要求，AHL1 不能超过 14pound/d；第二，基于污泥施用要求，AHL2 不能超过 30pound/d；第三，基于对公共污水处理厂操作安全要求，AHL3 不能超过 60pound/d。因此 AHL1（14pound/d）被确定为该污水处理厂镉的 MAHL。以基于排污许可证要求的 AHL 计算为例，其计算方法如式（3-4）所示。

$$AHL_{npdes} = \frac{C_{npdes} Q_{POTW}}{1 - R_{POTW}} \tag{3-4}$$

式中：AHL_{npdes}——基于排污许可证排放标准的允许总负荷，g/d；

C_{npdes}——排污许可证排放限值，mg/L；

Q_{POTW}——公共污水处理厂的平均流量，m³/d；

R_{POTW}——公共污水处理厂对某种污染物的去除率,%。

在确定了污染物的 MAHL 后，需要分析污染物各类排放源的贡献量。排放源一般情况下分为两种：一种是工业用户排放源，另一种是生活污水、商业污水等不可控排放源。在资料收集及调研的基础上，确定不可控排放源的贡献后，则可以计算最大允许工业排放负荷（Maximum Allowable Industrial Loading，MAIL），见式（3-5）。

$$MAIL = MAHL(1 - SF) - (L_{UNC} + HW + GA) \tag{3-5}$$

式中：SF——安全系数，一般情况取 10%；

L_{UNC}——不可控排放源的负荷；

HW——通过槽车等运输来的污染物负荷（Hauled Waste）；

GA——公共污水处理厂的预留扩大量（Growth Allowance）。

在排放负荷的具体分配上，主要有两种方式：一种是采用统一浓度限值（Uniform-concentration Limits），即对所有工业用户的排放负荷进行平均分配，执行统一的排放浓度限值；另一种则是根据工业用户就某种污染物的排放负荷比例来进行分配，从而有区别地对每个工业用户进行排放控制。公共污水处理厂可以根据实际需要，灵活选用两种方式。统一浓度限值的计算如见式（3-6），质量型排放限值计算见式（3-7）、式（3-8）。

$$C_{LIM} = \frac{MAIL}{Q_{cont}}$$ （3-6）

式中：C_{LIM}——统一浓度限值，mg/L；

Q_{cont}——工业用户总流量，m^3/d。

$$L_{ALLx} = \frac{L_{CURRx}}{L_{CURRt}} \times MAIL$$ （3-7）

$$C_{LIMx} = \frac{L_{ALLx}}{Q_x}$$ （3-8）

式中：L_{ALLx}——分配给工业用户 x 的允许负荷，g/d；

L_{CURRx}——工业用户 x 目前的排放负荷，g/d；

L_{CURRt}——公共污水处理厂目前接受的总负荷，g/d；

C_{LIMx}——工业用户 x 的排放浓度限值，mg/L；

Q_x——工业用户 x 的废水量，m^3/d。

3.3.6 控制机构对工业用户的管理

《一般预处理条例》详细规定了工业用户在预处理计划实施过程中应当遵循的各项环境管理要求（包括排放标准、监测、取样、报告、通知等），同时要求将预处理计划纳入排污许可证中，作为排污许可证中特殊的可执行条件。审批机构发放包含预处理计划在内的排污许可证给公共污水处理厂或工业用户，根据公共污水处理厂或工业用户提交的报告、监测结果以及定期或不定期检查和评估来监督预处理计划的实施情况。对于违反排污许可证中预处理要求的公共污水处理厂或工业用户，审批机构会采取违规通知、行政命令、民事处罚或行政处罚来暂停或终止服务等执法活动。

《一般预处理条例》规定的各项环境管理要求均记载于发放的工业用户许可证中，成为工业用户的守法指南以及控制机构和审批机构的执法依据，有效推动落实了工业用户的合规主体责任。获得排污许可证的公共污水处理厂或工业用户则需按排污许可证的要求进行排放，以达到排污许可证中预处理标准，来证明自己的合规性。通常，公共污水处理厂或工业用户提交的报告中包含关于如何处理和分析样品的信息及企业自行监测的情况。对于排污许可证中任何可能影响排放内容的改变或突发性事件，工业用户都需及时通知排污许可证发放部门，否则依据《一般预处理条例》，视为违规。此外，根据《一般预处理条例》的规定，在公共污水处理厂作为控制机构的情况下，公共污水处理厂将发放包含地方预处理计划的许可证/等效许可证给管辖范围内的工业用户。不同类型工业用户的合规要求不尽相同，其中重点工业用户和分类工业用户需要遵循的要求更为严格，如表3-6所示。

表3-6　美国预处理计划中工业用户提交报告和告知书要求

编号	报告名称	适用对象	目的和作用
1	定期达标报告	IU	提供工业用户排放至公共污水处理厂的污染物最新信息以及工业用户的达标状态
2	基线监测报告	CIU	向公共污水处理厂提供有关工业设施的基本信息；确定废水排放采样点；根据行业预处理标准判定合规状态
3	达标进程报告	CIU	依照提交的基线监测报告中的达标计划表，持续跟踪工业设施的达标进度
4	90日最后达标报告	CIU	通知公共污水处理厂是否已达到适用的行业预处理标准；如果设施不合规，则说明如何实现合规
5	异常事件报告	CIU	告知公共污水处理厂无意或暂时不符合行业预处理标准的异常事件
6	潜在问题报告	IU	警告公共污水处理厂注意排放废水的潜在危害
7	违规告知书和重复采样报告	IU	警告公共污水处理厂已知的违规情形和可能发生的问题
8	排放变更报告	IU	告知控制机构预计可能会影响公共污水处理厂的废水特征和流量变更情况
9	排放有毒有害污染物报告	IU	向公共污水处理厂、州政府和美国国家环保局告知危险废物排放情况
10	绕排报告	IU	告知公共污水处理厂绕排情形和潜在违规问题
11	生产水平变更告知书	CIU	告知公共污水处理厂用于计算等效质量限值或浓度限值的生产水平的变更情况
12	豁免污染物告知书	CIU	警告公共污水处理厂由于工业用户运行变化导致已发现或预计会存在豁免污染物的情况
13	签字和声明要求	CIU	上述定期合规报告、基线监测报告、达标进程报告和90日最后达标报告都必须由工业用户的授权代表签字，并附有一份证实该报告内容真实可靠的声明文件

提交报告是工业用户的重要责任之一。美国国家环保局为更有效地管理各类工业用户，对不同类别的工业用户提出不同的报告要求。作为分类工业用户，需要提交5类报告（表3-6中编号1-5项）。作为重点工业用户，在提交上述5类报告的基础上，还需提交旁路报告和非常规控制计划。然而并非所有重点工业用户均需提交非常规控制计划，是否提交该计划由公共污水处理厂评估决定。在确定需提交该计划后，重点工业用户应在一年内完成。作为中间层分类工业用户，只需提交年度报告，但报告中数据必须代表整个报告期间发生的情况。对于非重点分类工业用户，不需提交定期合规报告，但需按要求每年报告并证明其仍然符合非重点工业用户类别及提交其他替代报告。所有重点工业用户需要自行监测，作为合规性证明包含在提交的各项报告中。监测频次必须确保能够评估工业用户的合规性，如果发现违规行为，工业用户必须对违规污染物进行重复采样和分析，并在发现违规行为30日内提交结果。工业用户的自行监测通常作为合规性证明包含在提交的报告中。美国国家环保局十分鼓励工业用户自行监测，为了便于工业用户操作，制定了标准化的监测采样方法和分析程序，以便统一工业用户及其实验室的操作流程及记录和提交规范，从而简化公共污水处理厂的审核程序。在某些情况下，为确保掌握更真实的排放情况，公共污水处理厂会选择亲自监测来代替工业用户的自行监测。工业用户在运行过程中发生可能对公共污水处理厂产生影响的变化时（如泄漏、生产水平变化、违规排放、旁路排放等），需立即通知公共污水处理厂/控制机构，以便其尽快采取措施以降低影响。在预处理计划中，所有工业用户需通知公共污水处理厂/控制机构的情况包括：任何可能导致问题的排放，包括泄漏、突发性负荷变化或可能引起问题的其他排放，必须立即通知公共污水处理厂；在发现违规的24小时内通知公共污水处理厂，并通过重复取样和分析，在30天内将结果提交给公共污水处理厂；排放污染物的数量或性质发生重大变化（包括可能影响非常规排放的任何变化达20%以上）之前通知公共污水处理厂/控制机构；危险废物排放需通知公共污水处理厂、州政府和美国国家环保局；如果工业用户事先知道需要绕排，必须在绕排前至少10天通知公共污水处理厂，在工业用户发现绕排后的24小时内口头通知公共污水处理厂，在5天内发出书面通知。此外，对于分类工业用户，还要求对如下情况进行通知：分类工业用户事先知道生产水平将在下个月发生重大变化的，需在两个工作日内通知公共污水处理厂；存在对计算排放限值有影响的材料或排放变化时需立即通知公共污水处理厂；根据监测要求或公共污水处理厂进行的更频繁的监测要求，预期存在的污染物不存在排放中，则需通知公共污水处理厂对某种污染取消授权（分类工业用户操作发生变化，预期存在的污染物不存在）；当分类工业用户不再符合减少报告要求条件的变化时需立即通知公共污水处理厂。

本节我们主要介绍工业用户提交给控制机构的 9 种报告，来介绍工业用户在预处理制度中的一些经常性的活动。

（1）基线监测报告

在行业预处理标准生效后的 180 天之内，每个现有源工业用户必须提交一份基线监测报告。对于新源工业用户，则必须在开始排放前至少 90 天内提交该报告。基线监测报告应包含如下信息：①产生废水的设施名称和所在地以及操作人员和所有者的姓名。②与此设施有关的所有环境保护许可证清单。③该设施运转情况的描述，包括平均生产率、适用的标准工业分类标号、流程图以及从该设施到公共污水处理厂的排放点。④该设施废水流量的每天平均值和每天最高值（包括行业预处理标准管控的工艺过程和其他未管控过程的废水）。⑤污染物监测数据（每日排放最高浓度、平均浓度、质量以及适用的相关标准）。⑥相关证明，由具有资格的专业人员撰写、经类别用户审查，内容包括是否已符合相关的预处理标准。如果不符合，要清楚描述为达到预处理标准还需要哪些环节或哪些预处理设施。⑦工厂为达到相关的预处理标准将采取的措施或将添加的预处理计划清单。

（2）达标进程报告

在行业预处理标准开始实施时仍未达标的工业用户，通常必须调整生产过程或者安装废水处理设施才能够符合行业预处理标准的要求。预处理制度规定，控制机构要为工业用户制定并执行安装处理设施的进程和达标期限。尚未达到行业预处理标准的工业用户，必须在基线监测报告中包含一份何时可以达标排放的进程报告。在任何情况下，最后的达标期限都不能晚于行业预处理标准的规定。控制机构在适当的情形下，可以要求工业用户在行业预处理标准规定的期限之前达标。

达标进程报告包括预处理系统的建设和运行，工厂生产流程的调整等主要进程开始和结束的日期，每期不得超过 9 个月。主要的活动可以包括聘请工程师、完成初步的分析和评估、计划书的审定完成、执行主要的合同、开始施工、完成施工、处理设施的调试。

另外，在达标进程报告（包括最终完成）结束日之后的 14 天内，工业用户必须向控制机构提交进程报告，内容包括：一份完成达标进程报告中该期任务状况的陈述；若任务完成进度落后于达标期限，报告拖延的原因和为赶上原定期限采取的步骤，以及恢复到原计划期限的时间。

控制机构应尽快审查这些报告。当工业用户的达标进程落后于达标期限时，控制机构应该与之保持紧密联系。对于没有严肃认真地执行达标进程报告的工业用户，控制机构可以考虑启动适当的强制行动来解决这些问题。

（3）90 日最后达标报告

现有源工业用户在行业预处理标准规定的最后达标日期或控制机构指定的达标日期（早于行业预处理标准规定的达标日期）后的 90 日内，新源工业用户在开始向公共污水处理厂排放后的 90 日内，必须完成一份最后达标报告。这份报告的内容包括：受管控过程和未受管控过程废水流量的每日平均值和每日最大值；污染物监测值（每日最高浓度、平均浓度和每日最大值情况，包括污染物监测数据：每日排放最大浓度、平均浓度、质量，以及相关的排放标准）；由具备资格的专业人员撰写、经工业用户代表审定的证明，表明已达到预处理标准；如果没有达标，则写明还需要哪些另外的操作维护或者另外的预处理设施才能达标。

（4）异常事件报告

操作错误、处理设施的设计不当、处理设施不足、缺乏预防性的维护，或粗心大意以及操作不当，都会引起预处理设施的超标排放。发生这些事件时，工业用户要承担相应的责任。但是，在废水处理过程中，也会存在某些工业用户不可控的因素，会造成无意的和暂时的超标这种所谓的"异常事件"。美国预处理计划允许工业用户在发生异常事件时，向控制机构申诉，请求豁免对这种超标的处罚，也就是实施所谓的积极抗辩，这种申诉报告称为异常事件报告。

虽然工业用户可以为不可控因素导致的超标排放进行积极抗辩，但是其仍必须在获悉意外事件发生的 24 小时内至少向控制机构进行口头报告。报告内容要包括以下两点：对该异常事件的描述，包括超标排放的原因、日期和次数；已经或即将采取的减少、消除和预防超标排放再次发生的措施。

如果这个报告是口头进行的，那么 5 天之内还要提交一份书面报告。在上级单位因此采取的执法行动中，对该超标应属于异常事件的证明责任在工

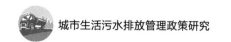

业用户，美国国家环保局负责确定该申诉的技术有效性。

（5）定期达标报告

在最后达标日之后，工业用户必须在每年的 6 月和 12 月报告废水排放的自我监测结果。对于重要工业用户，控制机构也要求其每 6 个月必须报告一次自我监测的结果。美国国家环保局建立了每 6 个月至少报告一次的要求，对于那些规模比较小的重要工业用户和那些几乎不可能引起干扰、穿透或活性污泥污染的其他工业用户，每 6 个月报告一次足够了。控制机构应该要求那些大的工业用户和有更大可能引起问题的工业用户进行更频繁的取样监测和报告。

所有自我监测的结果，即便是控制机构要求以外的监测结果，都必须报告给控制机构。定期达标报告必须包括：受行业预处理标准和控制机构管制的污染物和浓度；控制机构要求的废水流量数据（每日均值和最大值）；如果有相应要求的话，排放的污染物质量；生产率（适用于要求实行污染物排放质量限制的工业用户）。控制机构也可以自己去监测工业用户，而不采用工业用户的自我监测。

（6）绕排报告

在完成预处理过程之前，将工业废水引出处理设施的任一部分而排放，在预处理制度中定义为绕排。如果绕排导致工业废水的排放超标，即使是为了必需的设备维护，工业用户也必须向控制机构提供报告，详细描述此次绕排及其原因、持续的时间以及已经和即将要采取的减少、消除和防止再次发生的措施。

在发现未预期的绕排后的 24 小时内，工业用户必须向控制机构提供口头的说明报告，随后的 5 天内要提交书面报告。对于预期的绕排，工业用户必须事先向控制机构提交报告，最好比预计的绕排开始时间提前 10 天。

（7）潜在问题报告

所有的工业用户在发现任何可能引起问题的排放后都必须立即通知控制机构。可能引起问题的排放包括废液外溢、突然的大流量和高浓度排放，或者其他任何可能引起公共污水处理厂问题的排放。

（8）排放有毒有害污染物报告

在美国环境保护框架中，有些工业用户产生的污染物被界定为有毒有害污染物，这些污染物的管理通常受到《美国资源保护和恢复法》的监管。但是，如果这些污染物排放到污水管道，则主要受《清洁水法》的监管。

这个报告的要求就是按照《清洁水法》制定的预处理计划的有关要求的一部分。

　　每月排放超过 15 千克有毒有害污染物的工业用户要向控制机构、州政府和美国国家环保局提供一份一次性的关于该排放的书面报告。如果排放的属于剧毒有害污染物，则不管其排放量为多少，都必须提交这样的书面报告。该书面报告必须包括相应的美国国家环保局有毒有害污染物编码和排放的类型（一次性排放还是连续排放）。

　　如果每月排放超过 100 千克有毒有害污染物，这个书面报告还必须包括：该工业用户排放物中有毒有害污染物成分的鉴定证明；排放物中有毒有害污染物成分的数量和浓度的统计；该工业用户一年排放的有毒有害污染物的数量和浓度的估计。

　　在此报告中，工业用户还必须提供证明，显示以经济上可行的方式最大程度地减少有毒有害污染物的数量和毒性的计划。在美国国家环保局确认某一化合物为有毒有害污染物的 90 天内，相关的工业用户必须提供这份排放有毒有害污染物报告。

　　(9) 签字和声明要求

　　具备签字资格的人必须是负责的公司官员、主要的股东、业主或者是经以上人员正式授权的代表。授权文件要写明对排放工业用户或对该工业用户的环境事务有责权的被授权的人员或职位，并呈送控制机构。声明文件的文字有统一的要求，使这些受行业预处理标准管制的工业用户负责人承担可能罚款或者拘留的相关法律责任。

3.4　污泥管理制度

　　污泥作为污水处理的副产物，含有重金属、病原体等多种有毒有害物质。根据美国国家环保局的大致统计，污泥中的 40% 用于市政填埋，20% 用于焚烧，其他的用于化肥或土壤改良剂。与水污染物排放标准不同，美国国家环保局建立的污泥标准是以人体健康和环境风险为参考的。《清洁水法》对城市生活污水处理厂污泥的排放做出了规定，目的是减少潜在的环境风险和使污泥的效益最大化。《清洁水法》要求美国国家环保局制定技术标准，建立污泥管理实践与污泥中有毒污染物可接受的水准，以及遵守这些标准的严格截止期限。标准颁布后一年内必须遵守，除非建设新的污染管制措施，即使是这种情形，也必须在两年内遵守标准。

美国国家环保局在联邦法规第 40 卷 503 章中颁布了实施上述要求的条例。这些规则为污水污泥的利用和处置提出了要求，主要分为：土地利用、地表露天处置、污泥焚烧、填埋。每项利用和处置方法包括一般要求、污染物限值、管理要求、操作标准以及监测记录报告要求。联邦法规对以下 4 类人实施强制要求：污泥或污泥残渣的拥有者；污泥项目的土地利用者；污泥地表露天处置场所的拥有者或运行者；污泥焚烧设施的拥有者或运行者。这些内容很大程度上是自主实施的，这意味着任何从事与法规相关活动的人在设定期限前必须自觉遵守相关要求。违反联邦法规将会受到行政、民事或刑事处罚。下面以污泥土地利用为例介绍美国污泥标准。

3.4.1　污染物限值

污泥标准中重金属污染物指标类型有 4 种，分别为最高浓度、累计污染物负荷率、月平均浓度、年污染物负荷率。根据施用土地类型以及施用方式分别采用不同的污染物指标，具体见表 3-7。

表3-7　污泥土地利用污染物限值

污染物	最高浓度/（mg/kg）	累计污染物负荷率①/（kg/hm²）	月平均浓度/（mg/kg）	年污染物负荷率②/［kg/（hm²·365d）］
砷	75	41	41	2.0
镉	85	39	39	1.9
铜	4300	1500	1500	75
铅	840	300	300	15
汞	57	17	17	0.85
钼	75	—	—	—
镍	420	420	420	21
硒	100	100	100	5.0
锌	7500	2800	2800	140

注：①累计污染物负荷率：某块土地上所能承受的某种无机污染物的最大数量。②年污染物负荷率：在 365 天里单位面积土地上所能承受的某种污染物的最大数量。

在污泥标准中规定，当污泥中任何一种污染物浓度超出了表 3-7 中的最高浓度时，该污泥不得用于土地利用；当散装污泥没有被装于袋或其他容器中出售或送出，以用于土地利用的污泥用于农业用地、森林、公共接触场所或再生地时，不能超过表3-7中的累计污染物负荷率或月平均浓度；当散装污泥用于草坪或住宅花园时，不能超过表3-7中的月平均浓度；当袋装污泥被土地利用时，不能超过表3-7中的月平均浓度或年污染物负荷率。除了对污泥中重金属浓度进行控制，还通过累计污染物负荷率和年污染物负荷率两项指标对污泥施用量及污泥累计使用量进行控制，最大限度地保证污泥的安全使用。

3.4.2 无害化要求

美国在污泥标准中的操作标准——病原体数量和对病媒的吸引减少中提出了无害化的要求。美国按照病原体的数量将污泥分为A类和B类，见表3-8。A类污泥可以袋装出售；B类污泥有应用场所的限制，不能出售、丢弃或用在公共场所。污泥标准中根据施用土地类型和施用方式标准分别规定了不同的要求。具体来说，当散装污泥应用于农业用地、森林、公众接触场所或再生地时，必须满足A类病原体要求或B类病原体要求和场所限制；当散装污泥应用于草坪或住宅花园时，必须满足A类病原体要求；当袋装污泥被土地利用时，必须满足A类病原体要求。此外，减少病媒吸引的要求表现为表3-8中的挥发固体减量率。

表3-8 污泥无害化要求

污泥种类	大肠杆菌	沙门氏菌	肠道病毒	可见蛔虫卵	每克干污泥细菌总数	挥发固体减量率
A类污泥	1×10^3 MPN[①]	3个/4g	1个/4g	1个/4g	—	38%
B类污泥	2×10^6 MPN	—	—	—	2×10^6个	38%

注：MPN为最大可能数。

3.4.3 监测记录报告要求

（1）监测频率

在污泥土地利用中，重金属污染物砷、镉、铜、铅、汞、钼、镍、硒、锌的监测频率见表3-9。

表 3-9　重金属污染物的监测频率

污泥量/（万吨/365d）	频率
大于 0，小于 29	1 年 1 次
大于等于 29，小于 150	1 季度 1 次
大于等于 150，小于 1500	60 天 1 次
大于等于 1500	1 月 1 次

污泥按表 3-9 中频率监测两年后，可以减少监测频率。

（2）记录保存

污泥标准中针对不同人群在不同情况下要求记录不同的信息，并保存 5 年：①制备污泥或从污泥中导出材料之人需记录表 3-7 中污染物月平均浓度、描述污泥如何达到 A 类病原体要求的信息、描述如何达到病媒吸引减少要求的信息和保证书①。②在满足表 3-7 中污染物月平均浓度、A 类病原体和病媒吸引减少要求的情况下，散装污泥的制备者需记录表 3-7 中污染物月平均浓度和保证书，散装污泥的应用者需记录描述散装污泥应用点如何达到管理要求的信息、描述散装污泥应用点如何达到病媒吸引减少要求的信息和保证书。③当散装污泥应用于农业用地、森林、公众接触场所或再生地时，在满足表 3-7 中污染物月平均浓度、B 类病原体要求的情况下，散装污泥的制备者需记录表 3-7 中污染物月平均浓度、描述如何达到 B 类病原体要求的信息（如满足）、描述如何达到病媒吸引减少要求的信息和保证书，散装污泥的应用者需记录描述散装污泥应用点如何达到符合场所限制的信息、描述散装污泥应用点如何达到病媒吸引减少要求的信息（如满足）、散装污泥应用时间和保证书。④当散装污泥应用于农业用地、森林、公众接触场所或再生地时，在满足表 3-7 中污染物累计负荷率的情况下，散装污泥的制备者需记录表 3-7 中污染物月平均浓度、描述如何达到病原体减少要求的信息、描述如何达到病媒吸引减少要求的信息（如满足）和保证书，散装污泥的应用者需记录以街道地址或经纬度形式给出的土地利用点的位置、各利用点利用面积的英亩数、各利用点应用时间、污染物在各利用点散装污泥中的累计量、各利用点散装污泥的应用量和保证书等信息。⑤在满足表 3-7 中污染物年污染物负荷率的

---

① 保证书：保证声明，内容为本人保证所提供的信息是在本人的指导和建议下完成的，以按规定确保具备资格的人员能正确地收集和评价这些信息。本人知道如做虚假保证，将会受到罚款和监禁的严厉处罚。

情况下，袋装污泥的制备者需记录表 3-7 中污染物月平均浓度和年污染物负荷率、描述如何达到 A 类病原体要求的信息、描述如何达到病媒吸引减少要求的信息和保证书。

（3）报告

城市生活污水处理厂需在每年 2 月 19 日将规定记录的信息（除土地利用者记录的信息）以电子报告的形式提交美国国家环保局。

《清洁水法》第 405 条（f）款要求在每个发放给城市生活污水处理厂的许可证中加入对污泥的综合利用与处置的要求，并批准为尚未进行污泥排放的城市生活污水处理厂发放污泥许可证。为建立污泥使用处理机制，美国国家环保局在 NPDES 排污许可证中加入污泥使用和处理标准，并将排污许可证发放给一些城市生活污水处理厂。这些城市生活污水处理厂不直接向联邦水体排放污水，但以产生者、使用者、所有者或管理者等身份被归类到参与污泥使用或处置活动的相关行列。城市生活污水处理厂包括所有污泥产生及压缩装置，例如搅拌机。美国国家环保局意识到，联邦法规的实施可能会给排污许可证编写者以及已经具有含污泥特殊排放条件在内的 NPDES 排污许可证持证者造成困惑。因此，目前 NPDES 排污许可证中污泥许可条件与联邦法规的要求是同时应用的。美国国家环保局预计在一段时间后，NPDES 排污许可证中所有有关污泥的要求都会被修订，从而使其涵盖联邦法规的要求。

美国国家环保局提供了《污泥的土地利用》《污泥的地表处置》《生活垃圾管理条例》《污水处理厂污泥病原体控制和稳定化》等指导文件来解释联邦法规第 40 卷 503 章的要求。排污许可证编写者可以根据美国国家环保局发布的指导文件和实施指南并结合持证者所采用的污泥处置利用方法的类型确定合适的标准，排污许可证中污泥部分应该包括以下主要内容：污染物浓度或负荷率；操作标准（如土地利用、地表处置中病原体稳定化要求，或者焚烧炉内总烃浓度要求）；管理实践（如场地限制、设计要求和运行实践）；监测要求（如监测的污染物种类、采样地点和频率、样品的收集和分析方法）；记录保存要求；报告要求（如报告内容、频率以及报告提交期限）；一般要求（如在申请土地、提交和发布地表露天处置场所关闭计划前的具体通知要求）（EPA，2010）。

如果基于现有联邦法规的许可证内容不足以保护公众健康和环境免受污泥中有毒物质的不利影响，可具体问题具体分析，根据实施指南和技术导则应用 BPJ 满足法规要求，制定个案的污染物限值和管理措施。

除了适用的联邦法规，在 NPDES 排污许可证中必须包含以下三种标准样式情形：要求城市生活污水处理厂遵守现有的污泥综合利用与处置要求的规定，包括联邦法规第 40 卷 503 章标准；重新协商条款，若现有技术标准比排污许可证中的情形更加准确或覆盖面更广，则应批准修改排污许可证；通告条款规定持证者的污泥综合利用与处置行为发生（或计划发生）重大变化时，必须通告排污许可证管理部门。

3.5 城市生活污水排放管理模式

3.5.1 美国水质管理模式发展历程

水是连接陆地与陆地的纽带，在美国，河流、湖泊常被作为州与州之间的边界。因此，美国水质管理体制是联邦政府与州政府、州政府与州政府之间关系的重要组成部分。根据美国水环境保护立法的发展史，我们可以看出美国水质管理模式的演进。早期，在 1972 年《清洁水法》出台之前，美国的水质管理主要是由各州政府主导负责的，《美国宪法》也没有明确授权联邦政府对水环境进行管理。当时，水是连接国内外、州/部落之间的主要贸易通道，根据《美国宪法》对联邦管理贸易的授权，之后联邦逐渐加强了对水环境的管理，这也是后期联邦政府进行水环境管理都是围绕"可航水域"开展的重要原因（李丽平，2017）。

随着政府和社会公众对水污染防治规律和州政府管理水环境低效的认识逐渐加深，美国对水环境管理的认识发生了重大变化。在美国水环境问题出现—恶化—改善的过程中，水环境保护目标从"保障美国航运业的发展、保护河道的通畅"到"恢复和保持国家水体化学、物理和生物的完整性"，联邦政府各部门之间、联邦政府与州政府之间、州政府与州政府之间的水环境管理职责和关系也发生了较大的变化，影响了美国水质管理模式的进程。到 1972 年《清洁水法》的颁布，基本确立了美国水质管理模式的基本框架，即联邦政府成为美国水环境管理的主导力量，各州和地方政府负责在辖区内具体实施联邦的水环境管理要求。水污染的外部不经济性和水环境质量作为公共物品在消费上具有非排他性，决定了政府有必要对水污染问题采取集中管理。联邦政府进行集中管理可以避免各州对水污染采用严格程度不同的标准，可以从总体上制定水环境管理战略和标准，最大限度地保护公共利益（生态环境部对外合作与交流中心，2018）。另外，集中管理可以避免各州为了经济利益通过降低排放标准吸引工业企业落户，进行逐底竞争。同时，通过国家统一颁布法规和标准，明确地方政府和排放源应当履行的责任和义务，更便于执行。

20 世纪 80 年代以后，随着美国水环境质量的好转，水质管理模式又显现了从联邦政府集权向州政府适度分权的趋势。因为水质状况、污染源排放、日最大污染负荷等信息一般都由州政府掌握，将权力适度下放有利于各州开展更具成本有效性的方案。但这种分权和之前以州政府主导的分权是完全不同的，需要受到联邦政府的监管，是联邦集权下的分权。各州制定的水质标准、受损水体清单、日最大污染负荷计划、州实施计划等都需要经过联邦政府的批准。如今从流域的角度进行水环境管理也是一种分权的体现。因为有的流域涉及多个行政区，需要各行政区之间进行良好的合作。

3.5.2 水质管理体制与机构设置

根据布雷顿（Breton）最优区域配置理论，对外部性影响越大的水污染问题，应由更高级别的机构进行管理。美国的水污染管理经过几十年的发展，已建立起较为完善的水质管理模式和合理的机构设置，确保其有效执法和实施各项环境保护计划，不断改善水环境质量，保护公众健康和创造舒适优美的水环境。

（1）美国国家环保局

美国是世界上最早建立环境保护管理机构的国家之一。根据《国家环境政策法》的规定，联邦政府授予美国国家环保局制定环境保护法规以及行政执法的权力。作为一个独立的机构，美国国家环保局代表联邦政府全面负责环境管理，拥有美国境内环境保护的最高权限，有权支配部分联邦财政预算，是各项环境法案的主要执行机构。

美国国家环保局局长由美国总统提名，经国会批准。虽然美国国家环保局不在内阁之列，但局长是内阁级官员，可以参加内阁会议，直接对总统负责。环保系统内的所有职员都受过高等教育和技术培训，半数以上是工程师、科学家和政策分析人员。此外，还有部分职员是法律、公共事务、财务、信息管理和计算机方面的专家。

美国国家环保局在水环境管理方面的主要职责包括：制定和执行相关法

规，制定基于技术的排放标准，发放排污许可证，环境执法，监督和援助州计划的实施，批准流域规划、水质标准和日最大污染负荷计划，每年向国会报告水质状况，制定环境预算，进行科学研究和技术示范，制定相关导则和技术文件，帮助地方政府培训管理和技术人员，对州进行财政援助（韩冬梅，2014）。

（2）区域办公室

1970 年，由于当时各州环境管理水平不高、工作能力不足，环境保护立法让位于经济发展的目标。为满足区域环境监督管理的需要，美国国家环保局宣布设立 10 个区域办公室，以期加强与州和地方、私营部门在环境问题上的合作，促进公众参与（李瑞娟，2016）。每个区域办公室在所管理的几个州政府内代表美国国家环保局执行联邦的法律、实施美国国家环保局的各种项目，并对各个州的环境行为进行监督管理。这 10 个区域办公室是美国国家环保局的重要组成部分，分别位于波士顿、纽约、费城、亚特兰大、芝加哥、达拉斯、堪萨斯城、丹佛、旧金山、西雅图。这些区域办公室的负责官员由美国国家环保局委派，机构运行经费也是由联邦政府拨调，在联邦环保法律法规执行方面发挥了巨大作用。区域办公室有监督、管理、审批、许可和执法等权力，保障联邦法律法规和环保项目能够得到有效的执行和落实，相当于"小的美国国家环保局"。

《联邦条例》具体规定了美国国家环保局区域办公室的地位和职权。区域办公室基本职责是代表联邦在地方执法，即执行法律规定的行动规划或项目。区域办公室局长在辖区内对美国国家环保局局长负责，作为辖区内环保局局长的首要代表，与联邦、州、跨州和地方四个层面的机构、行业、科研院所、其他公立和私立组织联系。区域办公室的工作可以概括为以下四个方面：一是管理美国国家环保局对各州的拨款及拨款项目；二是监管州的环保项目，确保其符合联邦的相关法律法规及标准；三是为解决州、区域和跨界环境问题提供技术指导、评估意见和对策建议；四是代表美国国家环保局协调处理与州及当地政府和公众的关系。比如，美国国家环保局第九区域办公室主要负责亚利桑那州、加利福尼亚州、夏威夷州、内华达州、太平洋群岛和 148 个部落执行联邦环境法律。每个区域办公室的机构组成都与美国国家环保局总体结构类似。

（3）州环保局

虽然 1972 年《清洁水法》确立了以美国国家环保局为主导的水环境管理

体制，但州和地方政府在《清洁水法》实施过程中仍具有不可替代的重要作用。在合作联邦主义①的前提下，州政府在水环境管理过程中起着承上启下的作用②。联邦政府起着领导和监督的作用，州政府在水环境管理中负责具体执行。据统计，90%以上的环境执行行动由州启动，94%的联邦环境监测数据由州收集，97%的监督工作由州开展，大多数排污许可证由州发放。州政府一般仿照联邦政府建制，设立州环保部门。各州的环保部门名称不尽相同，有环境保护局、环境管理部、环境服务部、环境质量部、环境质量委员会等，州环保部门负责实施和执行环境法律、行政法规，确保本州的清洁空气、清洁水、清洁土壤、安全杀虫剂、废物循环利用和削减等。州环保部门的主要职能包括：经授权代表联邦执行联邦计划和州内事务；自主制定州的环境保护法律；监督环境状况，针对具体环境问题发放排污许可证；根据有关授权，有对违法者处以罚款的权力；对被管理者进行现场检查、监测、抽样、取证和索取文件资料的权力；确保环境保护计划得以实施等。在州环保部门中设立专门的水环境管理部门，具体负责水污染防治和保证水质。各州水环境管理部门与地方环保部门合作，共同执行联邦和州的法律法规，推动本州的水环境保护工作。

以加利福尼亚州为例，1991 年根据时任州长的行政命令，该州正式设立了环保局。州环保局是州政府的组成部门之一，下设空气资源控制局、水资源控制局、杀虫剂管制局、有毒有害物质控制局等部门，其中水资源控制局是最大的机构，预算约占全局的一半，编制约为 1500 人，其宗旨就是保护和改善州水资源的质量，合理分配并有效利用水资源。州水资源控制局的决策机构是由 5 名全职成员组成的理事会，包括主席、副主席和 3 名成员，任期 4 年，全部由州长提名，州议会批准任命。每个成员都有专职任务，其中 1 名成员是公众代表，其余 4 名分别为水质、水供应和水权领域的资深专家，以及水质、水供应、水权和农业灌溉领域的工程师（宋国君，2018）。美国加利福尼亚州水资源控制局框架如图 3-12 所示。

---

① 根据《清洁水法》的"合作联邦主义"，州政府和联邦政府在《清洁水法》的行政监管中必须密切合作、各司其职，联邦政府起着领导和监督的作用，主要是制定水污染物排放等环境标准和规则，给州、地方级部落政府提供财政援助和资金支持，但实际上直接进行行政监管、具体落实水污染物排放标准和水质标准的是州、地方及部落政府。

② 一方面，要负责落实联邦政府的水污染防治法律法规和政策，接受联邦政府的指导和监督；另一方面，要负责按照州水污染防治法律法规指导和监督下级地方政府水污染防治部门的行政执法。

（4）流域管理机构

相对州环保局而言，地方政府部门是更加具体、更加直接负责水污染防治的行政监管部门，美国国家环保局和州环保局的水污染防治政策法规、计划方案等都需要地方政府的水污染防治部门具体实施。根据《清洁水法》，美国水质管理按照流域设置管理机构，不受地方政府的干扰。比如，加利福尼亚州环保局水资源控制局按照水文特征、地形特点、气候差异等因素下设了多个流域水质管理分局来管理跨州的 58 个县，对本流域的水质保护做出关键的决定，不受管辖地区政府的左右。每个流域水质管理分局的运行经费从联邦政府和州政府而来，对本流域的水环境质量负责，包括制定流域内的水质标准、发放排污许可证、针对违法者采取相关的监管和执法措施、监测水质等。

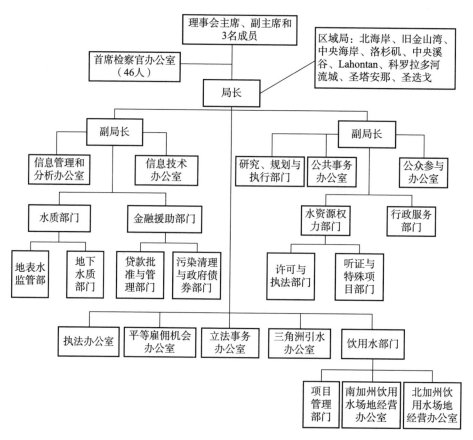

图 3-12　美国加利福尼亚州水资源控制局框架

　　南加州洛杉矶流域水质管理分局是加利福尼亚州水资源控制局多个分局中的一个，主要负责洛杉矶地区的地表水和地下水水质管理，包括沿海滩涂和温杜拉县。它的决策机构也是理事会，由 7 名兼职人员组成，也由州长提名并由议会批准任命，包括主席、副主席和 5 名成员，全部来自社会各界的志愿者。理事会专门负责决策，下设局长负责执行，实现标准制定者和资源管理者的分离。目前，该机构编制共有 140 人左右，是独立法人，可以独立执法，但在人员编制、工资福利等方面隶属于州水资源控制局（宋国君，2018）。南加州洛杉矶流域水质管理分局框架如图 3-13 所示。

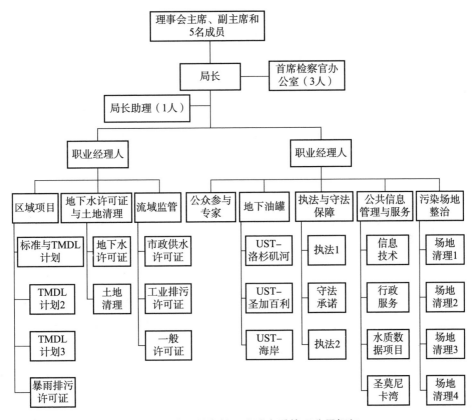

图 3-13　南加州洛杉矶流域水质管理分局框架

　　为了与流域利益相关者建立合作关系，实现水质目标，加利福尼亚州水资源控制局和流域水质管理分局于 1996 年开始实施流域管理倡议（Watershed Management Initiative）。流域管理倡议要求州水资源控制局和流域水质管理分局就优先领域进行整合，整合成一个可以反映州所有水资源问题的规划。为了推动该倡议的实施，加利福尼亚州水资源控制局和流域水质管理分局设立了协调员、工作组、委员会、执行委员会、项目经理等，这些成员均有相应的职责和授权。加利福尼亚州通过立法授权设立了10个协调员，每个流域水质管理分局各有一个。协调员负责与水资源控制局和各类利益相关者交流，分享水环境问题的优先领域和识别主要利益相关者。工作组由州水资源控制局和分局协调员组成，主要为流域管理倡议制定规划和支持规划实施，帮助利益相关者获取流域管理培训、技术援助和资金援助的机会。委员会由各个部门的执行官员组成，负责审议和签署工作组提交的决策。项目经理根据预期水质目标，与工作组和各部门沟通和协调，寻求解决方案。

总体来看，美国国家环保局、州水资源控制局的水环境保护法律法规最终需要流域水质管理分局具体执行。加利福尼亚州各个流域水质管理分局每月都会发布一份执行报告，主要内容包括：NPDES排污许可证实施检查、雨水污染控制设施检查、发布不遵守通知、发布违法通知、对违法行为责令承担民事责任等，除了这些主要行政监管事务，还在《清洁水法》第401条规定的水质认证和废物排放要求项目、地下储藏罐项目、盐和营养物质管理项目、防治石油和天然气生产行为污染水质等方面享有广泛的行政权力和义务。

（5）以排污许可证制度为核心的流域管理模式

美国是一个联邦制国家，各州政府有较大的自治权，大部分州的环境问题由州环保局统一管理，州环保局只对州政府负责，根据州法律履行职责，不受国家环保局的管理，仅在法律上与国家环保局有事务合作关系，但是美国针对点源的排污许可证制度主要由国家环保局负责实施，可以授权各州具体推行，若各州政府执行不力，国家环保局可以强制执行或者收回授权。

以加利福尼亚州洛杉矶流域为例，该流域的水质管理覆盖了全部水污染源，包括工业点源、公共污水处理厂点源和非点源。工业点源采用排污许可证管理，主要管理排向天然水体的污染源，严格按照NPDES排污许可证制度执行。点源排污许可证由美国国家环保局统一发放，可以授权州代为实施管理。公共污水处理厂点源，采用排污许可证管理和预处理排污许可证管理，在排污许可证管理中地方政府作为守法者，申请公共污水处理厂的排污许可证，提交守法报告；预处理排污许可证由地方政府负责，是环保机构授权当地政府对排向市政污水处理厂的工商业点源进行预处理管理，此时地方政府是管理者。

3.6　联邦政府对城市生活污水处理厂的资金机制

3.6.1　投资运营模式

美国污水处理的投资运营模式经历了"公有—公私并举—公有为主导"的发展历程。目前，美国的污水处理厂投资运营模式分为以下三种：公有公营、公有私营、私有私营。

（1）公有公营

美国 95% 的污水处理服务由公有企业提供。主要原因为：首先，政府对污水处理厂的管制要求（特别是环境管制要求）日渐严格，导致污水处理业的盈利水平在美国并不是很高，私人企业获利机会小，因而进入该行业的刺激有限；其次，污水处理厂的投资成本太大，私人企业难以承受，只能由公有部门来进行投资。此外，公私部门行为激励不同，私人企业为降低运营成本，在运行时往往按最低排水标准来处理污水，公有部门没有盈利目标，会以达标处理、实现公共利益为己任，有助于实现更好的环境治理效果。

（2）公有私营

这些污水处理厂由公有部门建设，委托给私人企业运营并对其进行监督。采用这种运营模式的污水处理厂，公有部门负责污水处理厂的投资建设和主要设备的维修、更换，私人企业运营时主要通过压缩运营成本来增加盈利，因此对私人企业运营效果和设备维护的技术审计是监管的核心。

（3）私有私营

在美国，供水行业主要以私有形式经营。由于美国对经营公用事业的私人公司采取的是固定回报率管制，私人部门会有扩大资本投资的倾向，以获得更大的回报。但污水处理很少采用这种形式。污水处理厂私有化目前在美国不常见，主要是由于随着监管要求的加强，公有部门在近十几年来一直在不断提高效率，因此私有化的运营效率优势并不显著。公有部门提高效率的途径包括不断采用新技术、提高企业自动化程度、适当裁员、给职工提供培训项目、提高企业职工的素质等。

综上，美国污水处理业的投资运营模式是以公有公营为主导，以公有私营、私有私营为辅助。这种模式能够保障污水处理的资金来源，有利于动员社会力量监督和管理污水处理厂的运营情况，保证进水及出水水质，进而维护公众的环境权益（吴健，2012）。

3.6.2　行业管理模式

美国污水处理业管理由联邦政府、州政府及地方机构三级负责，各级的管理权限十分明确。在联邦层级，美国国家环保局在《清洁水法》和《安全饮用水法》等法案下，设立并管理许多与污水处理系统管理相关的计划和项目。州和民族地区则是由州或民族地区公共卫生局负责制定规章，执行污水处理系统的建设与运营。县级政府和市、镇、村主要担负管理县区内分散污水治理的职责。另外，各州还可以根据需要设置特殊目的的流域水质管理分局，按照理事会章程对特定事务进行管理，如负责实施某一区域的污水治理，由其全面完成污水处理系统的规划、评估、技术咨询或培训等工作。

公有私营形式的水处理企业，以 West Bain 为例，其所有权归市政水务区（West Basin Municipal Water District，MWD）。市政水务区理事将水处理的生产过程以 5 年期合同的方式委托给私人企业运营，私人企业的运营依照合同受到理事会监管。鉴于私营企业对设备维护投入不足的问题，公有私营项目的委托运营合同中都规定私人企业必须定期接受理事会的审计，该审计主要是针对设备进行定期的技术审计，检查私人企业是否对设备进行按时维修和必要的持续投入。

私有私营形式的企业同样接受市卫生局的环境监管，但定价方面则受州公共事业委员会监管，以确保其能长期以合理价格提供服务。以加利福尼亚州公共事业委员会（California Public Utility Commission，CPUC）为例，其组织结构如图 3-14 所示。

加利福尼亚州公共事业委员会负责管理电力、天然气、通信、水、铁路、铁路运输和旅客运输的私人企业。该委员会的宗旨是保护公众利益，在维持州经济稳定和环境安全的情况下，尽可能地保护消费者的利益，确保不同服务的安全可靠。在水管理方面，公共事业委员会（PUC）调查和研究水质和供水系统的服务质量，负责分析和处理企业费率调整的要求。委员会中管理水业的主要是缴费者维权部（Division of Ratepayer Advocacy，DRA）和水审计部，以及管理审判官。缴费者维权部（DRA）作为消费者的代表，在 CPUC 中扮演独立角色，其职责是在公众获得安全可靠的服务的前提下，代表消费者仔细检查州大型水业企业的服务成本，尽可能降低公司向消费者收取的服

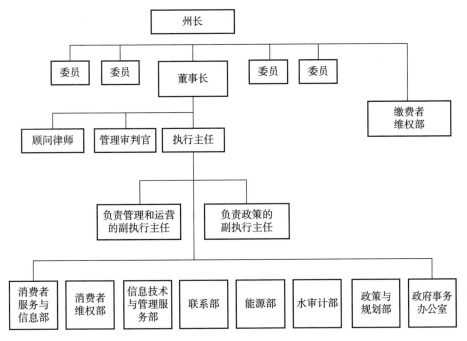

图 3-14　加利福尼亚州公共事业委员会组织结构

务费。水审计部管理其他中小型水业企业。当企业提出涨价要求时，水审计部有责任代表或帮助消费者搜集足够的证据，提请管理审判官裁决。

3.6.3　清洁水州周转基金

美国水环境保护领域的清洁水州周转基金（Clean Water State Revolving Fund，CWSRF）和饮用水州周转基金（Drinking Water State Revolving Fund，DWSRF）是美国水污染控制领域的重要投资模式。这两个州周转基金就像两个基础设施建设银行，投资着美国的水环境保护和饮用水安全供给项目，为美国水环境基础设施的建设和水环境质量的改善提供了有力的资金保障。美国在州周转基金管理和运营上的经验对我国创新水环境保护投资模式具有重要的借鉴意义。

（1）清洁水州周转基金历史背景

美国在水污染防治领域的投资经历了从缺乏联邦资金支持（1956 年前），到以联邦政府无偿拨款为主，再到以清洁水州周转基金贷款（1987 年）为主的两次重要转变。需要特别指出的是，其每次变革和设立都以法律要求为依据，代表着联邦政府对水污染控制管理思路的转变。在设立清洁水州周转基金前，联邦政府主要通过无偿拨款的形式支持污水处理设施的建设。1948 年，《联邦水污染控制法》提出了对污水处理厂进行财政支持，但没有开展拨款。1956 年的《水污染控制法》授权联邦政府出资补贴污水处理厂的建设，联邦最多承担建设成本的 55%。1972 年的《联邦水污染控制法修正案》加大了对污水处理厂的补贴力度，将联邦补贴比例提高到 75%，1973—1975 年授权向各州污水处理厂补贴 180 亿美元（加上地方配套，约 240 亿美元），主要目的是帮助污水处理厂达到 NPDES 排污许可证的要求。事实上，截至 1976 年，实际支出的联邦资金不到 15%，项目规划等都延迟了。之后 1981 年的《城市生活污水处理厂建设拨款修正案》对联邦政府拨款建设污水处理厂做出了明确的规制，这是城市污水处理中的关键问题之一，该修正案更加科学地设计了联邦政府对污水处理厂建设的财政拨款。比如，不仅削弱了联邦政府用于污水处理厂建设和运行的拨款比例，明确联邦政府补贴比例由原定的 75% 下降到 55%，而且细化了各州在随后 5 年中可获得联邦政府的拨款数额，着眼于满足当前污水处理的需要，取消了对污水处理厂备用容量建设拨款的支持。20 世纪七八十年代，美国通过联邦建设拨款项目向污水处理项目提供了 600 多亿美元的无偿联邦拨款，美国的污水处理厂污水处理能力有了大幅提升，1982 年二级处理服务人口比例达到了 69%（1960 年仅为 4%）。1987 年的《水质法》[①] 对污水处理补贴项目进行了调整，规定从 1991 年开始，联邦不再向建设拨款项目拨付资金，并设立清洁水州周转基金。

建设拨款项目虽然使得美国的污水处理水平有了提高，但是低效的资金使用和依然突出的水污染防治资金需求，促使联邦政府考虑改革水污染防治领域的投资模式。主要体现在以下几个方面：

①联邦拨款对地方投资的拉动效果不明显。在某种程度上，市政当局利用联邦拨款来减轻污水处理设施的建设费用。以 1982 年美元固定价格计算，

---

① 1987 年的《水质法》对建设拨款规定进行了改革和调整，停止了联邦政府为污水处理厂提供基金的拨款计划，用清洁水州周转基金来取代。清洁水州周转基金在帮助各州政府达到《清洁水法》的目标、改善水环境、保护水生生物、保护和修复饮用水水源、保存国家用于休闲用途的水体等方面，都发挥了重要的作用。通过清洁水周转基金，联邦政府和州政府共同拨款并逐步在各州建立起来，联邦政府为州政府提供年度资金，州政府再以低息贷款的形式发放各种水质项目。根据规定，州政府设立管理机构，按照联邦政府拨款的 20% 提供资金。通过联邦政府拨款和州政府拨款偿还贷款、债券等，实现资本化运作。虽然大部分的贷款都拨到了地方政府，但是也可以发放给商业和非营利性组织，偿还期限长达 20 年。当时大部分的清洁水周转基金不仅对市政污水收集和处理设施提供融资，也对城市雨水和非点源管理计划、国家河口计划以及地下水保护项目等提供支持。

州和地方政府的支出在 1972 年达到顶峰，而到 1982 年却减少了 50% 以上。一项对联邦和州政府费用支出的计量经济研究估计，每增加 1 美元的联邦支出会导致市政当局支出减少 0.67 美元。一些研究者认为，联邦补贴的很大一部分其实只是将州和地方用于建设公共污水处理设施的款项转变为联邦补贴，所以尽管 20 世纪七八十年代联邦投入公共污水处理设施的资金数额不断上涨，但实际上污水处理能力的增长并未匹配资金的增长程度。

②地方对联邦拨款的使用效率低。在联邦补贴下，各州政府对加强污水处理厂的管理和改造的积极性直接与联邦是否拨款和拨款多少挂钩。比如，实施污水处理厂二级处理，如果没有资金支持，市政当局将资金缺乏作为开展相关工作的一个借口。1985 年，美国国会的一项研究估算显示，如果大幅提高地方承担的成本费用比例，可以解决 30% 的建设成本。此外，由于联邦层面的补贴主要用于建设污水处理设施，所以很可能并不直接针对各州最亟待解决的水环境问题。联邦和州分担了大部分的项目建设成本，社区仅分担建设成本的 10%～25%。因此，拨款对市政当局的激励不足，以至于其没有动力考虑采用成本—效益最好的设计和技术，也不考虑未来需求对污水处理厂设计容量的影响。联邦的拨款仅涵盖建设成本，而不包括运行成本，因而建设方为了获得尽可能多的赠款而倾向于进行超出原本需求的建设。一些超出的部分可以视作为未来的人口增长预期做的准备。

③政治利益影响联邦拨款发挥最大效益。联邦的补贴措施不可避免地掺杂了政治因素。受到任期限制，各州政府通常更倾向于在短期效益好的领域发放补贴，因而一些需要长期投资才能改善的水环境问题被忽视了。作为应对，美国国家环保局开始进行"需求调查"（Needs Survey），综合地区人口数量、不同水体的污染状况等因素来判断特定水体对补贴的需求状况，在此基础上分配拨款。调查的内容和程序本身都是开放的，需求程度最终仍然取决于相关专业人员的判断，而这一判断依然有很强的政治性。拨款往往不是流向水质问题最严重的地方，而是流向了政治效益最大的地方。

通过设立清洁水州周转基金，联邦在水污染控制领域的财政资金不再直接投资到具体项目建设上，而是作为种子基金分配给各州政府；投资领域也从污水处理厂建设扩展到了非点源污染控制和河口保护项目。投资方式和领域的转变，使得水污染防治领域的联邦资金由政府直接投资主导逐渐转向基于市场的投资，也促使水污染控制思路从部分污染源控制转向系统的水污染控制。

（2）清洁水州周转基金运营模式

清洁水州周转基金的资金来源主要有三部分：联邦拨款和州政府配套；基金运行中的贷款偿还和利益收益；发行债券所募集的资金。贷款偿还和债券融资的资金，可以继续贷款给其他项目，从而保障了基金的持续运营。清洁水州周转基金主要运营模式如图 3-15 所示。

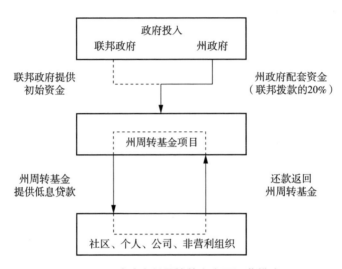

图 3-15　清洁水州周转基金主要运营模式

目前，在美国 50 个州和波多黎各均设有州周转基金项目。在联邦和州的紧密合作下，州周转基金均保持良好的运行态势。从联邦资金投资回报率可以看出，联邦投入有效地撬动了市场资本，且资金规模在逐渐增加，为美国的水环境改善和饮用水安全供给提供了有力的资金保障。清洁水州周转基金已成为美国联邦层面最主要的水环境保护资金管理模式。

联邦除了根据财政年度预算向州周转基金提供拨款，也会根据其他法律和政策调整，向州周转基金拨款。2009 年，为应对经济增长速度下滑和不断升高的失业率，时任美国总统奥巴马签署了《2009 年美国复苏与再投资法案》，美国国家环保局因此获得了 72.2 亿美元的项目资金。其中，清洁水州周转基金获得 38.93 亿美元，安全饮用水州周转基金获得 19.5 亿美元。2013年，根据《灾害救助拨款法》，美国国家环保局分别向遭受飓风"桑迪"影响的新泽西州和纽约州的州周转基金拨款 2.29 亿美元和 3.4 亿美元，用于支持污水处理和饮用水处理设施的改善。

（3）清洁水州周转基金的管理特征

①建立伙伴关系，联邦和州政府共担责任。州周转基金是联邦和州政府共同管理的项目，根据法律法规的要求，联邦负责提供初始资金（年度拨款形式）并对各州运行情况进行监督，各州负责周转基金的具体运营和管理，形成了联邦和州政府的伙伴关系。在整个州周转基金项目运营中，联邦和州政府各司其职，保障了州周转基金正常和高效运转。

a. 联邦负责监督和引导。联邦对州周转基金的监督目的主要是保证基金运转的高效性和有效性，保证其投资项目满足公众的需求。州周转基金相关管理机构主要有：美国国家环保局、管理和预算办公室、政府问责办公室和国会。其中，美国国家环保局是州周转基金最主要的联邦管理部门，负责制定州周转基金的具体管理政策和指导性文件，主要通过区域公示对各州的州周转基金项目进行监督并提供帮助，保证州周转基金项目能够有效地促进国家水质的改善和保障饮用水安全。国会负责审查总统预算请求，批准拨款法案并对美国国家环保局的职责履行情况进行监管。其他联邦机构主要是对资金的使用效率和操作进行监督，保障其为公众服务。这种模式形成了从上到下的监督链条。

美国国家环保局通过审批各州提交的使用计划、年度报告、拨款申请和年度审计报告等对其州周转基金项目进行监督，并编写年度评估报告。美国国家环保局的区域办公室通过检查、实地考察、采访、会议讨论等形式对辖区内各州的州周转基金运营情况进行监督，包括审议其年度报告和审计报告；美国国家环保局会对每个区域办公室进行定期检查，确保区域办公室对基金使用、项目运行和年度报告审议进行有效的监督。

美国国家环保局主要通过制定导向性政策和控制预算引导各州州周转基金的投资方向。1995—1996 年，美国国家环保局邀请了区域办公室和州代表共同参与制定了《清洁水州周转基金资助框架》，目的是引导各州在制定项目优先列表时从流域角度考虑水质问题。美国国家环保局在过往的财年预算中，要求各州州周转基金的 20%~30% 用于向合适的项目提供免除本金和负利率贷款或赠款。同时，美国国家环保局还要求，如果有足够数量的合适项目，20% 以上的清洁水州周转基金要用于绿色基础设施建设项目。联邦的政策引导可以有效地保障州周转基金的投资能够持续促进水环境质量的改善。

b. 州负责州周转基金具体运营。在一个州获得拨款之前，这个州应该建立清洁水州周转基金。通常，州可以与其他州政府机构合作，一起管理和经营州周转基金。清洁水州周转基金要求由指定的环保机构或者金融机构在运营过程中起主导作用。目前，美国 50 个州中有 31 个州是通过环保部门和金融管理部门共同经营清洁水州周转基金的。

各州在州周转基金管理中有严格的程序。在申请拨款前，各州必须每年制订基金使用计划，说明如何使用基金和"储备金"，包括项目短期和长期目标、基金账户基本情况、"储备金"和弱势社区支持预算、项目资助优先列表等。使用计划经公众评议后，提交美国国家环保局。在年度任务完成后，各州需要每两年或每年提交年度报告和项目审计报告，说明项目任务、财务情况和成果等，证明资金使用符合《清洁水法》及相关财务和会计准则等。对由非政府实体承担的资金超过 50 万美元的项目需要进行单独审计并提交报告，以检验项目效果、评估基金运营情况，确保基金使用符合相关法律规定。

②采取低息贷款模式，保障基金持续运转。州周转基金以提供低息贷款为主要投资模式，形成了项目贷款支出与还款再资助的循环模式，达到了"周转"的目的，同时以低于市场的贷款利率、较长的还款周期作为鼓励条件，兼顾了环保投资的公益性。

a. 以贷款—还款—再贷款模式让资金"周转"起来。州周转基金的申请及使用流程如图 3-16 所示。在项目申请阶段，各州基金管理部门会对申请贷款的项目进行审查，判断其是否满足相应的技术、经济和管理要求，并确保其具有偿还贷款的能力；在项目批准阶段，基金管理部门会根据联邦制定的导向性政策和本州实际建设项目需求确定项目优先级，选择资助项目，灵活确定贷款利率、还款计划及相关费用等，并最终与贷款人签署贷款合同；在项目建设阶段，州基金管理部门要求贷款人对项目建设进行连续监督，保障工程质量；项目建设完成后，州基金管理部门会对项目进行最终验收，并要求项目在完工后的一年内开始偿还贷款。贷款人需要开设一个或多个还款渠道，若建设项目是分阶段的，则贷款也需要分阶段偿还，以降低出现坏账的风险。

这样一个管理流程，使先贷出去的资金经过循环又回到州周转基金的资金库中，可以继续支持其他项目。根据美国国家环保局报告，贷款本金和利息偿还对州周转基金的贡献率均超过了 30%，这也在一定程度上表明州周转基金具有长期提供低息贷款的能力。州周转基金替代了原来联邦政府直接拨款的资助方式，改为向有需求的地方政府、公司、非营利性组织或个人提供贷款，减轻了政府在污水处理设施及公共供水系统建设投入方面的财政压力，

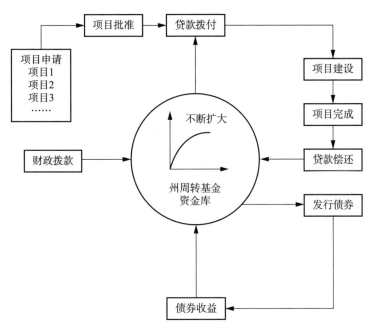

图 3-16　州周转基金的申请及使用流程

提高了基金运行的效率，使得州周转基金本身具有了可持续运行的属性，同时也在一定程度上对基础设施的运营管理提出了更高要求。

b. 用低贷款利率、长还款周期提高基金吸引力。清洁水州周转基金和饮用水州周转基金的平均贷款利率分别为 1.7%、2.7%，远低于 5.0% 的市场利率水平，对于弱势社区的贷款可以以零利率和负利率方式贷出，甚至免除本金。同时，贷款还款期限可达 20 年，特殊情况可延长到 30 年。

州周转基金主要用于支持污水处理设施建设、非点源污染控制、河口保护及公共供水系统建设，工程项目具有一定公益性，投资收益远低于市场水平，采用低于市场水平的贷款利率提高了基金对贷款人的吸引力。同时，低利率也为融资渠道较窄的小型社区等弱势群体提供了资助途径，而且较长的还款周期也进一步减轻了贷款人的还款压力。

各州可以根据项目性质和管理需求灵活确定贷款利率及还款期限，在支持营利性较强项目、保证到期贷款回收率的同时，兼顾非营利性项目、弱势社区水环境保护基础设施建设，激发了贷款人的参与热情，基金利用率（援助资金占总可用资金比例）一直保持较高水平。近年来，州周转基金的援助资金均超过可用资金的 90%，有力地促进了美国水环境质量改善和饮用水的安全供给。

c. 多方参与，借助社会力量壮大基金项目。水环境基础设施建设与社会各方面息息相关，美国州周转基金通过发行债券、向多种主体贷款等方式，扩大了基金的规模、带动了环保产业的发展，让更多的企业和个人参与基金运行并从中获益。

面向公众发行债券，广泛吸纳社会资本，扩大州周转基金规模。在州周转基金项目下，各州除开展贷款业务，还可以以基金作为担保，发行免税债券筹集资金，以改善地方债务问题，并带动社会资本参与水环境保护计划。债券融资已成为州周转基金的一项重要资金来源，分别占清洁水州周转基金和饮用水州周转基金累计总额的43%和29%。社会资本的介入使政府投资的带动效益进一步凸显，联邦政府每向清洁水和饮用水州周转基金投入1美元，可实际用于建设项目的资金分别为2.55美元和1.71美元（李丽平，2015）。

面向多类主体贷款，将基金投在最需要的地方。州周转基金贷款人可以是市政府、中小企业，也可以是农民、非营利性组织和社区机构。贷款主体的多样化使得具有现实需求的各类人群可以提交贷款申请，贷款项目更加具有针对性、契合现实需要，贷款直接用在当地所需的污水处理、饮用水保障等方面，保障了基金使用的效率和效果。贷款通过贷款人购买服务和设备的形式支付给项目承包商或供应商，起到拉动消费、创造就业、刺激环保产业发展的作用。

3.6.4 污水处理价格监管

价格监管，是对公共事业部门进行成本约束、抑制不合理价格上涨、保障公共福利的重要手段，也是政府对公用事业部门监管的核心内容。由于采取不同的污水处理运营模式，价格监管程序亦有所不同。对于公有的污水处理设施，污水处理服务费的制定不以营利为目的（零利润），但必须保证投资回收。运行维护管理和更新改造所需的开支，主要包括运行成本、维护成本、设备购置更换成本和债务成本。对水业私人企业的服务定价，美国采取的是投资回报率规制（Rate-of-return Regulation），即政府不直接制定服务的最终价格，而是通过制定投资回报率来控制价格构成中的利润大小，从而实现对价格水平的间接控制。

（1）公有污水处理厂的价格监管与成本控制

以加利福尼亚州 Hyperion 污水处理厂为例，该厂的成本主要包括人员工资、设备运行和维护费用、债务成本等，其中污水处理设施运营和维护成本在其中所占的比例不到 50%，主要是人力资源成本较高。Hyperion 污水处理厂每年 7 月会进行一次成本核算，根据上一年的用水量，参考美国全国价格水平，考虑所有需要的成本，依据零利润原则测算所需价格。基于污水处理厂编制的项目发展规划，每隔 5 年允许提出一次涨价请求。如果 Hyperion 污水处理厂要求提价，则需通过卫生局向市长办公室提交申请材料。如果市长办公室不批准，则只能等第二年再申请；如果市长办公室批准，提案就会送到议会进行辩论投票，并且在议会辩论前举行公众听证会。所有环节除了对成本构成的真实性进行审查，还要考察污水处理厂所提出的发展项目规划的合理性和必要性，不符合的项目不能被接受或作为提价的理由，避免存在公用事业部门盲目扩张的倾向。如果议会辩论投票同意，Hyperion 污水处理厂才可以涨价。严格的价格调整程序使得 Hyperion 污水处理厂的涨价申请很难被通过，已经维持多年价格不变。污水处理厂的收入主要来自发债和收费。收入有盈余的部分，形成储备基金（Reserve Fund），在收入不足时，经市政财政部门批准方可动用。

如上所述，公有企业的所有者主体可能是政府，也可能是流域水质管理分局的理事会，两者的价格监管和调整程序比较类似，只是属于流域管理分局的企业要向自己的理事会申请，理事会表决做出是否调整价格的决定。理事会的决策过程也必须依法公开，并接受媒体监督。如果公有企业通过运营服务合同的形式将业务委托给私人公司运营，形成公有私营的运营模式，需经政府或理事会决策同意，公有部门与私人企业之间依合同确定自己的权利和义务，申请调价的程序并无差别。

（2）私有污水处理厂的价格监管与成本控制

加利福尼亚州公共事业委员会（CPUC）是对经营公用事业的私人企业进行价格监管和成本控制的核心部门。州内大约 20% 的水公司属于 CPUC 管辖的范围，其中大部分是供水企业，只有几家污水处理企业。CPUC 的宗旨主要有两个：一是安全可靠的供给（Safety Supply）；二是消费者的可支付性（Affordability）。

私人公司每 3 年可以向 CPUC 提出一次涨价计划，计划的内容包括 3 年的项目发展计划和价格计划。如果涨价的幅度低于州公共事业委员会规定的某一基准，则不需要通过申请，私人供水企业可以自行涨价，但由于基本上每个私人企业都倾向于增加较多投资的项目，以获得投资回报率，一般私人企业涨价的幅度都会超过基准。缴费者维权部（DRA）会对私人企业提交的申请进行审核,审核其增加的成本,确定企业合理的投资回报率。合理的投资回报率并不是一个固定的比例,受到很多因素的影响,包括参考其他水企业或行业(如电力等)的投资回报率。此外,缴费者维权部(DRA)会对该私人企业的成本进行审核,在保证不影响其服务质量的基础上尽可能约束企业的成本,降低其花费,从而控制其价格。涨价申请材料对公众公开,企业会通知其消费者已申请涨价,并举办公开会议(Public Meeting),讨论是否需要涨价。该会议由 CPUC 的审判官主持,缴费者维权部(DRA)、私人企业的顾问会和审判官进行辩论,审判官在听取双方意见的基础上做出判决,再交给 CPUC 的 5 位委员(Commissioner)做出最终决定。CPUC 要求每 3 年对价格执行情况进行一次审核,保证项目都按照计划执行,如果 3 年中发现有成本节约的可能(例如实际雇用的人员多于预计人数),会要求企业降低价格。因此,私人企业一般不会通过降低运行费用节约开支,而是在项目发展计划中竭力争取扩大投资,以获得给定的回报率。可见,在实际操作中,对项目发展计划的审查至关重要。

可见,对私人企业的价格控制由公众和政府双方共同参与,在维持合理的企业投资回报率以及一定质量服务的基础上,尽可能降低企业的支出,控制企业涨价动机,维护公众利益。

第 4 章　我国水资源环境与污水处理厂概况

本章对我国水资源量和分布、用水总量和结构、污水及污染物排放总量和结构、水环境质量状况、水环境保护投资、污水处理厂概况等进行了全面分析。

4.1　世界水资源状况

水是生存之本、文明之源。水安全是未来数十年深刻影响全球可持续发展的重要议题，人类的生命健康、城乡发展、工农业生产、经济发展和自然生态系统的维系都高度依赖水资源。地球是一个大水球，总体来说地球的储水量很丰富，共有 14.5 亿立方千米。据统计，地球表面 70% 以上为水所覆盖，其余约占地球表面 30% 的陆地上也有水的存在。地球总水量约为 138.6×10^8 亿立方米，其中淡水储量约为 3.5×10^8 亿立方米，占总储量的 2.53%。由于开发困难或技术经济的限制，到目前为止，海水、深层地下水、冰雪固态淡水等还很少被直接利用。比较容易开发利用的、与人类生活生产最为密切的湖泊、河流、浅层地下淡水资源，只占淡水总储量的 0.34%，为 104.6×10^4 亿立方米，还不到全球水总储量的万分之一。通常所说的水资源主要指这部分可供使用的、逐年可以恢复更新的淡水资源。由此可见，地球上的淡水资源并不丰富。

淡水资源的缺乏不是个别国家独有的问题，而是全球发展过程中各个国家共同面临的问题。早在 1977 年，联合国就曾向全世界发出严正警告：水危机不久将成为继石油危机之后的下一个危机。世界银行 1995 年的调查报告指出，占世界人口 40% 的 80 个国家正面临着水危机，发展中国家约有 10 亿人喝不到清洁的水，17 亿人没有良好的卫生设施，每年约有 2500 万人死于饮用不清洁的水。1992 年里约热内卢联合国环境与发展大会通过的《21 世纪议程》中指出，水不仅为维持地球一切生命所必需，而且对一切经济问题都有生死攸关的重要意义。2021 年 3 月 22 日，联合国教科文组织代表联合国水机制发布了《2021 年联合国世界水发展报告》，该报告显示全球用水量在过去的 100 年里增长了 6 倍，水资源需求正在以每年 1% 的速度增长。目前全球有 36 亿人口（将近全球一半的人口）居住在缺水地区。到 21 世纪中叶，将有超过 20 亿人生活在水资源严重短缺的国家，约 40 亿人每年至少有一个月的时间遭受严重缺水的困扰，且将会有 22 个国家面临严重的水压力风险。

全球淡水资源不仅短缺而且分布极不平衡。按照地区分布，巴西、俄罗斯、美国、印度尼西亚、加拿大、中国、印度、哥伦比亚、委内瑞拉等国的淡水资源占了世界淡水资源的 60% 左右，而北非、中东及阿拉伯半岛、澳大利亚等国极度缺乏淡水资源。

4.2　我国水资源状况

4.2.1　水资源量和分布

根据《中国统计年鉴》和《中国水资源公报》，2000—2021 年我国水资源总量平稳波动，22 年来水资源量平均值为 27989.3 亿吨，其中 2016 年水资源总量达到 32466.4 亿吨的最高值。2021 年我国水资源总量为 29638.2 亿吨，比多年平均值多 5.9%，约占全球水资源的 6%，仅次于巴西、俄罗斯、美国、印度尼西亚和加拿大，居世界第六位。其中，地表水资源量为 28310.5 亿吨，占水资源总量的比重为 95.5%；地下水资源量为 8195.7 亿吨，占水资源总量的比重为 2.8%；地下水与地表水资源不重复量为 1327.7 亿吨。由于我国人口总量大，人均水资源量仅为世界平均水平的 1/4 左右。2021 年，我国人均水资源量为 2090.1 吨，如图 4-1 所示。

在时间上，我国大部分地区冬季、春季的降雨量较少，夏季和秋季降雨量比较充沛，每年 5 月到 9 月的降水量大致占全年降水量的 70% 以上，而 10 月到次年 4 月经常会出现冬春连旱的天气。在空间上，由于各地区水资源禀赋不同和人口分布差异的共同作用，导致我国各地区水资源总量和人均水资源量分布不均衡。长江流域及其以南地区，水资源量约占全国水资源总量的 80%，但耕地面积只占全国耕地面积的 36% 左右；黄河、淮河及海河流域，水资源量只占全国的 8%，而耕地面积则占到全国的 40%。2021 年，河北、

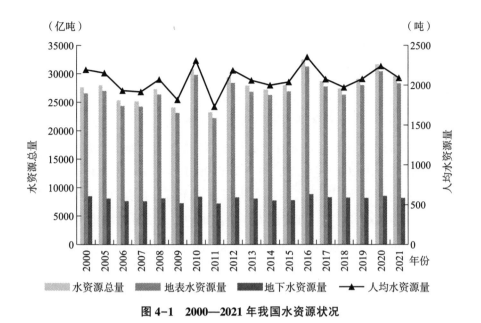

图 4-1　2000—2021 年我国水资源状况

宁夏、北京和天津的人均水资源量低于 200 立方米，不足全国平均水平的 1/
10；西藏的人均水资源量最多，达到 12.6 万吨，约为河北、宁夏、北京和天
津的 1000 余倍，如图 4-2 所示。

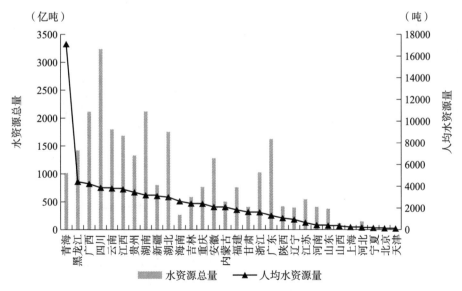

图 4-2　2021 年我国各省份水资源总量及人均水资源量①

——————————

① 其中，台湾、香港、澳门水资源量信息不可得，故在图中没有体现。西藏情况特殊，也略去。

4.2.2 水资源开发利用

2021年，全国供水总量为5920.2亿吨，占当年水资源总量的20.0%。其中，地表水供水量为4928.1亿吨，地下水供水量为853.8亿吨。供水水源长期以地表水为主，约占供水总量的80%左右，由2000年的80.3%缓慢提升到2021年的83.2%。随着国家对地下水开采的严格管控，地下水占总供水量的比重缓慢降低，由2000年的19.3%下降到2021年的14.5%，但地下水在部分地区仍有超采风险。目前，我国水资源供需矛盾日益突出，正常年份全国年均缺水量为500多亿吨。在全国655个城市中，近2/3的城市水资源短缺，近1/3的城市严重缺水。2000年以来，我国用水总量总体呈缓慢上升趋势，2013年后基本持平。在用水结构上，农业用水所占比重最高，是第一大用水户，常年保持在60%以上，2021年达到3644.3亿吨，占当年用水总量的61.5%；工业用水次之，是第二大用水户，2021年达到1049.6亿吨（其中火核电直流冷却水达507.4亿吨），占当年用水总量的17.7%；生活用水是第三大用水户，2021年达到909.4亿吨，占当年用水总量的15.4%；人工生态环境补水很少，年均不超过5%，2021年为316.9亿吨，占当年用水总量的5.4%，为22年来最高水平。2000—2021年我国水资源开发利用和用水构成情况如图4-3所示。

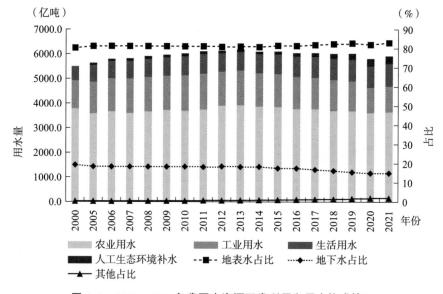

图4-3　2000—2021年我国水资源开发利用和用水构成情况

　　根据《中国水资源公报》和《中国统计年鉴》，2021 年，全国各地人均日生活用水量分布在 102~271 升，平均值为 176 升。人均日生活用水量较少的三个地区分别为河北（102 升）、甘肃（107 升）、山东（109 升），人均日生活用水量较多的三个地区分别为广东（256 升）、西藏（265 升）、上海（271 升）。全国各地区人均 GDP 分布在 41046~183980 元，平均值为 79619元。人均 GDP 较低的三个地区分别为甘肃（41046 元）、黑龙江（47266 元）、广西（49206 元），人均 GDP 较高的三个地区分别为江苏（137039 元）、上海（173630 元）、北京（183980 元）（见图 4-4）。从中我们可以看出，不同地区的人均日用水量存在一定差异，但与经济发展水平相关性不大，在一定程度上证明生活用水具有需求刚性。

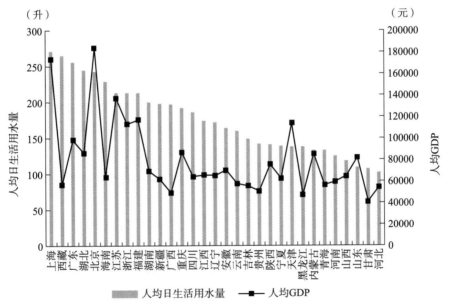

图 4-4　2021 年我国各省份人均日生活用水量和人均 GDP 情况

　　根据《中国统计年鉴》，我国用水效率逐步提高。2000—2020 年，我国总体单位用水产值由 18.2 元/吨增加到 174.8 元/吨，年均增长率为 12.0%。其中，农业单位用水产值由 2000 年的 3.7 元/吨提高到 2020 年的 19.9 元/吨，年均增长率为 8.9%；工业单位用水产值由 2000 年的 35.3 元/吨提高到 2020年的 303.8 元/吨，年均增长率为 11.5%（见图 4-5）。由此可知，工业单位用水效率的增长速度高于农业单位用水。

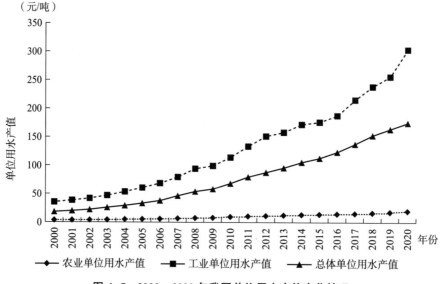

（元/吨）

图 4-5　2000—2020 年我国单位用水产值变化情况

根据《中国水资源公报》，2021 年，全国各地区万元国内生产总值用水量分布在 10.1~359.1 吨，平均值为 51.8 吨。万元国内生产总值用水量较少的三个地区分别为北京（10.1 吨）、天津（20.6 吨）、浙江（22.6 吨），万元国内生产总值用水量较多的三个地区分别为西藏（155.6 吨）、黑龙江（218.1 吨）、新疆（359.1 吨）。2021 年，全国各地区耕地实际灌溉亩均用水量分布在 120~881 吨，平均值为 355 吨。耕地实际灌溉亩均用水量较少的三个地区分别为北京（120 吨）、山东（146 吨）、河南（148 吨），耕地实际灌溉亩均用水量较多的三个地区分别为广东（711 吨）、广西（769 吨）、海南（881 吨）。2021 年，全国各地区万元工业增加值用水量分布在 5.2~62.7 吨，平均值为 28.2 吨。万元工业增加值用水量较少的三个地区分别为北京（5.2 吨）、天津（9.1 吨）、陕西（9.7 吨），万元工业增加值用水量较多的三个地区分别为广西（60.2 吨）、上海（60.5 吨）、安徽（62.7 吨）。2021 年，全国各地区农田灌溉水有效利用系数分布在 0.454~0.751，平均值为 0.568。农田灌溉水有效利用系数较低的三个地区分别为西藏（0.454）、四川（0.490）、贵州（0.491），农田灌溉水有效利用系数较高的三个地区分别为天津（0.721）、上海（0.739）、北京（0.751），如图 4-6 所示。

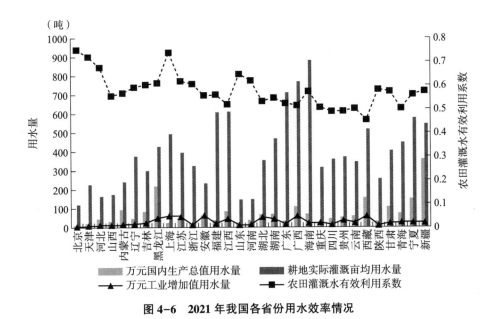

图 4-6　2021 年我国各省份用水效率情况

4.3　我国污水及污染物排放状况

4.3.1　污水排放总量和结构

根据《中国环境统计年鉴》，2001—2015 年，我国废水排放量不断增加，由 2001 年的 433.0 亿吨增长到 2015 年的 735.3 亿吨，年均增长率为 3.6%。其中，工业废水排放量在 2007 年达到峰值后开始逐年降低，生活污水排放量持续上升。2015 年，全国工业废水排放量为 199.5 亿吨，占废（污）水排放总量的 27.2%，生活污水排放量 535.2 亿吨，占废（污）水排放总量的 72.8%。我国工业废水达标排放率稳定上升，从 2001 年的 85.6% 上升到 2015 年的 96.6%，年均增长 0.8%；城镇生活污水集中处理率快速上升，从 2001 年的 18.5% 上升到 2015 年的 88.4%，年均增长 11%，如图 4-7 所示。

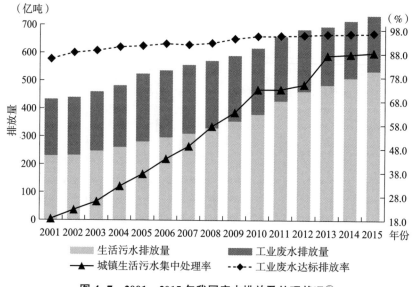

图 4-7　2001—2015 年我国废水排放及处理状况①

但我国工业用水量与排水量、生活用水量和排水量之间存在较大差距。2001—2015 年，工业用排水差额和用排比均呈不断增长趋势，其中工业用排水差额从 2001 年的 939.1 亿吨增加到 2011 年的 1230.9 亿吨，之后逐年下降，减少到 2015 年的 1135.3 亿吨；工业用排比总体呈增加趋势，从 5.6∶1 增加到 6.7∶1。生活用排水差额从 2001 年的 370.9 亿吨增加到 2007 年的 400.2 亿吨，之后逐年下降，减少到 2015 年的 258.3 亿吨；生活用排比呈下降趋势，从 2001 年的 2.6∶1 下降到 2015 年的 1.5∶1，如图 4-8 所示。即使扣除中间过程的耗水和损水，我国工业用水和排水、生活用水和排水之间仍然存在巨大差距，表明我国用水、排水统计可能存在盲区，无法全面地反映我国用水、排水的真实情况（马中，2013）。没有统计的部分属于无处理排水，其排放去向也只有地表和地下两个去处，地下排污具有很强的隐蔽性，因此我们判断这部分无处理排水很可能排向地下（吴健，2013）。

根据我国水利部和生态环境部统计，2015 年我国工业用水量（不含火电行业）为 854.3 亿吨②，工业废水排放量为 199.5 亿吨，工业用水用排比为

---

① 自 2015 年之后，废水排放量数据不再区分工业废水和生活污水，故没有选取 2015 年之后数据。

② 《2015 年中国水资源公报》统计的工业用水量（1334.8 亿吨）减去火电行业用水量（480.5 亿吨）。

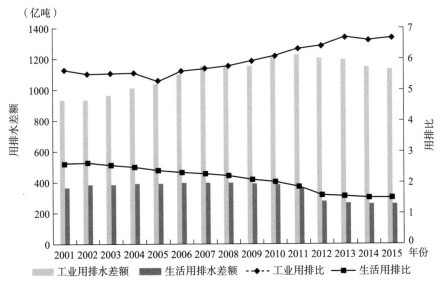

图 4-8　2001—2015 年我国工业、生活用排水差额和用排比

4.3：1。利用水平衡模型（马中，2012）估算，2015 年我国实际工业废水排放量为 328.1 亿吨，其中工业无处理排水量为 128.6 亿吨①，占全部工业废水的 39.2%。2015 年，我国城镇生活用水量为 610.8 亿吨②，城镇生活污水排放量为 535.2 亿吨，生活用水用排比为 1.14：1。利用水平衡模型计算，2015 年我国实际城镇生活污水排放量为 557.5 亿吨，其中生活无处理排水为 72.8 亿吨，占全部生活污水的 13.1%。

如果考虑无处理排水，我国工业废水达标排放率和城镇生活污水集中处理率都会降低。以 2015 年为例，若考虑工业无处理排水，实际工业废水达标排放率应为 58.7%；同样，若考虑城镇生活无处理排水，实际城镇生活污水集中处理率应为 77.8%。达标排放与监测频率、采样时间密切相关，全面达标指的就是可监测的点源排放一直符合排放标准要求，或者说保持较高比例的连续稳定达标，因为生产工艺、生产原料、产量的不稳定会在一定程度上导致污染物排放的不稳定（宋国君，2001）。我国目前过低的监测频率无法保证污染物排放状况的真实性和全面性，因此我国现状达标率是建立在较低的

———————

① 根据水平衡模型测算，水平衡模型详见附录。

② 城镇生活用水量根据《2015 年中国水资源公报》统计的城镇人均生活用水量和《中国统计年鉴 2015》统计的城镇人口数计算得到。

监测频率之上的，仅是初步达标率①，真正的达标率可能更低。

4.3.2 污染物排放总量和结构

根据《中国生态环境统计年报》，可以看出我国主要水污染物排放总量和结构变化情况。总体来看，化学需氧量排放量和结构变化情况主要分为1997—2010年、2011—2015年、2016—2019年、2020年四个阶段。1997—2010年化学需氧量排放量从1757.0万吨变化为1238.1万吨，其中工业源从1073万吨（61.1%）降低到434.8万吨（35.1%）；生活源从684.0万吨（38.9%）增加到峰值886.7万吨（62.1%）之后逐步降低到803.3万吨（64.9%）。国家自2011年开始统计农业源②排放情况，可以看出2011—2015年化学需氧量排放量从2499.9万吨变化为2223.5万吨，其中工业源从354.8万吨（14.2%）降低到293.5万吨（13.2%）；生活源从938.8万吨（37.6%）降低到846.9万吨（38.1%）；农业源从1186.1万吨（47.4%）降低到1068.6万吨（48.1%），这一阶段农业源占比一直处于高位，且是化学需氧量排放的最主要来源。国家从2016年开始，以第二次全国污染源普查成果为基准，对2016—2019年污染源统计初步数据进行更新，可以看出主要污染源化学需氧量排放量与2016年之前相比发生了较大变化。2016—2019年，化学需氧量排放量从658.1万吨变化为567.1万吨，其中工业源从122.8万吨（18.7%）降低到77.2万吨（13.6%）；生活源从473.5万吨（71.9%）降低到469.9万吨（82.9%）；农业源从57.1万吨（8.7%）降低到18.6万吨（3.3%），这一阶段生活源是化学需氧量排放的最主要来源。2020年，可能由于统计口径发生变化，化学需氧量排放量变化为2564.8万吨，其中工业源为49.7万吨（1.9%）、生活源为918.9万吨（35.8%）、农业源为1593.2万吨（62.1%），如图4-9所示。

---

① 初步达标率在我国统计数据中更多反映的是设备安装率，指的是污染源按"环评"和"三同时"规定安装了污染治理设施并经验收达到了设计要求和排放标准，即污染源具备了污染治理能力。但污染治理设施的运行才是实质性的，即使所有污染源都安装了污染治理设施，但监管能力和监测水平无法跟上，此时的达标率仅是初步达标率，会远低于统计的达标率。

② 农业源包括种植业、水产养殖业和畜禽养殖业排放的污染物。

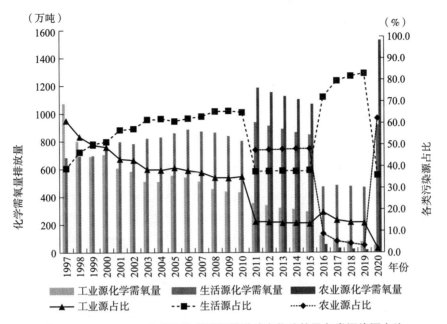

图 4-9　1997—2020 年我国化学需氧量排放变化趋势及各类污染源占比

　　国家自 2001 年开始统计氨氮排放情况，氨氮排放量和结构变化情况主要分为 2001—2010 年、2011—2015 年、2016—2019 年、2020 年四个阶段。2001—2010 年氨氮排放量从 125.2 万吨变化为 120.3 万吨，其中工业源从 41.3 万吨（33.0%）降低到 27.3 万吨（22.7%）；生活源从 83.9 万吨（67%）增加到 93.0 万吨（77.3%）。国家自 2011 年开始统计农业源排放情况，可以看出 2011—2015 年氨氮排放量从 260.4 万吨降低到 229.9 万吨，其中工业源从 28.1 万吨（10.8%）降低到 21.7 万吨（9.4%）；生活源统计数据较为异常，相比前一阶段有大幅增长，从 147.7 万吨（56.7%）变化为 134.1 万吨（58.3%）；农业源从 82.7 万吨（31.7%）降低到 72.6 万吨（31.6%），仅次于生活源。与化学需氧量类似，国家从 2016 年开始，以第二次全国污染源普查成果为基准，对 2016—2019 年污染源统计初步数据进行更新，可以看出主要污染源氨氮排放量与 2016 年之前相比也发生了较大变化。2016—2019 年，氨氮排放量从 56.8 万吨变化为 46.3 万吨，其中工业源从 6.5 万吨（11.4%）降低到 3.5 万吨（7.6%）；生活源从 48.4 万吨（85.2%）降低到 42.1 万吨（90.9%），农业源从 1.3 万吨（2.3%）降低到 0.4 万吨（0.9%），这一阶段生活源是氨氮排放的最主要来源。2020 年，可能由于统计口径发生变化，氨氮排放量变化为 98.4 万吨，其中工业源 2.1 万吨（2.1%）、生活源 70.7

万吨（71.9%）、农业源 25.4 万吨（25.8%），如图 4-10 所示。

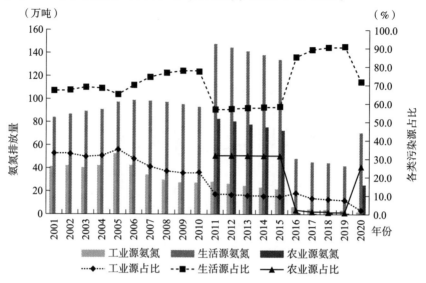

图 4-10　2001—2020 年我国氨氮排放变化趋势及各类污染源占比

根据《中国环境统计年鉴》，2020 年，全国化学需氧量排放量为 2564.8 万吨，各地区化学需氧量排放量分布在 5.36 万～161.31 万吨，平均值为 82.77 万吨。化学需氧量排放量较少的三个地区分别为北京（5.36 万吨）、上海（7.29 万吨）、青海（8.57 万吨），化学需氧量排放量较多的三个地区分别为湖北（153.13 万吨）、山东（153.49 万吨）、广东（161.31 万吨）。2020 年，全国工业源化学需氧量排放量为 49.7 万，各地区工业源化学需氧量排放量分布在 0.02 万～5.93 万吨，平均值为 1.69 万吨。工业源化学需氧量排放量较少的三个地区分别为西藏（0.02 万吨）、北京（0.14 万吨）、青海（0.16 万吨），工业源化学需氧量排放量较多的三个地区分别为浙江（4.44 万吨）、山东（4.64 万吨）、江苏（5.93 万吨）。2020 年，全国农业源化学需氧量排放量为 1593.2 万吨，各地区农业源化学需氧量排放量分布在 0.79 万～128.89 万吨，平均值为 52.21 万吨。农业源化学需氧量排放量较少的三个地区分别为上海（0.79 万吨）、北京（1.14 万吨）、青海（2.16 万吨），农业源化学需氧量排放量较多的三个地区分别为湖北（106.69 万吨）、辽宁（106.86 万吨）、黑龙江（128.89 万吨）。2020 年，全国生活源化学需氧量排放量为 918.9 万吨，各地区生活源化学需氧量排放量分布在 3.36 万～90.41 万吨，平均值为 30.69 万吨。生活源化学需氧量排放量较少的三个地区分别为天津（3.36 万吨）、西藏（3.37 万吨）、宁夏（4.02 万吨），生活源化学需氧量排放量较多的三个地区分别为河南（57.86 万吨）、四川（78.79 万吨）、广东（90.41 万吨）。2020 年，全国各地区化学需氧量排放量中各类污染源占比不同，其中工业源占比较少的三个地区分别为西藏（0%）、贵州（0.4%）、甘肃（0.8%），工业源占比较多的三个地区分别为江苏（4.9%）、浙江（8.3%）、上海（11.8%）；农业源占比较少的三个地区分别为上海（10.8%）、浙江（15.1%）、北京（21.3%），农业源占比较多的三个地区分别为辽宁（85.7%）、黑龙江（86.4%）、西藏（93.6%）；生活源占比较少的三个地区分别为西藏（6.3%）、黑龙江（12.1%）、辽宁（13.3%），生活源占比较多的三个地区分别为北京（75.5%）、浙江（76.6%）、上海（77.0%），如图 4-11 所示。

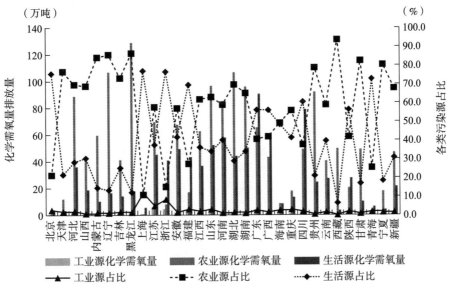

图 4-11　2020 年我国各省份化学需氧量排放及各类污染源占比

根据《中国环境统计年鉴》，2020 年，全国氨氮排放量为 98.4 万吨，各地区氨氮排放量分布在 0.26 万~9.64 万吨，平均值为 3.28 万吨。氨氮排放量较少的三个地区分别为天津（0.26 万吨）、北京（0.28 万吨）、上海（0.30 万吨），氨氮排放量较多的三个地区分别为广西（7.25 万吨）、四川（8.02 万吨）、广东（9.64 万吨）。2020 年，全国工业源氨氮排放量为 2.1 万吨，各地区工业源氨氮排放量分布在 12~2521 吨，平均值为 719.7 吨。工业源氨氮排放量较少的三个地区分别为西藏（12 吨）、北京（34 吨）、天津

（96 吨），工业源氨氮排放量较多的三个地区分别为江西（1644 吨）、山东（1883 吨）、江苏（2521 吨）。2020 年，全国农业源氨氮排放量为 25.4 万吨，各地区农业源氨氮排放量分布在 162~22204 吨，平均值为 8368.1 吨。农业源氨氮排放量较少的三个地区分别为北京（162 吨）、上海（273 吨）、青海（389 吨），农业源氨氮排放量较多的三个地区分别为江苏（14878 吨）、湖北（22004 吨）、湖南（22204 吨）。2020 年，全国生活源氨氮排放量为 70.7 万吨，各地区生活源氨氮排放量分布在 1302~79737 吨，平均值为 23867 吨。生活源氨氮排放量较少的三个地区分别为天津（1302 吨）、宁夏（2342 吨）、北京（2606 吨），生活源氨氮排放量较多的三个地区分别为广西（57653 吨）、四川（71006 吨）、广东（79737 吨）。2020 年，全国各地区氨氮排放量中各类污染源占比不同，其中工业源占比较少的三个地区分别为西藏（0.24%）、广西（0.74%）、湖南（0.90%），工业源占比较多的三个地区分别为黑龙江（4.2%）、江苏（4.9%）、上海（6.9%）；农业源占比较少的三个地区分别为北京（5.7%）、青海（7.2%）、上海（9.2%），农业源占比较多的三个地区分别为辽宁（49.1%）、黑龙江（54.1%）、内蒙古（57.9%）；生活源占比较少的三个地区分别为内蒙古（38.8%）、黑龙江（41.0%）、辽宁（47.9%），生活源占比较多的三个地区分别为四川（88.6%）、青海（90.4%）、北京（91.8%），如图 4-12 所示。

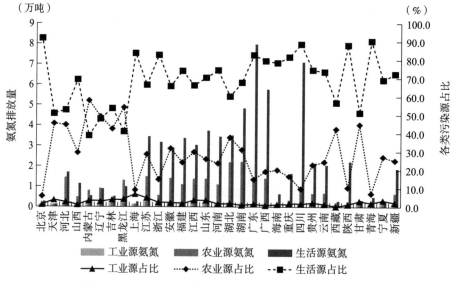

图 4-12　2020 年我国各省份氨氮排放及各类污染源占比

　　根据《中国环境统计年鉴》，2020 年全国总氮排放量为 3223407 吨，总磷排放量为 336712 吨，石油类排放量为 3737 吨，挥发酚排放量为 59847 千克，氰化物排放量为 42477 千克，总铅排放量为 26678 千克，总汞排放量为 1125 千克，总镉排放量为 4166 千克，六价铬排放量为 8552 千克，总铬排放量为 30912 千克，总砷排放量为 10242 千克。2020 年，各地区总氮排放量分布在 10917~291140 吨，平均值为 106831.4 吨。总氮排放量较少的三个地区分别为北京（10917 吨）、青海（13355 吨）、宁夏（14306 吨），总氮排放量较多的三个地区分别为湖南（203100 吨）、广西（229274 吨）、广东（291140 吨）。2020 年，各地区总磷排放量分布在 467~30642 吨，平均值为 11146.1 吨。总磷排放量较少的三个地区分别为北京（467 吨）、青海（592 吨）、上海（706 吨），总磷排放量较多的三个地区分别为湖南（23696 吨）、湖北（24487 吨）、广东（30642 吨）。2020 年，各地区石油类排放量分布在 0~1078 吨，平均值为 145.9 吨。石油类排放量较少的三个地区分别为西藏（0 吨）、海南（1 吨）、北京（5 吨），石油类排放量较多的三个地区分别为辽宁（279 吨）、四川（357 吨）、湖北（1078 吨）。2020 年，各地区挥发酚排放量分布在 1~11956 千克，平均值为 2175.9 千克。挥发酚排放量较少的三个地区分别为西藏（1 千克）、北京（1 千克）、天津（127 千克），挥发酚排放量较多的三个地区分别为山东（8748 千克）、辽宁（11164 千克）、江西（11956 千克）。2020 年，各地区氰化物排放量分布在 0~9300 千克，平均值为 1569 千克。氰化物排放量较少的三个地区分别为西藏（0 千克）、北京（1 千克）、青海（7 千克），氰化物排放量较多的三个地区分别为海南（6058 千克）、广西（6075 千克）、湖北（9300 千克）。2020 年，各地区总铅排放量分布在 1~6678 千克，平均值为 1010.8 千克。总铅排放量较少的三个地区分别为宁夏（1 千克）、北京（3 千克）、西藏（5 千克），总铅排放量较多的三个地区分别为江西（2673 千克）、广东（4947 千克）、湖南（6678 千克）。2020 年，各地区总汞排放量分布在 0~233 千克，平均值为 36.3 千克。总汞排放量较少的三个地区分别为西藏（0 千克）、海南（0 千克）、北京（0 千克），总汞排放量较多的三个地区分别为湖南（186 千克）、云南（219 千克）、湖北（233 千克）。2020 年，各地区总镉排放量分布在 0~660 千克，平均值为 146.2 千克。总镉排放量较少的三个地区分别为宁夏（0 千克）、北京（0 千克）、西藏（2 千克），总镉排放量较多的三个地区分别为湖南（519 千克）、广东（520 千克）、江西（660 千克）。2020 年，各地区六价铬排放量分布在 1~3879 千克，平均值为 376.7 千克。六价铬排放量较少的三个地区分别为宁夏（1 千克）、青海（2 千克）、西藏（2 千克），六价铬排放量较多的三个地区分别为浙江（849 千克）、湖北（973 千克）、江西（3879 千克）。2020 年，各地区总铬排放量分布在 2~4989 千克，平均值为 1088 千克。总铬排放量较少的三个地区分别为宁夏（2 千克）、西藏（4 千克）、青海（6 千克），总铬排放量较多的三个地区分别为湖北（4733 千克）、湖南（4747 千克）、江西（4989 千克）。2020 年，各地区总砷排放量分布在 3~1317 千克，平均值为 350.4 千克。总砷排放量较少的三个地区分别为西藏（3 千克）、北京（4 千克）、海南（11 千克），总砷排放量较多的三个地区分别为湖北（958 千克）、江西（1258 千克）、吉林（1317 千克）（见表 4-1）。

表 4-1 2020 年我国各省份其他污染物排放量情况

地区	总氮（吨）	总磷（吨）	石油类（吨）	挥发酚（千克）	氰化物（千克）	重金属（千克）					
						总铅	总汞	总镉	六价铬	总铬	总砷
全国	3223407	336712	3737	59847	42477	26678	1125	4166	8552	30912	10242
北京	10917	467	5	1	1	3	0	0	3	12	4
天津	16886	1572	9	127	95	23	5	3	32	125	20
河北	114520	11158	134	4977	2960	70	6	2	70	670	65
山西	54033	6692	27	1019	845	59	1	20	6	16	167
内蒙古	58148	4338	45	244	258	399	17	45	18	153	257
辽宁	99964	12829	279	11164	1321	44	17	7	46	269	112
吉林	47501	4987	35	360	209	953	24	201	19	370	1317
黑龙江	103155	12326	52	1114	358	46	1	9	15	32	241
上海	26847	706	226	535	179	58	3	15	48	197	47
江苏	186511	17901	192	4356	1832	312	29	10	474	2115	103
浙江	123242	9878	158	800	1029	409	7	90	849	2961	56
安徽	151712	17768	91	1341	1472	936	11	236	167	639	732
福建	122250	13529	56	684	459	500	20	91	117	976	208
江西	129080	15806	105	11956	1408	2673	28	660	3879	4989	1258
山东	170726	13920	220	8748	1600	796	36	146	255	2664	653
河南	173853	16344	47	651	475	336	6	33	86	998	110

续表

地区	总氮（吨）	总磷（吨）	石油类（吨）	挥发酚（千克）	氰化物（千克）	重金属（千克）					
						总铅	总汞	总镉	六价铬	总铬	总砷
湖北	189437	24487	1078	1117	9300	905	233	384	973	4733	958
湖南	203100	23696	65	361	545	6678	186	519	394	4747	896
广东	291140	30642	203	830	3667	4947	61	520	602	2330	444
广西	229274	23584	25	150	6075	848	30	252	45	253	350
海南	30831	3975	1	305	6058	10	0	4	9	39	11
重庆	59239	4639	109	3415	391	143	29	3	49	160	137
四川	200646	17744	357	2022	518	238	52	34	132	464	365
贵州	103743	15233	28	136	202	115	7	27	18	72	196
云南	110226	10561	41	1126	303	2140	219	279	32	338	693
西藏	18760	3806	0	1	0	5	0	2	2	4	3
陕西	70523	4973	39	384	476	917	8	222	40	191	337
甘肃	36039	4573	30	280	83	792	23	160	123	225	296
青海	13355	592	10	511	7	816	18	105	2	6	52
宁夏	14306	1902	9	253	123	1	42	0	1	2	21
新疆	63443	6084	61	879	228	506	6	87	46	162	133

4.4 我国水环境状况

4.4.1 地表水环境

2021 年，全国地表水环境质量持续改善。全国地表水监测的 3632 个国考断面[①]中，Ⅰ～Ⅲ类水质断面（点位）占 84.9%，劣Ⅴ类占 1.2%，均达到 2021 年水质目标要求，主要污染指标为化学需氧量、高锰酸盐指数和总磷。其中，

[①] "十三五"国家地表水环境质量监测网共布设 1940 个评价、考核、排名断面（点位），2020 年有 1937 个断面（点位）实际开展评价，其他 3 个因断流、交通阻断等原因未开展监测。根据《"十四五"国家地表水环境质量监测网设置方案》，"十四五"期间，全国地表水共布设 3641 个国家地表水环境质量评价、考核、排名监测断面（点位）（简称国考断面）。2021 年有 3632 个国考断面实际开展监测。

长江流域、西北诸河、西南诸河、浙闽片河流和珠江流域水质为优，黄河流域、辽河流域和淮河流域水质良好，海河流域和松花江流域为轻度污染。在开展水质监测的 210 个重要湖泊（水库）中，Ⅰ~Ⅲ类水质湖泊（水库）占 72.9%，劣Ⅴ类占 5.2%。主要污染指标为总磷、化学需氧量和高锰酸盐指数。在开展营养状态监测的 209 个重要湖泊（水库）中，贫营养湖泊（水库）占 10.5%，中营养状态占 62.2%，轻度富营养状态占 23.0%，中度富营养状态占 4.3%。

根据国家公布的十大水系和七大重点流域水质类别，2001—2021 年十大水系整体水质改善明显。其中，Ⅰ~Ⅲ类水所占比例从 29.5% 上升到 87.0%，上升了 57.5 个百分点；Ⅳ~Ⅴ类水所占比例从 26.5% 下降到 12.1%，降低了 14.4 个百分点；劣Ⅴ类水所占比例从 44.0% 下降到 0.9%，降低了 43.1 个百分点。七大重点流域重度污染状况改善也较为明显，其中海河流域、辽河流域、淮河流域、黄河流域、松花江流域、长江流域、珠江流域重度污染断面（即劣Ⅴ类）分别由 67.1%、59.7%、59.7%、56.0%、16.7%、6.3%、7.1% 下降到 0.4%、0%、0%、3.8%、4.3%、0.1%、1.1%，分别降低了 66.7 个、59.7 个、59.7 个、52.2 个、12.4 个、6.2 个、6 个百分点，如图 4-13 所示。

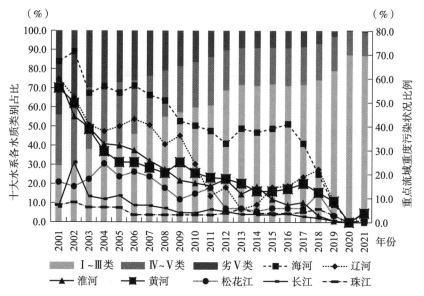

图 4-13　2001—2021 年我国十大水系和七大重点流域水质状况变化趋势

根据《中国生态环境状况公报》，七大重点流域支流水质也呈不断改善的趋势，但总体上仍劣于干流水质（见表 4-2）。从表 4-2 中可以看出，2014—

2021 年，七大重点流域干流Ⅰ~Ⅲ类断面比例分别由 94.4%、100%、92.3%、87.6%、80%、21.4%、0 变化为 93.5%、100%、100%、84.2%、100%、60%、66.6%，其中淮河、辽河、海河流域干流Ⅰ~Ⅲ类断面比例上升明显，分别上升了 20 个、38.6 个、66.6 个百分点。2014—2021 年，七大重点流域支流Ⅰ~Ⅲ类断面比例分别由 92.3%、83.9%、36.1%、64.7%、33.3%、0、38% 上升到 96.1%、96.8%、78.4%、67.8%、78%、69.8%、68.1%，分别上升了 3.8 个、12.9 个、42.3 个、3.1 个、44.7 个、69.8 个、30.1 个百分点；七大重点流域支流劣Ⅴ类断面比例分别由 7.7%、4.2%、22.2%、8.8%、23.8%、16.7%、44%降低为 0.6%、0.1%、4.5%、1.9%、0、0、0.5%，分别下降了 7.1 个、4.1 个、17.7 个、6.9 个、23.8 个、16.7 个、43.5 个百分点。可以看出，淮河、辽河、海河流域支流水质改善也较为明显。

表 4-2　七大流域干流和支流断面水质状况　　　　　　　　　　（%）

年份	七大流域		珠江	长江	黄河	松花江	淮河	辽河	海河
2021	干流	Ⅰ~Ⅲ	93.5	100	100	84.2	100	60	66.6
		劣Ⅴ	0	0	0	0	0	0	0
	支流	Ⅰ~Ⅲ	96.1	96.8	78.4	67.8	78	69.8	68.1
		劣Ⅴ	0.6	0.1	4.5	1.9	0	0	0.5
2020	干流	Ⅰ~Ⅲ	90	100	100	94.1	100	21.4	50
		劣Ⅴ	0	0	0	0	0	0	0
	支流	Ⅰ~Ⅲ	94	96.3	80.1	82.1	76.3	42.1	61.6
		劣Ⅴ	0	0	0	0	0	0	0.8
2019	干流	Ⅰ~Ⅲ	84	100	100	100	100	14.3	50
		劣Ⅴ	0	0	0	0	0	7.1	0
	支流	Ⅰ~Ⅲ	85.1	90.7	65	63.6	59.4	26.3	47.6
		劣Ⅴ	5	0.7	11.3	5.5	0	21.1	9.7
2018	干流	Ⅰ~Ⅲ	86	100	100	94.1	90	21.4	50
		劣Ⅴ	2	0	0	0	0	21.4	50
	支流	Ⅰ~Ⅲ	82.1	85.8	56.6	53.6	51.5	30	42.8
		劣Ⅴ	7.9	2	16	23.2	3	35	25
2017	干流	Ⅰ~Ⅲ	86	100	96.9	88.3	70	13.3	50
		劣Ⅴ	2	0	0	0	10	13.3	50
	支流	Ⅰ~Ⅲ	86.2	82.5	46.3	67.8	43.6	14.3	40
		劣Ⅴ	5.9	2.4	20.8	8.9	6.9	47.6	39.2

年份	七大流域		珠江	长江	黄河	松花江	淮河	辽河	海河
2016	干流	Ⅰ~Ⅲ	88	94.9	93.6	94.1	90	13.3	0
		劣Ⅴ	0	0	0	0	0	6.7	50
	支流	Ⅰ~Ⅲ	89.1	80.7	49	53.6	45.5	33.3	32.8
		劣Ⅴ	5.9	4	17.9	8.9	6.9	28.6	49.6
2015	干流	Ⅰ~Ⅲ	94.5	97.6	88.5	81.3	80	14.2	0
		劣Ⅴ	0	0	0	6.2	0	7.1	50
	支流	Ⅰ~Ⅲ	92.3	86.4	41.6	73.5	35.7	0	42
		劣Ⅴ	7.7	4.2	22.2	8.8	16.7	33.3	44
2014	干流	Ⅰ~Ⅲ	94.4	100	92.3	87.6	80	21.4	0
		劣Ⅴ	0	0	0	6.1	0	0	50
	支流	Ⅰ~Ⅲ	92.3	83.9	36.1	64.7	33.3	0	38
		劣Ⅴ	7.7	4.2	22.2	8.8	23.8	16.7	44

4.4.2 地下水环境

生态环境部、水利部和自然资源部对我国地下水进行了监测。生态环境部对地下水水质的监测主要以地下水含水系统为单元，以潜水为主的浅层地下水和承压水为主的深层地下水为对象。2006—2017 年生态环境部对地下水水质监测的评价结果以优良级、良好级、较好级、较差级和极差级来表示，2018 年评价结果以Ⅰ~Ⅱ类、Ⅲ类、Ⅳ~Ⅴ类来表示，2019—2020 年评价结果以Ⅰ~Ⅲ类、Ⅳ~Ⅴ类来表示，2021 年评价结果以Ⅰ~Ⅳ类、Ⅴ类来表示。水利部对地下水水质的监测主要以浅层地下水为对象。2006—2013 年水利部对地下水水质监测的评价结果以Ⅰ~Ⅱ类、Ⅲ类、Ⅳ~Ⅴ类来表示，2014—2017 年评价结果以优良级、良好级、较好级、较差级和极差级来表示，2018—2020 年评价结果又改为以Ⅰ~Ⅲ类、Ⅳ~Ⅴ类来表示。2021 年《中国水资源公报》中不再发布地下水监测结果。

根据生态环境部发布的《中国生态环境状况公报》，2020 年在自然资源部门 10171 个地下水水质监测点（平原盆地、岩溶山区、丘陵山区基岩地下水监测点分别为 7923 个、910 个、1338 个）中，Ⅰ~Ⅲ类水质监测点占 14.4%，Ⅳ类占 68.8%，Ⅴ类占 17.6%。在水利部门 10242 个地下水水质监测点（以浅层地下水为主）中，Ⅰ~Ⅲ类水质监测点占 22.7%，Ⅳ类占

33.7%，Ⅴ类占 43.6%。主要超标指标为锰、总硬度、溶解性总固体。2021年，在监测的 1900 个国家地下水环境质量考核点位中，Ⅰ~Ⅳ类水质点位占79.4%，Ⅴ类占 20.6%，主要超标指标为硫酸盐、氯化物和钠。可以看出，尽管水利部、生态环境部数据有所差异，但从地下水水质评估结果变化趋势来看，地下水水质并没有改善的趋势，甚至有逐步恶化的趋势，并且污染形势非常严峻，见表 4-3。

表 4-3　2006—2021 年我国地下水水质评估结果①

年份	水利部			生态环境部		
	Ⅰ~Ⅱ类	Ⅲ类	Ⅳ~Ⅴ类	优~良	较好	较差~极差
2006	10.1%	28.6%	61.3%			
2007	9.4%	28.1%	62.5%		—	
2008	2.3%	23.9%	73.8%			
2009	5.0%	22.9%	72.1%			
2010	11.8%	26.2%	62.0%	37.8%	5.0%	57.2%
2011	2.0%	21.2%	76.8%	40.3%	4.7%	55.0%
2012	3.4%	20.6%	76.0%	39.1%	3.6%	57.3%
2013	2.4%	20.5%	77.1%	37.3%	3.1%	59.6%
年份	优~良	较好	较差~极差	优~良	较好	较差~极差
2014	15.2%	0.0%	84.8%	36.7%	1.80%	61.5%
2015	20.4%	0.0%	79.6%	34.1%	4.6%	61.3%
2016	24.0%	0.0%	76.0%	35.5%	4.4%	60.1%
2017	24.4%	0.0%	75.6%	31.9%	1.5%	66.6%
年份	Ⅰ~Ⅲ类		Ⅳ~Ⅴ类	Ⅰ~Ⅱ类	Ⅲ类	Ⅳ~Ⅴ类
2018	23.9%		76.1%	10.9%	2.90%	86.2%
2019	23.7%		76.3%	14.4%		85.7%
2020	22.7%		77.3%	13.6%		86.4%
	—			Ⅰ~Ⅳ类		Ⅴ类
2021②	—			79.4%		20.6%

---

① 《中国生态环境状况公报》中涉及的全国性数据，均未包含香港特别行政区、澳门特别行政区和台湾地区。

② 根据《"十四五"国家地下水环境质量考核点位设置方案》，"十四五"期间，生态环境部共布设 1912 个国家地下水环境质量考核点位，2021 年共有 1900 个点位实际开展监测。

4.4.3　海洋水环境

根据《中国海洋生态环境状况公报》，2001—2021 年我国近岸海域水质也有所改善。其中，一、二类海水比例从 41.4% 增加到 81.3%，增长了 39.9个百分点；三类海水比例从 12.2% 下降到 5.2%，降低了 7 个百分点；四类、劣四类海水比例从 46.4% 下降到 13.5%，降低了 32.9 个百分点。但重要河口海湾水质整体较差，2021 年，监测的 7 个河口生态系统和 8 个海湾生态系统均呈亚健康状态，部分河口和海湾海水富营养化严重，个别河口贝类体内重金属残留水平偏高，多数河口浮游动物密度和生物量低于正常范围、大型底栖生物生物量低于正常范围。2021 年，在实时监测的 24 个典型海洋生态系统中，6 个呈健康状态，18 个呈亚健康状态。2001—2021 年我国近岸海域水质变化趋势如图 4-14 所示。

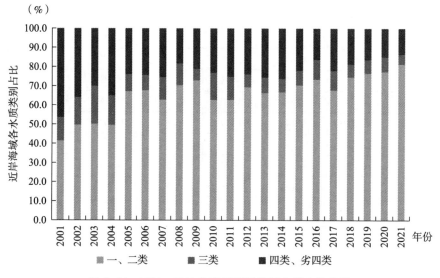

图 4-14　2001—2021 年我国近岸海域水质变化趋势

4.5　我国水环境保护投资

4.5.1　环境污染治理投资

环境污染治理投资是指在污染源治理和城市环境基础设施建设的资金投

入中，用于形成固定资产的资金。根据《中国环境统计年鉴》，2001—2020年，我国环境污染治理投资总体呈增加态势（除 2015 年和 2018 年略有降低），且投资规模增长较快，由 2001 年的 1166.7 亿元增长到 2020 年的 10638.9 亿元，年均增速为 13.0%。环境污染治理投资占 GDP 的比重分布在 0.9%~1.62%，平均值为 1.3%。2001—2010 年总体呈上升趋势，从 2001 年的占比 1.05% 上升到 2010 年的 1.62%。2010 年之后总体呈下降趋势，其中 2019 年占比达到最低（0.9%），2020 年占比达到 1.0%（见图 4-15）。但是，对比国际发达国家相关经验，这一数据与我国改善生态环境质量的现实需求仍具有一定差距。

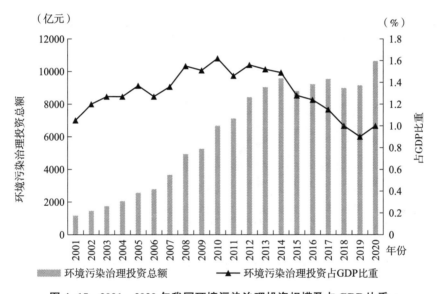

图 4-15　2001—2020 年我国环境污染治理投资规模及占 GDP 比重

环境污染治理投资包括城镇环境基础建设投资、工业污染源治理投资、建设项目"三同时"环保投资三部分。从全国环境污染治理投资结构来看，2001—2020 年，城市环境基础设施建设投资总体呈增长趋势，由 2001 年的 655.8 亿元增长到 2020 年的 6842.2 亿元，在环境污染治理投资中的占比也最高，除了在 2007 年和 2008 年占比分别为 47.7% 和 45.5%，其他年份占比都超过了 50%。建设项目"三同时"环保投资总体上也呈上升趋势，由 2001 年的 336.4 亿元变化为 2020 年的 3342.5 亿元，在环境污染治理投资中的占比居于第二位，在 2008 年占比最高（43.5%），2008 年之后基本上维持在 30% 左右。工业污染源治理投资总体呈先上升后下降的趋势，由 2001 年的 174.5 亿元变化为 2020 年的 454.3 亿元，在 2014 年最高（997.7 亿元），在环境污染治理投资中的占比最低，2008 年之前占比还能维持在 10% 以上，但 2008 年之后占比基本上低于 10%（见图 4-16）。这种环境污染治理投资结构说明，城镇环境基础设施建设投资一直处于比较重要的地位，成为我国环境保护投资的主要项目。同时，工业污染源治理投资所占比例一直偏低，工业污染治理投资严重不足是目前我国各类环境污染问题没有得到有效控制的原因之一。

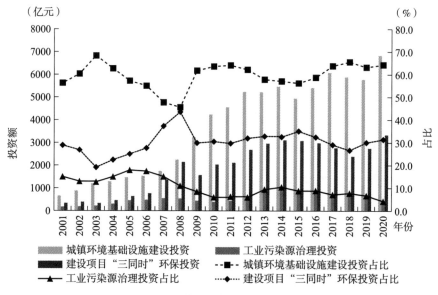

图 4-16　2001—2020 年我国环境污染治理投资结构及占比变化情况

4.5.2　水环境保护投资

我国水污染治理投资由用于排水的环境基础设施建设投资、工业废水污染治理投资和用于废水的"三同时"环保投资三部分构成。2001—2020 年，我国用于水污染治理方面的投资总额不断增加，从 2001 年的 429.9 亿元增加到 2020 年的 3351.0 亿元，年均增长率为 12.1%，累计投资额为 34831.3 亿元。具体来看，用于排水的环境基础设施建设投资总体呈增长趋势，由 2001年的 244.9 亿元（占比 57.0%）增长到 2020 年的 2675.7 亿元（占比79.8%）。工业废水污染治理投资总体呈先增长后下降的趋势，由 2001 年的72.9 亿元（占比 17.0%）变化为 2020 年的 57.4 亿元（占比 1.7%），在

2007 年达到最高的 196.1 亿元（占比 16.8%）。用于废水的"三同时"投资总体也呈先增长后下降的趋势，由 2001 年的 112.1 亿元（占比 26.1%）变化为 2020 年的 617.9 亿元（占比 18.4%），在 2014 年达到最高的 1027.6 亿元（占比 43.9%）。水污染治理投资总额占 GDP 的比重波动变化，由 2001 年的占比 0.39% 变化为 2020 年的占比 0.33%，平均占比为 0.39%，如图 4-17 所示。

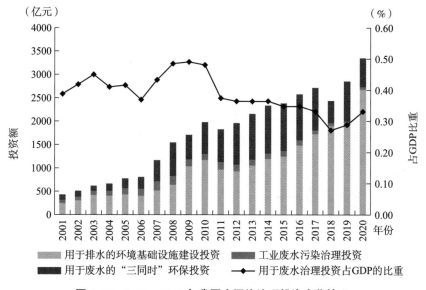

图 4-17　2001—2020 年我国水污染治理投资变化情况

4.5.3　用于排水和污水处理的投资

根据《中国城乡建设统计年鉴》，2001—2020 年，全国城市排水设施固定资产累计投资 16373.2 亿元，其中全国城市污水处理及再生利用固定资产累计投资 7954.6 亿元，占比约为 48.6%。全国城市排水设施、污水处理及再生利用的年投资规模分别从 2001 年的 224.5 亿元和 116.4 亿元增长至 2020 年的 2114.8 亿元和 1043.4 亿元，均增长了 8 倍。2001—2020 年，全国县城排水设施固定资产累计投资 4322.4 亿元，其中全国城市污水处理及再生利用固定资产累计投资 2103.1 亿元，占比约为 48.7%。全国县城排水设施、污水处理及再生利用的年投资规模分别从 2001 年的 20.4 亿元和 5.3 亿元增长至 2020 年的 560.9 亿元和 306.2 亿元，分别增长了 27 倍和 57 倍。2009 年、2010 年临近"十一五"末期在国家 4 万亿投资计划引导下，全国城市和县城污水处理基础设施建设大规模推进，投资明显增长，2009 年当年分别投入 418.6 亿元和 225.7 亿元，较 2008 年分别增长了 58.1% 和 179.3%。2012 年分别回落至 279.4 亿元和 105.0 亿元，此后开始呈现平稳增长态势。2020 年，受新冠疫情影响，在其他行业固定资产投资出现明显回落的情况下污水处理行业固定资产投资增长明显，全国城市和县城污水处理及再生利用固定资产投资分别增长了 29.8% 和 73.9%，如图 4-18 所示。

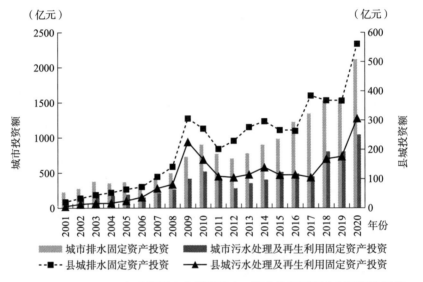

图 4-18　2001—2020 年全国城市和县城排水、污水处理及再生利用投资规模

　　根据《中国城乡建设统计年鉴》，2020 年，全国城市排水设施固定资产投资为 21147815 万元，其中污水处理、污泥处置和再生水利用固定资产投资分别为 10130699 万元、368561 万元、303299 万元。各地区城市排水设施固定资产投资分布在 3041 万~3184359 万元，平均值为 679709 万元。全国城市排水设施固定资产投资较少的三个地区分别为西藏（3041 万元）、青海（23888 万元）、海南（62352 万元），排水设施固定资产投资较多的三个地区分别为四川（1411669 万元）、山东（1714291 万元）、广东（3184359 万元）。各地区城市污水处理固定资产投资分布在 10658 万~2396940 万元，平均值为 336225 万元。污水处理固定资产投资较少的三个地区分别为青海（10658 万元）、海南（18069 万元）、贵州（30291 万元），污水处理固定资产投资较多的三个地区分别为四川（748266 万元）、福建（784218 万元）、广东（2396940 万元）。各地区城市污泥处置固定资产投资分布在 720 万~60256 万

元，平均值为 15282 万元。污泥处置固定资产投资较少的三个地区分别为福建（720 万元）、天津（767 万元）、湖南（1091 万元），污泥处置固定资产投资较多的三个地区分别为河北（34531 万元）、浙江（38965 万元）、广西（60256 万元）。各地区城市再生水利用固定资产投资分布在 282 万~61901 万元，平均值为 12250 万元。再生水利用固定资产投资较少的三个地区分别为湖南（282 万元）、陕西（345 万元）、山西（400 万元），再生水利用固定资产投资较多的三个地区分别为山东（35448 万元）、新疆（43118 万元）、内蒙古（61901 万元），如图 4-19 所示。

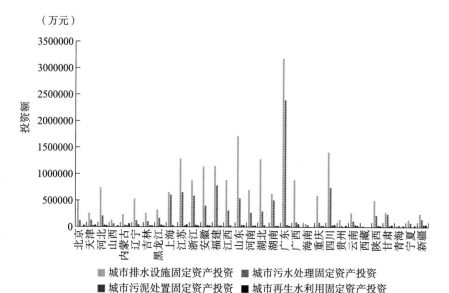

图 4-19　2020 年我国各省份城市排水设施固定资产投资

根据《中国城乡建设统计年鉴》，2020 年，全国县城排水设施固定资产投资为 5609088.3 万元，其中污水处理、污泥处置和再生水利用固定资产投资分别为 2905831.3 万元、116439.4 万元、155735.7 万元。各地区县城排水设施固定资产投资分布在 5893.3 万~633957 万元，平均值为 208298 万元。全国县城排水设施固定资产投资较少的三个地区分别为辽宁（5893.3 万元）、海南（8299 万元）、青海（10061 万元），排水设施固定资产投资较多的三个地区分别为安徽（405334 万元）、河南（518037 万元）、河北（633957 万元）。各地区县城污水处理固定资产投资分布在 3246 万~289084 万元，平均值为 106605.4 万元。污水处理固定资产投资较少的三个地区分别为海南

（3246 万元）、青海（3554 万元）、辽宁（3912.2 万元），污水处理固定资产投资较多的三个地区分别为河北（212403 万元）、湖南（218534.5 万元）、河南（289084 万元）。各地区县城污泥处置固定资产投资分布在 5 万~19150 万元，平均值为 5215.2 万元。污泥处置固定资产投资较少的三个地区分别为四川（5 万元）、西藏（50 万元）、辽宁（94.4 万元），污泥处置固定资产投资较多的三个地区分别为广西（11667 万元）、河南（16799 万元）、湖南（19150 万元）。各地区县城再生水利用固定资产投资分布在 150 万~47466 万元，平均值为 10702.7 万元。再生水利用固定资产投资较少的三个地区分别为江西（150 万元）、云南（200 万元）、浙江（243 万元），再生水利用固定资产投资较多的三个地区分别为河南（21718 万元）、内蒙古（28773 万元）、新疆（47466 万元），如图 4-20 所示。

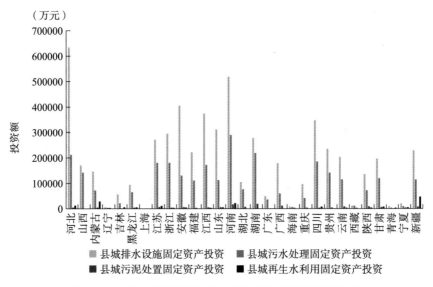

图 4-20　2020 年我国各省份县城排水设施固定资产投资

4.6　我国污水处理厂建设与运行概况

我国污水处理事业始于 20 世纪 70 年代末，尽管起步较晚，但在城镇化推进与环境保护需求的不断推动下发展壮大。1978 年改革开放以来，我国进入了快速发展时期。随着经济的快速发展，城市污水的数量急剧增加，并且由于越来越多的工业废水进入下水道，废水的组成变得越来越复杂。随着环境中废水排放量的增加，加剧的环境污染直接威胁到城市水环境和粮食安全，从而迫切需要控制水污染。为了应对这一挑战，我国开始建设更集中的污水处理厂和补充设施。特别是过去 30 年，我国的污水处理设施建设进入飞速发展期，污水处理规模迅速增长、效率不断提高。与此同时，我国污水处理技术研发投入显著提升，先进工艺装备和技术不断涌现，并得到推广应用，科研群体人数和创新能力持续提高，已进入全球前列。我国污水处理行业的快速发展和取得的瞩目成就为我国的社会经济进步和城镇化进程提供了有力的保障。

4.6.1　城市部分

根据《中国城乡建设统计年鉴》，1991—2020 年，全国城市污水处理厂数量和处理能力均呈逐年上升趋势。其中，城市污水处理厂数量和处理能力分别由 1991 年的 87 座、317 万吨/日增加到 2020 年的 2618 座、19267 万吨/日，分别增加了 2531 座、18950 万吨/日，增幅分别达 29.1 倍、59.8 倍，如图 4-21 所示。

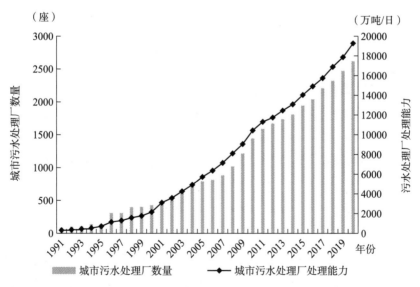

图 4-21　1991—2020 年全国城市污水处理厂数量和处理能力

根据《中国城乡建设统计年鉴》，1991—2020 年，全国城市污水年排放量、处理量和污水处理率也呈逐年上升趋势。其中，城市污水年排放量和处理量分别由 1991 年的 2997034 万吨、445355 万吨增加到 2020 年的 5713633 万吨、5572782 万吨，分别增加了 2716599 万吨、5127427 万吨，增幅分别达 0.9 倍、11.5 倍。可以看出，随着城市污水处理厂数量的增加和污水处理能力的不断提升，城市污水年处理量高速增长。与之相对应，全国城市污水处理率显著提升，由 1991 年的 14.9% 增长到 2020 年的 97.5%，提升了 82.6 个百分点，如图 4-22 所示。

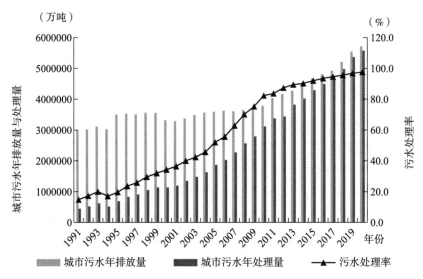

图 4-22　1991—2020 年全国城市污水年排放量、处理量和污水处理率

根据《中国环境统计年鉴》，2020 年，全国城市污水处理厂有 2618 座，达到二、三级处理的数量为 2441 座，污水处理厂污水处理能力为 19267.1 万吨/日，达到二、三级处理的处理能力为 18344.6 万吨/日。各地区城市污水处理厂数量分布在 9~320 座，平均值为 89 座。全国城市污水处理厂数量较少的三个地区分别为西藏（9 座）、青海（14 座）、宁夏（23 座），城市污水处理厂数量较多的三个地区分别为江苏（206 座）、山东（218 座）、广东（320座）。四川（149 座）、辽宁（131 座）、河南（110 座）、浙江（106 座）、贵州（101 座）、湖北（101 座）的城市污水处理厂数量均超过 100 座。各地区达到二、三级处理的城市污水处理厂数量分布在 6~303 座，其中北京、天津、上海、浙江、山东、贵州的所有城市污水处理厂均达到了二、三级处理。各地区城市污水处理厂污水处理能力分布在 28.7 万~2714.8 万吨/日，平均值为 667.0 万吨/日。全国城市污水处理厂污水处理能力较低的三个地区分别为西藏（28.7 万吨/日）、青海（61.8 万吨/日）、宁夏（118.6 万吨/日），城市

污水处理厂污水处理能力较高的三个地区分别为山东（1364.8 万吨/日）、江
苏（1480.9 万吨/日）、广东（2714.8 万吨/日），如图 4-23 所示。

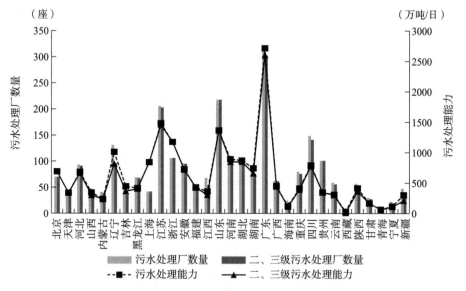

图 4-23　2020 年全国各省份城市污水处理厂数量和污水处理能力

　　根据《中国环境统计年鉴》，2020 年，全国城市污水排放量为 5713633 万
吨，污水处理厂污水处理量为 5472276 万吨，污水处理总量为 5572782 万吨，
城市污水处理率为 97.53%，污水处理厂集中处理率为 95.78%。各地区城市
污水排放量分布在 10037 万～830750 万吨，平均值为 198618.8 万吨。城市污
水排放量较少的三个地区分别为西藏（10037 万吨）、青海（18465 万吨）、宁
夏（28138 万吨），城市污水排放量较多的三个地区分别为山东（341815 万
吨）、江苏（479860 万吨）、广东（830750 万吨）。各地区城市污水处理厂污
水处理量分布在 9663 万～810532 万吨，平均值为 190680.9 万吨。城市污水处
理厂污水处理量较低的三个地区分别为西藏（9663 万吨）、青海（17599 万
吨）、宁夏（27222 万吨），城市污水处理厂污水处理量较高的三个地区分别
为山东（335352 万吨）、江苏（432770 万吨）、广东（810532 万吨）。各地区
污水处理总量分布在 9663 万～811273 万吨，平均值为 193718.7 万吨。污水处
理总量较低的三个地区分别为西藏（9663 万吨）、青海（17599 万吨）、宁夏
（27222 万吨），污水处理总量较高的三个地区分别为山东（335873 万吨）、江
苏（464610 万吨）、广东（811273 万吨）。各地区城市污水处理厂污水处理率
分布在 95.3%～99.6%，平均值为 97.5%。污水处理率较低的三个地区分别为

青海（95.3%）、黑龙江（96.0%）、西藏（96.3%），污水处理率较高的三个地区分别为海南（98.7%）、广西（99.0%）、山西（99.6%）。各地区城市污水处理厂集中处理率分布在88.7%~99.6%，平均值为96.0%。污水处理厂集中处理率较低的地区分别为广西（88.7%）、江苏（90.2%）、湖北和黑龙江（92.2%），污水处理厂集中处理率较高的地区分别为新疆和河南（98.3%）、海南和河北（98.5%）、山西（99.6%），如图4-24所示。

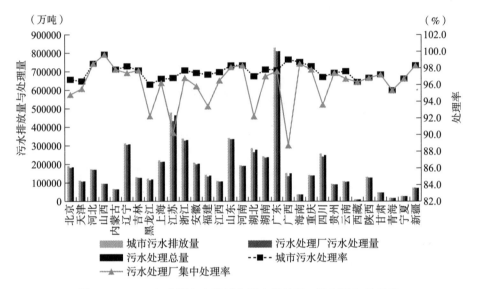

图4-24　2020年全国各省份城市污水排放量、处理量和处理率

根据《中国城乡建设统计年鉴》，2020年，全国城市污水处理厂干污泥产生量为11627678吨，干污泥处置量为1160222吨。各地区城市污水处理厂干污泥产生量分布在2352~1656419吨，平均值为401025吨。城市污水处理厂干污泥产生量较少的三个地区分别为西藏（2352吨）、青海（24537吨）、宁夏（54135吨），城市污水处理厂干污泥产生量较多的三个地区分别为江苏（1001562吨）、广东（1141883吨）、北京（1656419吨）。各地区城市污水处理厂干污泥处置量分布在2344~1655305吨，平均值为386825吨。城市污水处理厂干污泥处置量较少的三个地区分别为西藏（2344吨）、重庆（3703吨）、青海（22068吨），城市污水处理厂干污泥处置量较多的三个地区分别为江苏（984036吨）、广东（1141969吨）、北京（1655305吨），如图4-25所示。

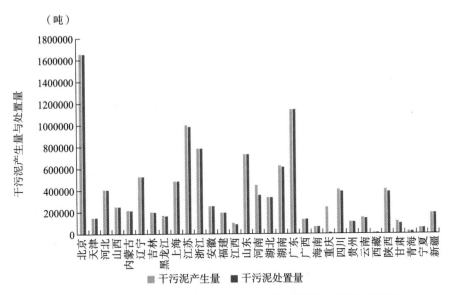

图 4-25　2020 年全国各省份城市污水处理厂干污泥产生量和处置量

根据《中国城乡建设统计年鉴》，1991—2020 年，全国城市排水管道建设长度逐年增加，由 1991 年的 60601 千米增加到 2020 年的 802721 千米。30 年间，全国城市排水管道长度增加了 741120 千米，增幅达 12 倍，年均增加 24704 千米，如图 4-26 所示。

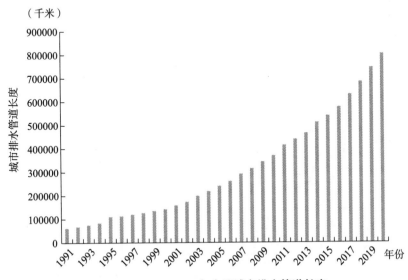

图 4-26　1991—2020 年全国城市排水管道长度

　　根据《中国城乡建设统计年鉴》，2020 年，全国城市排水管道建设总长度为 802721 千米，其中污水管道总长度为 366833 千米，雨污合流管道总长度为 101134 千米，建成区排水管道密度为 11.11 千米/平方千米。各地区排水管道总长度分布在 861~122541 千米，平均值为 28024 千米。排水管道总长度较短的三个地区分别为西藏（861 千米）、宁夏（2297 千米）、青海（3301 千米），排水管道总长度较长的三个地区分别为山东（69864 千米）、江苏（88001 千米）、广东（122541 千米）。各地区污水管道总长度分布在 301~58407 千米，平均值为 12874 千米。污水管道总长度较短的三个地区分别为西藏（301 千米）、宁夏（500 千米）、青海（1695 千米），污水管道总长度较长的三个地区分别为山东（30322 千米）、江苏（45997 千米）、广东（58407 千米）。各地区雨污合流管道总长度分布在 201~22574 千米，平均值为 3737 千米。雨污合流管道总长度较短的三个地区分别为河北（201 千米）、青海（225 千米）、西藏（288 千米），雨污合流管道总长度较长的三个地区分别为江苏（7938 千米）、辽宁（8812 千米）、广东（22574 千米）。各地区建成区排水管道密度分布在 3.38~18.72 千米/平方千米，平均值为 10.32 千米/平方千米。建成区排水管道密度较小的三个地区分别为西藏（3.38 千米/平方千米）、宁夏（4.38 千米/平方千米）、新疆（5.71 千米/平方千米），建成区排水管道密度较大的三个地区分别为广东（13.95 千米/平方千米）、江苏（14.86 千米/平方千米）、天津（18.72 千米/平方千米），如图 4-27 所示。

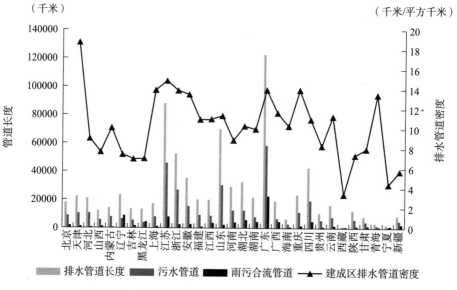

图 4-27　2020 年全国各省份城市排水管道长度和密度

4.6.2 县城部分

根据《中国城乡建设统计年鉴》,2001—2020 年,全国县城污水处理厂数量和处理能力基本呈波动上升趋势。其中,县城污水处理厂数量和处理能力分别由 2001 年的 54 座、455 万吨/日增加到 2020 年的 1708 座、3770 万吨/日,分别增加了 1654 座、3315 万吨/日,增幅分别达 30.6 倍、7.3 倍,如图 4-28 所示。

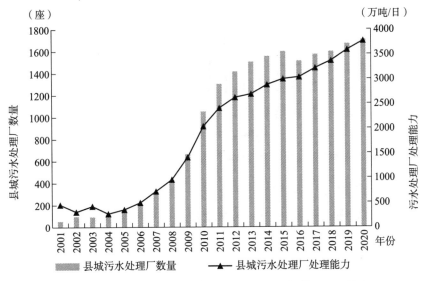

图 4-28 2001—2020 年全国县城污水处理厂数量和处理能力

根据《中国城乡建设统计年鉴》,2001—2020 年,全国县城污水年排放量、处理量和污水处理率也呈逐年上升趋势。其中,县城污水年排放量和处理量分别由 2001 年的 40.14 亿吨、3.31 亿吨增加到 2020 年的 103.76 亿吨、98.62 亿吨,分别增加了 63.62 亿吨、95.31 亿吨,增幅分别达 1.6 倍、28.8 倍。可以看出,随着县城污水处理厂数量的增加和污水处理能力的提升,县城污水年处理量高速增长。与之相对应,全国县城污水处理率显著提升,由 2001 年的 8.2%上升为 2020 年的 95.1%,上升了 86.9 个百分点,如图 4-29 所示。

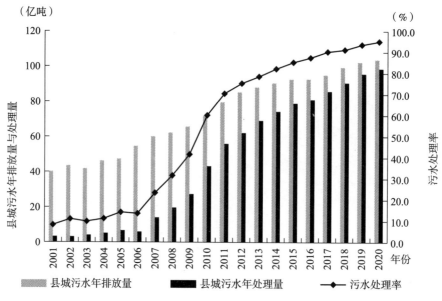

图4-29 2001—2020年全国县城污水年排放量、处理量和污水处理率

根据《中国环境统计年鉴》，2020年，全国县城污水处理厂有1708座，达到二、三级处理的为1428座，污水处理厂污水处理能力为3770万吨/日，达到二、三级处理的处理能力为3187.8万吨/日。各地区县城污水处理厂数量分布在11~145座，平均值为62座。全国县城污水处理厂数量较少的地区分别为海南（11座）、宁夏（15座）、西藏和吉林（20座），县城污水处理厂数量较多的三个地区分别为河北（109座）、河南（125座）、四川（145座）。各地区达到二、三级处理的城市污水处理厂数量分布在4~106座，平均值为51座。其中黑龙江、浙江、山东、贵州的所有县城污水处理厂均达到了二、三级处理。各地区县城污水处理厂污水处理能力分布在6万~402万吨/日，平均值为139.3万吨/日。全国县城污水处理厂污水处理能力较低的三个地区分别为西藏（6万吨/日）、海南（15.6万吨/日）、青海（21.5万吨/日），县城污水处理厂污水处理能力较高的三个地区分别为河北（354.7万吨/日）、山东（364.5万吨/日）、河南（402.0万吨/日），如图4-30所示。

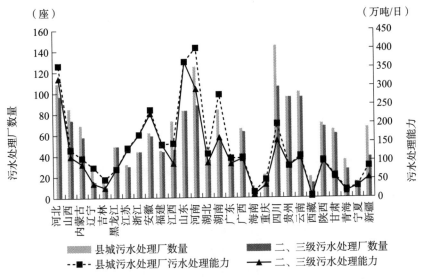

图 4-30　2020 年全国各省份县城污水处理厂数量和污水处理能力

　　根据《中国城乡建设统计年鉴》，2020 年，全国县城污水排放量为 1037607 万吨，污水处理厂污水处理量为 979709 万吨，二、三级污水处理量为 829505 万吨，污水处理总量为 986194 万吨，县城污水处理率为 95.1%，污水处理厂集中处理率为 94.4%。各地区县城污水排放量分布在 3922 万 ~ 92784 万吨，平均值为 37810 万吨。县城污水排放量较少的三个地区分别为西藏（3922 万吨）、海南（4861 万吨）、青海（5591 万吨），县城污水排放量较多的三个地区分别为山东（79203 万吨）、河南（83093 万吨）、湖南（92784 万吨）。各地区县城污水处理厂污水处理量分布在 1233 万 ~ 88999 万吨，平均值为 35665 万吨。县城污水处理厂污水处理量较低的三个地区分别为西藏（1233 万吨）、海南（4349 万吨）、青海（5072 万吨），县城污水处理厂污水处理量较高的三个地区分别为山东（77423 万吨）、河南（80605 万吨）、湖南（88999 万吨）。各地区污水处理总量分布在 1233 万 ~ 89600 万吨，平均值为 35901 万吨。污水处理总量较低的三个地区分别为西藏（1233 万吨）、海南（4351 万吨）、青海（5072 万吨），污水处理总量较高的三个地区分别为山东（77423 万吨）、河南（80605 万吨）、湖南（89600 万吨）。各地区县城污水处理厂污水处理率分布在 31.4% ~ 99.1%，平均值为 90.7%。污水处理率较低的三个地区分别为西藏（31.4%）、海南（89.5%）、青海（90.7%），污水处理率较高的三个地区分别为宁夏（98.1%）、河北（98.4%）、重庆

（99.1%）。各地区县城污水处理厂集中处理率分布在 31.4%~99.1%，平均值为 90.3%。污水处理厂集中处理率较低的三个地区分别为西藏（31.4%）、广西（88.6%）、四川（88.9%），污水处理厂集中处理率较高的三个地区分别为宁夏（98.1%）、河北（98.4%）、重庆（99.1%），如图 4-31 所示。

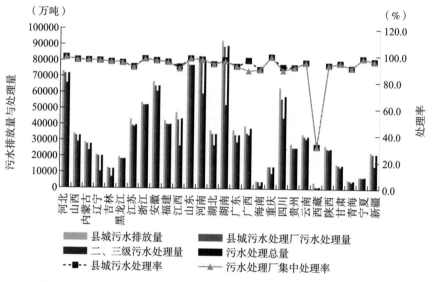

图 4-31　2020 年全国各省份县城污水排放量、处理量和污水处理率

根据《中国城乡建设统计年鉴》，2020 年，全国县城污水处理厂干污泥产生量为 1699187 吨，干污泥处置量为 1619994 吨。各地区县城污水处理厂干污泥产生量分布在 3497~182121 吨，平均值为 62827 吨。县城污水处理厂干污泥产生量较少的三个地区分别为西藏（3497 吨）、青海（7318 吨）、海南（13806 吨），县城污水处理厂干污泥产生量较多的三个地区分别为河北（134953 吨）、河南（181656 吨）、山东（182121 吨）。各地区县城污水处理厂干污泥处置量分布在 550~182000 吨，平均值为 60085 吨。县城污水处理厂干污泥处置量较少的三个地区分别为重庆（550 吨）、西藏（3450 吨）、青海（7170 吨），县城污水处理厂干污泥处置量较多的三个地区分别为河北（132182 吨）、河南（165083 吨）、山东（182000 吨），如图 4-32 所示。

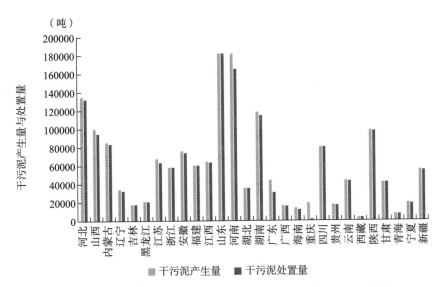

图 4-32　2020 年全国各省份县城污水处理厂干污泥产生量和处置量

　　根据《中国城乡建设统计年鉴》，2000—2020 年，全国县城排水管道建设长度逐年增加，由 2000 年的 4.0 万千米增加到 2020 年的 22.4 万千米。21 年间，全国县城排水管道长度增加了 18.4 万千米，增幅达 4.6 倍，年均增加 0.88 万千米，如图 4-33 所示。

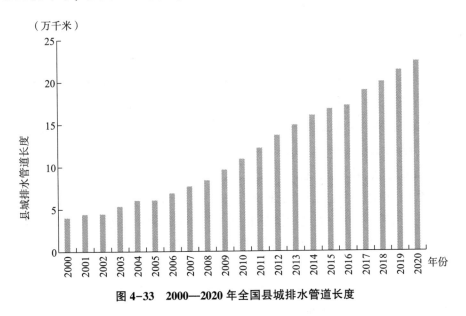

图 4-33　2000—2020 年全国县城排水管道长度

根据《中国城乡建设统计年鉴》，2020年，全国县城排水管道建设总长度为223919千米，其中污水管道总长度为104035千米，雨污合流管道总长度为42587千米，建成区排水管道密度为9.6千米/平方千米。各地区排水管道总长度分布在1114~19035千米，平均值为8135.6千米。排水管道总长度较短的三个地区分别为海南（1114千米）、西藏（1317千米）、宁夏（1764千米），排水管道总长度较长的三个地区分别为山东（16725千米）、安徽（17729千米）、河南（19035千米）。各地区污水管道总长度分布在163~8066千米，平均值为3742千米。污水管道总长度较短的三个地区分别为宁夏（163千米）、西藏（356千米）、海南（570千米），污水管道总长度较长的三个地区分别为山东（7398千米）、安徽（7858千米）、河南（8066千米）。各地区雨污合流管道总长度分布在140~4550千米，平均值为1576千米。雨污合流管道总长度较短的三个地区分别为重庆（140千米）、海南（153千米）、吉林（317千米），雨污合流管道总长度较长的三个地区分别为江西（2988千米）、湖南（3942千米）、河南（4550千米）。各地区建成区排水管道密度分布在3.76~15.94千米/平方千米，平均值为9.46千米/平方千米。建成区排水管道密度较小的三个地区分别为海南（3.76千米/平方千米）、贵州（5.34千米/平方千米）、辽宁（5.93千米/平方千米），建成区排水管道密度较大的三个地区分别为福建（13.40千米/平方千米）、重庆（15.32千米/平方千米）、浙江（15.94千米/平方千米），如图4-34所示。

4.6.3　村镇部分

根据《中国城乡建设统计年鉴》，2020年，对生活污水进行处理的建制镇有12300个，占比为65.35%。各地区对生活污水进行处理的建制镇数量分布在12~1379个，平均值为415个。对生活污水进行处理的建制镇数量较少的三个地区分别为西藏（12个）、海南（16个）、青海（31个），对生活污水进行处理的建制镇数量较多的三个地区分别为广东（779个）、山东（1030个）、四川（1379个）。各地区对生活污水进行处理的建制镇比例分布在10.13%~99.70%，平均值为61.77%。污水处理比例较低的三个地区分别为海南（10.13%）、西藏（16.44%）、内蒙古（22.07%），污水处理比例较高的三个地区分别为重庆（98.29%）、福建（98.38%）、江苏（99.70%），如图4-35所示。

根据《中国城乡建设统计年鉴》，2020年，全国建制镇污水处理厂有11374个，污水处理能力为2740.05万吨/日。各地区建制镇污水处理厂数量

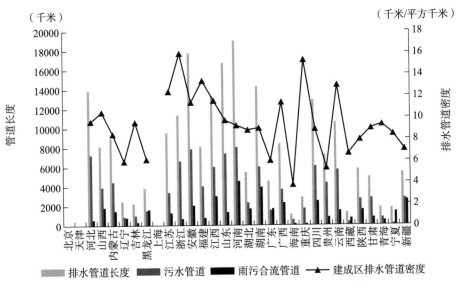

图 4-34　2020 年全国各省份县城排水管道长度和密度

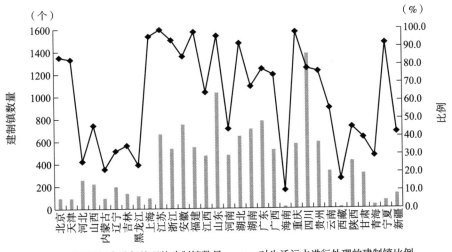

图 4-35　2020 年全国各省份对生活污水进行处理的建制镇数量和比例

分布在 6～1959 个，平均值为 404 个。建制镇污水处理厂数量较少的三个地区分别为西藏（6 个）、青海（7 个）、海南（15 个），建制镇污水处理厂数量较多的三个地区分别为广东（831 个）、山东（921 个）、四川（1959 个）。各地区建制镇污水处理厂污水处理能力分布在 0.14 万～537.20 万吨/日，平均值为 99.31 万吨/日。各地区建制镇污水处理厂污水处理能力较低的三个地区分

别为西藏（0.14万吨/日）、青海（1.69万吨/日）、海南（5.01万吨/日），
污水处理能力较高的三个地区分别为山东（297.20万吨/日）、江苏（378.62
万吨/日）、广东（537.20万吨/日），如图4-36所示。

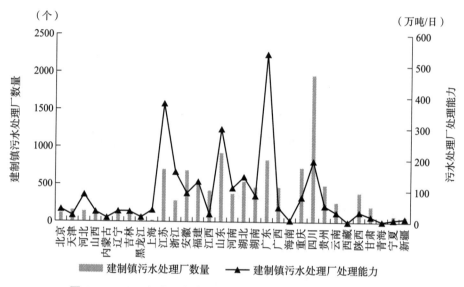

图 4-36　2020 年全国各省份建制镇污水处理厂数量和处理能力

根据《中国城乡建设统计年鉴》，1990—2020年，全国建制镇和乡排水
管道建设长度变化情况主要分为 1990—2005 年、2006—2020 年两个阶段，这
可能与 2005 年和 2006 年部分建制镇和乡所在地并入县城和城市有关。总体
来看，两个阶段均呈稳步上升趋势。1990—2005 年，全国建制镇和乡排水管
道建设长度分别由 1990 年的 2.7 万千米、2.3 万千米增加到 2005 年的 17.1
万千米、4.3 万千米。2006—2020 年，全国建制镇和乡排水管道建设长度分
别由 2006 年的 11.9 万千米、1.9 万千米变化为 2020 年的 19.8 万千米、2.4
万千米，如图 4-37 所示。

根据《中国城乡建设统计年鉴》，2020 年，全国建制镇排水管道建设总
长度为 198409.18 千米，排水暗渠总长度为 113879.37 千米。各地区建制镇排
水管道总长度分布在 44.42～21129.52 千米，平均值为 6654.04 千米。排水管
道总长度较短的三个地区分别为西藏（44.42 千米）、青海（423.22 千米）、
宁夏（963.02 千米），排水管道总长度较长的三个地区分别为山东（17509.65
千米）、广东（18304.95 千米）、江苏（21129.52 千米）。各地区建制镇排水暗
渠总长度分布在 29.27～14165.40 千米，平均值为 3881.03 千米。排水暗渠总长

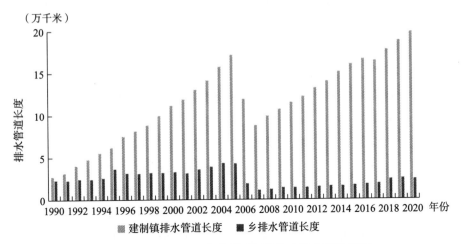

图 4-37　1990—2020 年全国建制镇和乡排水管道长度

度较短的三个地区分别为西藏（29.27 千米）、青海（96.46 千米）、天津（369.60 千米），排水暗渠总长度较长的三个地区分别为江苏（8674.15 千米）、山东（11422.86 千米）、广东（14165.40 千米），如图 4-38 所示。

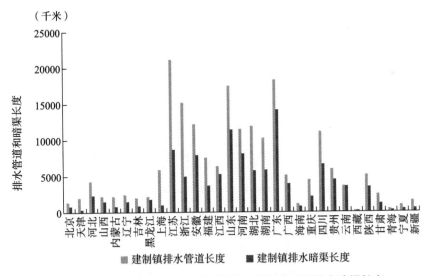

图 4-38　2020 年全国各省份建制镇排水管道长度和排水暗渠长度

　　根据《中国城乡建设统计年鉴》，2020 年，全国建制镇排水管道暗渠密度为 7.20 千米/平方千米，污水处理率为 60.98%，污水集中处理率为 52.14%。各地区建制镇排水管道暗渠密度分布在 0.13～10.92 千米/平方千米，平均值为

6.45 千米/平方千米。建制镇排水管道暗渠密度较小的三个地区分别为西藏（0.13 千米/平方千米）、内蒙古（3.06 千米/平方千米）、吉林（3.64 千米/平方千米），建制镇排水管道暗渠密度较大的三个地区分别为广东（9.31 千米/平方千米）、浙江（9.48 千米/平方千米）、江苏（10.92 千米/平方千米）。各地区建制镇污水处理率分布在 11.53%~86.95%，平均值为 48.91%。建制镇污水处理率较低的三个地区分别为青海（11.53%）、海南（11.70%）、云南（20.48%），建制镇污水处理率较高的三个地区分别为江苏（85.29%）、重庆（85.96%）、贵州（86.95%）。各地区建制镇污水处理厂集中处理率分布在 6.66%~82.93%，平均值为 40.31%。建制镇污水处理厂集中处理率较低的三个地区分别为海南（6.66%）、青海（7.29%）、西藏（10.81%），集中处理率较高的三个地区分别为重庆（78.33%）、江苏（80.60%）、贵州（82.93%），如图 4-39 所示。

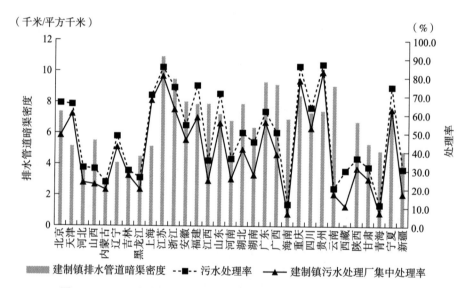

图 4-39 2020 年全国各省份建制镇排水管道暗渠密度和污水处理率

根据《中国城乡建设统计年鉴》，2020 年，全国对生活污水进行处理的乡有 3095 个，占比为 34.87%。各地区对生活污水进行处理的乡数量分布在 1~269 个，平均值为 102 个。对生活污水进行处理的乡数量较少的地区分别为海南（1 个）、上海和天津（2 个）、陕西和北京（10 个），对生活污水进行处理的乡数量较多的三个地区分别为福建（249 个）、四川（252 个）、江西（269 个）。各地区对生活污水进行处理的乡的比例分布在 3.98%~100%，平均值为 47. 79%。污水处理比例较低的三个地区分别为西藏 （3. 98%）、海南 （4. 76%）、黑龙江 （5. 72%），污水处理比例较高的三个地区分别为江苏 （97. 22%）、福建 （97. 27%）、上海 （100%），如图 4-40 所示。

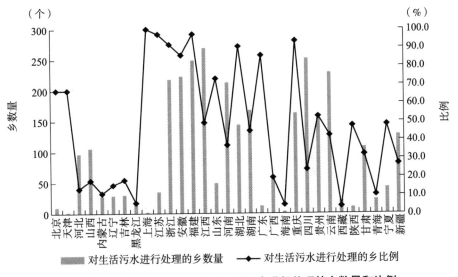

图 4-40 2020 年全国各省份对生活污水进行处理的乡数量和比例

　　根据《中国城乡建设统计年鉴》，2020 年，全国乡污水处理厂数量为 2170 个，污水处理能力为 104. 80 万吨/日。各地区乡污水处理厂数量分布在 1~439 个，平均值为 79 个。乡污水处理厂数量较少的地区分别为海南 （1 个）、西藏 （2 个）、青海 （2 个）、天津 （2 个）、上海 （2 个）、北京 （3 个），乡污水处理厂数量较多的三个地区分别为安徽 （191 个）、福建 （302 个）、四川 （439 个）。各地区乡污水处理厂污水处理能力分布在 0~ 16. 65 万吨/日，平均值为 3. 68 万吨/日。乡污水处理厂污水处理能力较低的 三个地区分别为海南 （0 万吨/日）、北京 （0. 03 万吨/日）、天津 （0. 05 万 吨/日），污水处理能力较高的三个地区分别为四川 （8. 76 万吨/日）、河南 （12. 28 万吨/日）、福建 （16. 65 万吨/日），如图 4-41 所示。

　　根据《中国城乡建设统计年鉴》，2020 年，全国乡排水管道建设总长度 为 23536. 98 千米，排水暗渠总长度为 20770. 38 千米。各地区乡排水管道总长 度分布在 15. 00~2996. 58 千米，平均值为 804. 50 千米。排水管道总长度较短 的三个地区分别为上海 （15. 00 千米）、北京 （19. 70 千米）、天津 （21. 90 千 米），排水管道总长度较长的三个地区分别为江西 （2206. 06 千米）、新疆

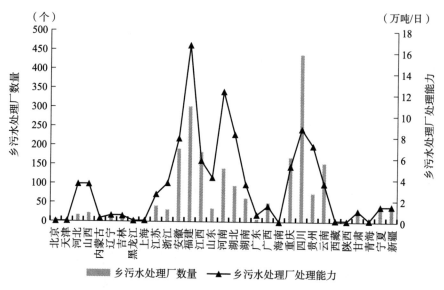

图 4-41 2020 年全国各省份乡污水处理厂数量和处理能力

（2234.42 千米）、河南（2996.58 千米）。各地区乡排水暗渠总长度分布在
2.86~2354.59 千米，平均值为 700.84 千米。排水暗渠总长度较短的三个地
区分别为天津（2.86 千米）、上海（6.00 千米）、海南（10.65 千米），排水
暗渠总长度较长的三个地区分别为湖南（1837.13 千米）、云南（1914.29 千
米）、河南（2354.59 千米），如图 4-42 所示。

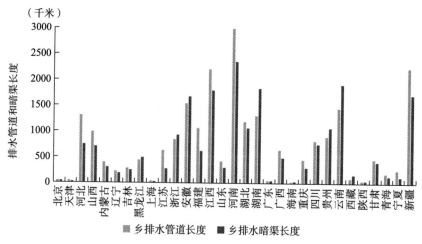

图 4-42 2020 年全国各省份乡排水管道长度和排水暗渠长度

根据《中国城乡建设统计年鉴》，2020 年，全国乡排水管道暗渠密度为

7.18 千米/平方千米，污水处理率为 21.67%，污水集中处理率为 13.43%。各地区乡排水管道暗渠密度分布在 2.28~15.86 千米/平方千米，平均值为 7.78 千米/平方千米。乡排水管道暗渠密度较小的三个地区分别为天津（2.28 千米/平方千米）、内蒙古（3.26 千米/平方千米）、河北（3.33 千米/平方千米），乡排水管道暗渠密度较大的三个地区分别为浙江（13.65 千米/平方千米）、上海（15.40 千米/平方千米）、江苏（15.86 千米/平方千米）。各地区乡污水处理率分布在 0.05%~81.13%，平均值为 28.17%。乡污水处理率较低的三个地区分别为青海（0.05%）、西藏（0.32%）、黑龙江（1.03%），乡污水处理率较高的三个地区分别为江苏（78.29%）、重庆（78.75%）、福建（81.13%）。各地区乡污水处理厂集中处理率分布在 0.05%~67.23%，平均值为 19.81%。乡污水处理厂集中处理率较低的地区分别为西藏和青海（0.05%）、内蒙古（0.78%）、黑龙江（0.81%），集中处理率较高的三个地区分别为重庆（61.92%）、江苏（67.15%）、上海（67.23%），如图 4-43 所示。

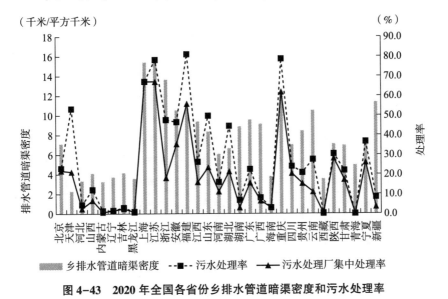

图 4-43　2020 年全国各省份乡排水管道暗渠密度和污水处理率

4.7　我国城市生活污水排放管理政策框架体系

我国已经建立了比较完备的城市生活污水排放管理政策框架体系，包括法律、行政法规、部门规章、标准、规划和部分规范性文件（见表 4-4）。《环境保护法》是我国环境保护领域的基础性、综合性法律，明确了我国环境保护工作的指导思想，规定了环境保护的基本原则和基本制度，确立了国家环境保护的基本方针和政策。《水污染防治法》① 作为水环境保护和水污染防治方面的专业性法律，作为我国水污染防治工作坚实的法制基础，对水环境质量标准和排放标准、水污染防治的监管、防止地表水和地下水污染、违反水污染防治的法律责任都进行了比较详细的规定。

表 4-4　我国城市生活污水排放管理政策框架体系

项目	政策名称	颁布机关	实施机构
法律	黄河保护法（2022）	全国人大常委会	国务院有关部门和黄河流域县级以上地方人民政府
	湿地保护法（2021）	全国人大常委会	国务院有关部门和县级以上地方人民政府
	行政处罚法（2021）	全国人大常委会	县级以上地方人民政府
	长江保护法（2020）	全国人大常委会	国务院有关部门和长江流域省级人民政府
	固体废物污染环境防治法（2020）	全国人大常委会	生态环境行政主管部门
	环境影响评价法（2018）	全国人大常委会	生态环境行政主管部门
	循环经济促进法（2018）	全国人大常委会	县级以上地方人民政府
	土壤污染防治法（2018）	全国人大常委会	生态环境行政主管部门
	环境保护税法（2018）	全国人大常委会	生态环境、税务行政主管部门
	水污染防治法（2017）	全国人大常委会	生态环境行政主管部门
	海洋环境保护法（2017）	全国人大常委会	海洋、海事、渔业行政主管部门
	水法（2016）	全国人大常委会	水行政主管部门
	环境保护法（2014）	全国人大常委会	生态环境行政主管部门
	清洁生产促进法（2012）	全国人大常委会	各级发展和改革委员会
	水土保持法（2011）	全国人大常委会	水行政主管部门
行政法规	地下水管理条例（2021）	国务院	水、生态环境、自然资源行政主管部门
	排污许可管理条例（2020）	国务院	生态环境行政主管部门
	政府督查工作条例（2020）	国务院	县级以上地方人民政府
	政府信息公开条例（2019）	国务院	县级以上地方人民政府
	全国污染源普查条例（2019）	国务院	生态环境行政主管部门
	海洋倾废管理条例（2017）	国务院	海洋局及其派出机构

---

① 《水污染防治法》1984 年 5 月公布，1996 年 5 月修订，2008 年 2 月 28 日再次修订，现行版本于 2017 年 6 月 27 日修正通过，自 2018 年 1 月 1 日起施行。

续表

项目	政策名称	颁布机关	实施机构
行政法规	建设项目环境保护管理条例（2017）	国务院	生态环境行政主管部门
	环境保护税法实施条例（2017）	国务院	财政、税务、生态环境行政主管部门
	企业信息公示暂行条例（2014）	国务院	各省、自治区、直辖市人民政府
	城镇排水与污水处理条例（2013）	国务院	县级以上地方政府相关部门
	淮河流域水污染防治暂行条例（2011）	国务院	淮河流域县级以上地方人民政府
	太湖流域管理条例（2011）	国务院	水行政主管部门
	规划环境影响评价条例（2009）	国务院	生态环境行政主管部门
部门规章	生态环境统计管理办法（2023）	生态环境部	各级生态环境主管部门
	生态环境行政处罚办法（2023）	生态环境部	各级生态环境主管部门
	环境监管重点单位名录管理办法（2022）	生态环境部	各级生态环境主管部门
	企业环境信息依法披露管理办法（2021）	生态环境部	设区的市级以上地方生态环境主管部门
	生态环境标准管理办法（2020）	生态环境部	生态环境行政主管部门
	国家生态环境标准制修订工作规则（2020）	生态环境部	生态环境行政主管部门
	建设项目环境影响评价分类管理名录（2020）	生态环境部	生态环境行政主管部门
	生态环境部约谈办法（2020）	生态环境部	生态环境行政主管部门
	生态环境部行政规范性文件制定和管理办法（2020）	生态环境部	生态环境行政主管部门
	建设项目环境影响报告书（表）编制监督管理办法（2019）	生态环境部	生态环境行政主管部门
	城市管网及污水处理补助资金管理办法（2019）	财政部	各级财政、建设主管部门
	固定污染源排污许可分类管理名录（2019）	生态环境部	生态环境行政主管部门
	环境影响评价公众参与办法（2018）	生态环境部	生态环境行政主管部门
	排污许可管理办法（试行）（2017）	生态环境部	生态环境行政主管部门
	水功能区监督管理办法（2017）	水利部	水行政主管部门
	环境保护档案管理办法（2016）	生态环境部	生态环境行政主管部门
	城镇污水排入排水管网许可管理办法（2015）	住房和城乡建设部	住房和城乡建设主管部门

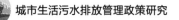

项目	政策名称	颁布机关	实施机构
部门规章	环境保护公众参与办法（2015）	生态环境部	生态环境行政主管部门
	突发环境事件应急管理办法（2015）	生态环境部	生态环境行政主管部门
	突发环境事件调查处理办法（2014）	生态环境部	生态环境行政主管部门
	环境保护主管部门实施按日连续处罚办法（2014）	生态环境部	生态环境行政主管部门
	环境保护主管部门实施查封、扣押办法（2014）	生态环境部	生态环境行政主管部门
	环境保护主管部门实施限制生产、停产整治办法（2014）	生态环境部	生态环境行政主管部门
	污水处理费征收使用管理办法（2014）	财政部、国家发展改革委、住房和城乡建设部	各级财政、发展改革委、物价、建设主管部门
	环境监察执法证件管理办法（2013）	生态环境部	生态环境行政主管部门
	环境监察办法（2012）	生态环境部	生态环境行政主管部门
	污染源自动监控设施现场监督检查办法（2012）	生态环境部	生态环境行政主管部门
	突发环境事件信息报告办法（2011）	生态环境部	生态环境行政主管部门
	环保举报热线工作管理办法（2010）	生态环境部	生态环境行政主管部门
	环境监测管理办法（2007）	生态环境部	生态环境行政主管部门
	环境监测质量管理规定（2006）	生态环境部	生态环境行政主管部门
	污染源自动监控管理办法（2005）	生态环境部	生态环境行政主管部门
	入河排污口监督管理办法（2005）	水利部	水行政主管部门
标准	《地表水环境质量监测点位编码规则》（HJ 1291—2023）	生态环境部	
	《海洋生物水质基准推导技术指南（试行）》（HJ 1260—2022）	生态环境部	
	《淡水生物水质基准推导技术指南》（HJ 831—2022）	生态环境部	
	《城市污水处理工程项目建设标准》（建标198—2022）	住房和城乡建设部、国家发展改革委	
	《流域水污染物排放标准制订技术导则》（HJ 945.3—2020）	生态环境部	

续表

项目	政策名称	颁布机关	实施机构
标准	《国家水污染物排放标准制订技术导则》（HJ 945.2—2018）	生态环境部	
	《农用污泥污染物控制标准》（GB 4284—2018）	住房和城乡建设部	
	《城镇污水处理厂污泥处理稳定标准》（CJ/T 510—2017）	住房和城乡建设部	
	《湖泊营养物基准制定技术指南》（HJ 838—2017）	生态环境部	
	《人体健康水质基准制定技术指南》（HJ 837—2017）	生态环境部	
	《排污单位自行监测技术指南总则》（HJ 819—2017）	生态环境部	
	工业行业水污染物排放标准	生态环境部、国家质量监督检疫总局	
	《城镇污水处理厂污泥处理处置技术指南（试行）》（2011）	住房和城乡建设部、国家发展改革委	
	《城镇污水处理厂污泥处理处置技术规范（征求意见稿）》（2010）	生态环境部	
	《城镇污水处理厂污泥处理处置污染防治最佳可行技术指南（试行）》（2010）	生态环境部	
	《城镇污水处理厂污泥处理处置及污染防治技术政策（试行）》（2009）	住房和城乡建设部、生态环境部、科技部	
	《城镇污水处理厂污染物排放标准》（GB 18918—2002）	生态环境部、国家质量监督检疫总局	
	《地表水环境质量标准》（GB 3838—2002）	生态环境部、国家质量监督检疫总局	
	《城市污水处理及污染防治技术政策》（2000）	住房和城乡建设部、生态环境部、科技部	
	《污水综合排放标准》（GB 8978—1996）	国家质量技术监督局	

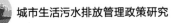

项目	政策名称	颁布机关	实施机构
规划	黄河流域生态环境保护规划（2022）	生态环境部、国家发展改革委、自然资源部、水利部	各省、自治区、直辖市人民政府
	"十四五"海洋生态环境保护规划（2022）	生态环境部、国家发展改革委、自然资源部、交通运输部、农业农村部、中国海警局	沿海省、自治区、直辖市人民政府
	"十四五"生态保护监管规划（2022）	生态环境部	各省、自治区、直辖市生态环境厅（局）
	"十四五"生态环境监测规划（2021）	生态环境部	各省、自治区、直辖市生态环境厅（局），各流域（海域）生态环境监督管理局
	"十四五"土壤、地下水和农村生态环境保护规划（2021）	生态环境部、国家发展改革委、财政部、自然资源部、住房和城乡建设部、水利部、农业农村部	各省、自治区、直辖市人民政府
	"十四五"生态环境保护综合行政执法队伍建设规划（2021）	生态环境部	各省、自治区、直辖市生态环境厅（局）
	长江三角洲区域生态环境共同保护规划（2021）	生态环境部、国家发展改革委	各省、自治区、直辖市人民政府
	"十四五"城镇污水处理及资源化利用发展规划（2021）	国家发展改革委、住房和城乡建设部	各省、自治区、直辖市发展改革委、住房城乡建设厅（建设局、建委、水务局）
	重点流域水生态环境保护规划（2021—2025年）	生态环境部、国家发展改革委、财政部、水利部	各省、自治区、直辖市人民政府，各部委、各直属机构
	大运河生态环境保护修复专项规划（2020）	生态环境部、自然资源部、国家发展改革委	各省、自治区、直辖市人民政府

项目	政策名称	颁布机关	实施机构
规划	城镇污水处理提质增效三年行动方案（2019—2021 年）	住建部、生态环境部、国家发展改革委	各省、自治区、直辖市人民政府，国务院有关部委、直属机构
	长江经济带生态环境保护规划（2017）	生态环境部、国家发展改革委、水利部	各省、自治区、直辖市人民政府
	重点流域水污染防治规划（2016—2020 年）	生态环境部、国家发展改革委、财政部、水利部	各省、自治区、直辖市人民政府，各部委、各直属机构
	国家环境保护标准"十三五"规划（2017）	生态环境部	各省、自治区、直辖市生态环境厅（局）
	"十三五"重点流域水环境综合治理建设规划（2016）	国家发展改革委	各省、自治区、直辖市人民政府
	水利改革发展"十三五"规划（2016）	国家发展改革委、水利部、住房和城乡建设部	各省、自治区、直辖市人民政府，国务院有关部门
	"十三五"全国城镇污水处理及再生利用设施建设规划（2016）	国务院办公厅	各省、自治区、直辖市人民政府，国务院各部委、各直属机构
	国家"十三五"生态环境保护规划（2016）	国务院	生态环境行政主管部门
	水污染防治行动计划（2015）	国务院	各省、自治区、直辖市人民政府，国务院各部委、各直属机构
部分规范性文件	关于推进污水资源化利用的指导意见（2021）	国家发展改革委、科技部、工业和信息化部、财政部、自然资源部、生态环境部、住房和城乡建设部、水利部、农业农村部、市场监管总局	各省、自治区、直辖市人民政府，国务院各部委、各直属机构

项目	政策名称	颁布机关	实施机构
部分规范性文件	固定污染源排污登记工作指南（2020）	生态环境部	各省、自治区、直辖市生态环境厅（局）
	城镇生活污水处理设施补短板强弱项实施方案（2020）	国家发展改革委、住房和城乡建设部	各省、自治区、直辖市发展改革委，住房和城乡建设厅（建设局、建委、城市管理局）
	关于完善长江经济带污水处理收费机制有关政策的指导意见（2020）	国家发展改革委、财政部、住房和城乡建设部、生态环境部、水利部	长江经济带各省市发展改革委、财政厅（局）、住房和城乡建设厅（建委、市政管委）、生态环境厅、水利厅（水务局）
	关于做好环境影响评价制度与排污许可制衔接相关工作的通知（2017）	生态环境部	各省、自治区、直辖市生态环境厅（局）
	控制污染物排放许可制实施方案（2016）	国务院办公厅	各省、自治区、直辖市生态环境厅（局）
	国家污染物排放标准实施评估工作指南（2016）	生态环境部	各省、自治区、直辖市生态环境厅（局）
	水体达标方案编制技术指南（2015）	生态环境部	各省、自治区、直辖市生态环境厅（局）
地方性标准及文件	《江苏省城镇污水处理厂污染物排放标准》（DB 32—4440—2022）	江苏省生态环境厅、江苏省市场监督管理局	
	《贵州省环境污染物排放标准》（DB 52—864—2022）	贵州省生态环境厅、贵州省市场监督管理局	
	《河南省黄河流域水污染物排放标准》（DB 41—2087—2021）	河南省生态环境厅、河南省市场监督管理局	
	《梁滩河流域城镇污水处理厂主要水污染物排放标准》（DB 50—963—2020）	重庆市生态环境局、重庆市市场监督管理局	
	《山西省污水综合排放标准》（DB 14—1928—2019）	山西省生态环境厅、山西省市场监督管理局	
	《上海市污水综合排放标准》（DB 31—199—2018）	上海市生态环境局、上海市质量技术监督局	

项目	政策名称	颁布机关	实施机构
地方性标准及文件	《浙江省城镇污水处理厂主要水污染物排放标准》（DB 33—2169—2018）	浙江省人民政府	
	《陕西省黄河流域污水综合排放标准》（DB 61—224—2018）	陕西省生态环境厅、陕西省市场监督管理局	
	《流域水污染物综合排放标准　第1部分：南四湖东平湖流域》（DB 37—3416.1—2018）	山东省生态环境厅、山东省市场监督管理局	
	《流域水污染物综合排放标准　第2部分：沂沭河流》（DB 37—3416.2—2018）	山东省生态环境厅、山东省市场监督管理局	
	《流域水污染物综合排放标准　第3部分：小清河流域》（DB 37—3416.3—2018）	山东省生态环境厅、山东省市场监督管理局	
	《流域水污染物综合排放标准　第4部分：海河流域》（DB 37—3416.4—2018）	山东省生态环境厅、山东省市场监督管理局	
	《流域水污染物综合排放标准　第5部分：半岛流域》（DB 37—3416.5—2018）	山东省生态环境厅、山东省市场监督管理局	
	《湖南省城镇污水处理厂主要水污染物排放标准》（DB 43—T1546—2018）	湖南省市场监督管理局	
	《湖北省汉江中下游流域污水综合排放标准》（DB 42—1318—2017）	湖北省生态环境厅、湖北省市场监督管理局	
	《巢湖流域城镇污水处理厂和工业行业主要水污染物排放限值》（DB 34—2710—2016）	安徽省生态环境厅、安徽省市场监督管理局	
	《河北省城镇排水与污水处理管理办法》（2016）	河北省住房和城乡建设厅	
	《天津市城镇污水处理厂污染物排放标准》（DB 12—599—2015）	天津市生态环境局、天津市质量监督管理委员会	
	《北京市水污染物综合排放标准》（DB 11/307—2013）	北京市生态环境局、北京市质量技术监督局	

项目	政策名称	颁布机关	实施机构
地方性标准及文件	《北京市城镇污水处理厂污染物排放标准》（DB 11/890—2012）		北京市生态环境局、北京市质量技术监督局
	《辽宁省污水综合排放标准》（DB 21—1627—2008）		辽宁省生态环境厅、辽宁省市场监督管理局
	《广东省水污染物排放限值》（DB 44—26—2001）		广东省生态环境厅、广东省市场监督管理局
	上海市超标排放加价污水处理费征收实施细则（2023）		上海市水务局、上海市发展改革委、上海市财政局
	吉林市人民政府办公室关于调整城区污水处理收费标准的通知（2022）		吉林市人民政府办公室
	天津市污水处理费征收使用管理办法（2021）		天津市财政局、天津市发展改革委、天津市水务局
	青海省污水处理费征收使用实施办法（征求意见稿）（2021）		青海省财政厅、青海省发展改革委、青海省住房和城乡建设厅
	宁夏回族自治区排污权有偿使用和交易价格管理办法（2021）		宁夏回族自治区发展改革委、财政厅、生态环境厅
	海南省污水处理费征收使用管理办法（2018）		海南省财政厅、海南省物价局、海南省水务厅
	广东省关于污水处理费征收使用管理的实施细则（2017）		广东省住房和城乡建设厅、广东省财政厅、广东省发展改革委
	贵州省污水处理费征收使用管理实施办法（2017）		贵州省财政厅、贵州省发展改革委、贵州省住房和城乡建设厅、贵州省生态环境厅、贵州省水利厅
	河北省城镇污水处理费征收使用实施办法（2016）		河北省财政厅、河北省物价局、河北省住房和城乡建设厅
	上海市污水处理费征收使用管理实施办法（2016）		上海市水务局、上海市发展改革委、上海市财政局

项目	政策名称	颁布机关	实施机构
地方性标准及文件	江苏省污水处理费征收使用管理实施办法（2016）		江苏省财政厅、江苏省物价局、江苏省住房和城乡建设厅、江苏省水利厅、江苏省生态环境厅
	江西省污水处理费征收使用管理实施办法（2016）		江西省财政厅、江西省发展改革委、江西省住房和城乡建设厅
	山西省污水处理费征收使用管理实施办法（2015）		山西省财政厅、山西省物价局、山西省住房和城乡建设厅
	内蒙古自治区城镇污水处理费征收使用管理实施办法（2015）		内蒙古自治区财政厅、内蒙古自治区发展改革委、内蒙古自治区住房和城乡建设厅
	浙江省污水处理费征收使用管理办法（2015）		浙江省财政厅、浙江省物价局、浙江省住房和城乡建设厅
	北京市污水处理费征收使用管理办法（2014）		北京市财政局、北京市水务局、北京市发展改革委
	辽宁省城市污水处理费征收使用管理办法（2009）		辽宁省人民政府
	湖北省城市污水处理费征收使用暂行办法（2008）		湖北省人民政府
	广西壮族自治区城镇污水处理费征收管理暂行办法（2008）		广西壮族自治区物价局、财政厅
	山东省城市污水处理费征收使用管理办法（2006）		山东省人民政府办公厅
	安徽省城市污水处理费管理暂行办法（2005）		安徽省人民政府
	河南省城市污水处理费征收使用管理办法（2005）		河南省人民政府
	四川省城市生活污水处理费收费管理办法（2005）		四川省物价局、四川省发展改革委、四川省住房和城乡建设厅、四川省生态环境厅
	陕西省城市污水处理费收缴办法（2004）		陕西省人民政府
	福建省城市污水处理收费管理暂行办法（2001）		福建省人民政府
	重庆市城市污水处理费征收管理办法（1998）		重庆市人民政府

以《水污染防治法》为核心，城市生活污水排放管理政策框架体系包括横向的与水环境保护及水污染防治相关的且适用的各种污染防治法律法规。如《行政处罚法》《长江保护法》《固体废物污染环境防治法》《环境影响评价法》《循环经济促进法》《土壤污染防治法》《环境保护税法》《标准化法》《海洋环境保护法》《水法》《清洁生产促进法》等。以上法律形成了我国水环境保护的法律制度体系，这些法律为我国城市生活污水排放管理政策的制定和实施提供了法律依据。

城市生活污水排放管理政策框架体系还包括纵向的与水环境保护和水污染防治相关的行政法规、部门规章、标准、规划、规范性文件以及技术导则等。为了落实和执行水环境保护、污染防治的法律，国务院制定实施了一系列行政法规，如《地下水管理条例》《排污许可管理条例》《政府信息公开条例》《全国污染源普查条例》《环境保护税法实施条例》《城镇排水与污水处理条例》《规划环境影响评价条例》等。此外，针对一些重点流域的水环境保护和污染防治，国务院还制定颁布了《太湖流域管理条例》和《淮河流域水污染防治暂行条例》。除了国家立法之外，近年来地方立法也有了很大的进展。许多省、自治区、直辖市都制定了一系列相关的地方法规，如《浙江省水污染防治条例》《湖北省水污染防治条例》《山东省水污染防治条例》《河南省水污染防治条例》《江苏省太湖水污染防治条例》《江苏省长江水污染防治条例》等，这些地方性法规在各地城市生活污水排放管理中都发挥了重要作用。水环境保护和水污染防治方面的综合性法规《水污染防治法实施细则》（2000）已于2018年废止，但《水污染防治法》修订至今，我们仍然没有制定一部与新的法律目标配套的执行细则。

水环境保护和水污染防治方面的部门规章是针对环境管理的主要制度和水环境保护的特定领域制定的，包括环境标准管理、环境监测、环评、限期治理、环境统计、排污申报、排污许可分类管理、环境信息公开、公众参与、行政执法后监督、饮用水源保护、突发环境事件、城市管网资金安排、污水处理费征收使用等方面的规章。

环境保护标准指环境质量标准、污染物排放标准、环境监测标准和基础标准等。水环境质量标准和污水排放标准是我国水环境保护标准体系的主要组成部分。水环境质量标准，简称水质标准，是以水环境质量基准为理论依据，在综合考虑自然条件和国家或地区的人文社会、经济水平、技术条件等因素的基础上，经过综合分析而制定的，是由国家有关管理部门颁布的水环境中目标污染物的管理阈值或限度，具有法律效力（刘征涛，2012）。它是设定流域水质目标、计算水环境容量和制定水污染物排放标准的依据，在水环境管理中具有极其重要的作用。我国现行水环境质量标准是 2002 年 4 月 28 日发布的《地表水环境质量标准》（GB 3838—2002）。水污染物排放标准是对污染源水污染物排放所规定的各种形式的法定允许值及要求（蒋展鹏，2005）。经过30 多年的发展，我国现已形成《污水综合排放标准》（GB 8978—1996）、《城镇污水处理厂污染物排放标准》（GB 18918—2002）和纺织、兵器、造纸、合成氨、钢铁、磷肥、柠檬酸、电镀、制药等重点行业水污染物排放标准互为补充的国家水污染物排放标准体系。同时，国家各部委也制定了污泥处置的排放标准。此外，为科学、规范地制定国家水质标准和水污染物排放标准，生态环境部制定了《流域水污染物排放标准制订技术导则》《国家水污染物排放标准制订技术导则》《淡水生物水质基准推导技术指南》《湖泊营养物基准制定技术指南》《人体健康水质基准制定技术指南》《排污单位自行监测技术指南总则》等相关导则与指南。

除此之外，近年来地方标准、规范性文件也取得了较大进展。许多省、自治区、直辖市都制定了一系列相关的地方标准和规范性文件，如《江苏省城镇污水处理厂污染物排放标准》《浙江省城镇污水处理厂主要水污染物排放标准》《河北省城镇排水与污水处理管理办法》《天津市污水处理费征收使用管理办法》《海南省污水处理费征收使用管理办法》等。

第5章 我国城市生活污水排放管理政策评估

本章在结合理论基础和我国城市生活污水排放管理的基础上，梳理我国城市生活污水排放管理的政策目标体系，构建政策评估框架，回答政策是否实现其最终目标、直接目标，为评判我国城市生活污水排放管理政策提供评估结论。

5.1 政策框架体系评估

5.1.1 城市生活污水排放管理政策评估

在我国，与城市生活污水排放管理相关的政策法规较多，本书4.7节已进行了详细的介绍，此处仅对相关性较大的政策、比较重要的法规进行解读。

《水污染防治法》是我国水污染防治政策的核心，是使排污主体明确各种防治方法、防治措施，完善监督机制，加强监督力度，规范各项工作的法律。《水污染防治法》第四章第三节"城镇水污染防治"中对城市生活污水处理厂提出了要求，但是并没有详细的可以遵循的执法要求。

排污许可证以排放标准为核心，将排污单位应执行的相关法规要求、排放标准以及技术规范等内容具体化，明确至每个排污单位，以监测、记录和报告为实施关键的微观政策工具。《控制污染物排放许可制实施方案》明确了排污许可证制度在我国污染源排放控制中的核心地位。目前，可以在排污许可信息管理平台进行排污许可证的申请，排污单位通过平台填报并提交许可证信息，然后政府相关核发机构对申请材料进行审核并决定是否受理。从目前平台发布的信息来看，排污单位申请填报的信息基本以表格的形式呈现，对排污单位排放管理的定性要求描述还需进一步细化。

《排污许可管理条例》肯定了点源排放管理制度的法律地位和排污许可证

副本中载明的事项，如排污口位置和数量、排放方式、许可排放浓度、许可排放量等。但是针对城市生活污水处理厂排放量大、入口端污染物复杂、出口端排放水体多样的现状，《排污许可管理条例》未能进行细化和明确。

《城镇排水与污水处理条例》要求城镇污水处理设施的运营单位必须保证出水水质符合国家和地方排放标准，不得排放不达标污水，同时要按期向社会公开运行信息，并接受相关部门和社会民众的监督。同时，要求排水户应当按照污水排入排水管网许可证的要求排放污水，排放的污水应符合国家或者地方规定的有关排放标准。现有的标准基本上都是国家行业技术标准，排放标准包含的配套政策——比如监测方案的考虑尚不全面，也没有对监测方案提出具体的规定，无法核实排污许可证信息的完整性和真实性。

总体来看，我国城市生活污水处理厂排放管理政策包括了法律、行政法规、部门规章、规范性文件、规划、技术标准和规范等各个层级的政策。但是，不同排放控制政策之间较为分散，且衔接也不充分，尚未形成一个完整的城市生活污水排放管理的政策体系。

5.1.2　排放至城市生活污水处理厂工商业点源的管理政策评估

我国预处理相关法律法规支撑不足。对纳管工商业点源间接排放的监管是我国水污染防治的重要内容。目前，我国颁布了《水污染防治法》《城镇排水与污水处理条例》《水污染防治行动计划》等法律法规，明确提出排入管网的工商业废水需进行预处理的要求。《城市污水处理及污染防治技术政策》中规定，"对排入城市污水收集系统的工业废水应严格控制重金属、有毒有害污染物，并在厂内进行预处理，使其达到国家和行业规定的排放标准"。2016 年《控制污染物排放许可制实施方案》确定了排污许可证制度的核心地位，要求直接排放和间接排放均需持证排放。《排污许可管理条例》和《排污许可管理办法（试行）》[①]的颁布，进一步规定了排污许可证核发程序等内容，细化

---

　　① 《排污许可管理条例》颁布实施前，排污许可证的内容、申请与核发、实施监管、法律责任等以《排污许可管理办法（试行）》为依据，但二者在法律地位、规定内容等方面有诸多不同。《排污许可管理条例》是国务院颁布实施的行政法规，《排污许可管理办法（试行）》是生态环境部颁布实施的部门规章。行政法规是指国务院制定并且颁布的规范性文件，它的法律地位以及效应是仅次于宪法和法律的，部门规章则属于行政性法律的规范性文件，与其他地方性法规一样需要配合宪法、法律以及行政法规中的内容，不能与它们相冲。行政法规的法律效应是高于部门规章的，由此可知，《排污许可管理条例》的法律地位是高于《排污许可管理办法（试行）》的，两者内容不一致时应按照《排污许可管理条例》执行。

了生态环境部门、排污单位和第三方机构的法律责任。

上述法律法规中虽均提及间接排放预处理的要求，但内容较少，且重点是对预处理后达标排放（工业废水接管水质）的要求，未将预处理技术要求与直接排放要求进行区分，未对预处理技术、实施主体责任及预处理监管要求等进行规定。对于排污企业超标或是达标排入管网经污水集中处理后产生环境问题是否应承担相应连带责任的问题还无明确规定。

5.1.3 污泥排放管理政策评估

城市生活污水处理厂污泥是指生活污水处理后留下的任何固体、半固体或液体残留物。污泥中一般含有大量的有机物，丰富的氮、磷、钾和微量元素，还含有重金属、细菌、寄生虫以及某些难分解的有毒物质。若处理不当，这些物质进入水体与土壤中将造成严重的环境污染。因此，必须妥善、科学地对污泥的排放进行管理。

近年来，国家出台了一系列政策、国家标准、行业标准和相关的技术指南推动我国污泥排放管理，为我国生态环境改善奠定了政策基础（见表5-1）。国家对污泥排放管理的规范支持政策经历了从"重水轻泥"到"泥水并重"的转变。从1984年首次提出污泥农用的安全指导，到2015年的《水污染防治行动计划》提出"2020年底地级及以上城市污泥无害化处置率大于90%"，再到2021年的《"十四五"城镇污水处理及资源化利用发展规划》中提出"到2035年全面实现污泥无害化处理"，一系列政策的发布充分体现了国家对于污泥排放管理的高度重视。

表5-1 我国污泥排放管理相关政策

时间	名称	发布部门	主要内容
2022年9月	《污泥无害化处理和资源化利用实施方案》	国家发展改革委、住房和城乡建设部、生态环境部	到2025年，全国新增污泥（含水率80%的湿污泥）无害化处置设施规模不少于2万吨/日，城市污泥无害化处置率达到90%以上，地级及以上城市达到95%以上，基本形成设施完备、运行安全、绿色低碳、监管有效的污泥无害化资源化处理体系，污泥土地利用方式得到有效推广
2022年2月	《关于加快推进城镇环境基础设施建设的指导意见》	国家发展改革委	预计到2025年，地级及以上缺水城市污水资源化利用率超过25%，城市污泥无害化处置率达到90%

续表

时间	名称	发布部门	主要内容
2021 年 6 月	《"十四五"城镇污水处理及资源化利用发展规划》	国家发展改革委、住房和城乡建设部	到 2025 年,城市和县城污泥无害化、资源化利用水平进一步提升,城市污泥无害化处置率达到 90% 以上;到 2035 年,全面实现污泥无害化处理,污水污泥资源化利用水平显著提升
2021 年 2 月	《中华人民共和国国民经济和社会发展第十四个五年规划和 2035 年远景目标纲要》	全国人大常委会	推进城镇污水管网全覆盖,开展污水处理差别化精准提标,推广污泥集中焚烧无害化处理,城市污泥无害化处置率达到 90%,地级及以上缺水城市污水资源化利用率超过 25%
2021 年 2 月	《国务院关于加快建立健全绿色低碳循环发展经济体系的指导意见》	国务院	推进城镇生活污水收集处理设施"厂网一体化",加快建设污泥无害化资源化处置设施,因地制宜布局五水资源化利用设施,基本消除城市黑臭水体
2021 年 1 月	《关于推进污水资源化利用的指导意见》	国家发展改革委、科技部、工业和信息化部	积极推进污泥无害化资源化利用设施建设;因地制宜开展再生水利用、污泥资源化利用;重点突破污水深度处理、污泥资源化利用共性和关键技术装备
2020 年 12 月	《关于进一步规范城镇(园区)污水处理环境管理的通知》	生态环境部	统筹安排建设城镇(园区)污水集中处理设施及配套管网、污泥处理处置设施;推动落实管网收集、污水处理、污泥无害化处理和资源化利用、再生水利用等相关工作
2020 年 7 月	《城镇生活污水处理设施补短板强弱项实施方案》	住房和城乡建设部、国家发展改革委	到 2025 年,城市污泥无害化处置率和资源化利用率进一步提高
2019 年 5 月	《城镇污水处理提质增效三年行动方案(2019—2021)》	住房和城乡建设部、生态环境部、国家发展改革委	地方各级人民政府要尽快将污水处理收费标准调整到位,原则上应当补偿污水处理和污泥处理处置设施正常运营成本并合理盈利
2018 年 7 月	《关于创新和完善促进绿色发展价格机制的意见》	国家发展改革委	按照补偿污水处理和污泥处置设置运营成本和合理盈利的原则,加快制定污水处理费标准,并依据定期评估结果动态调整
2017 年 6 月	《水污染防治法》	全国人大常委会	城镇污水集中处理设施的运营单位或者污泥处理处置单位应当安全处置污泥,保证处理处置之后的污泥符合国家标准,并对污泥的去向等进行记录
2015 年 4 月	《水污染防治行动计划》	国务院	污水处理设施产生的污泥应进行稳定化、无害化和资源化处理处置,禁止处理处置不达标的污泥进入耕地

污泥排放管理的目标是产生的污泥全部得到安全处置。污泥安全处置事关城市生活污水处理投资的最终效果，也是目前我国环境管理的弱项。各政策之间也较为分散，尚未形成一个完整的污泥排放管理政策体系。污泥的安全处置是指污泥的处置符合填埋、焚烧、土地利用、建材利用的标准要求。但由于污泥排放管理涉及多个责任主体，政策中并没有详细的可以遵循的执法要求，部分法律制度、标准规范仅是原则性规定，污染物指标的设定和限制、环保和安全措施、污泥处理处置技术及设备等方面需要补充完善具体方案，提高可操作性。比如，污泥排放标准中缺少对监测记录报告部分的要求，缺乏核查与监督机制，无法对污泥是否安全处置全过程进行监管。我国的污泥排放管理需进一步按照标准严格执行，严格出厂后的污泥去向监管，公开污泥排放管理信息，保证污泥被 100%安全处置。

5.2 评估框架

5.2.1 评估目标

政策评估可以说是对政策实现其预期目标程度的评价。因此，对于任何一项政策评估研究而言，都要首先明确政策的目标，并在此基础上建立政策评估的标准。目标的确定是将管理政策的问题解决方式、程度明确化，是系统评估管理政策问题和衡量管理政策行动是否有效的重要指标。从政策发生作用的过程来讲，政策目标可以划分为最终目标、直接目标。最终目标是排放的污水满足排入地表水体的水质达标或满足地表水体的指定功能，即保障地表水质达标；直接目标是实现城市生活污水处理厂连续稳定达标排放。"连续稳定达标排放"是指城市生活污水处理厂在时间和空间尺度上均按照排放标准的要求排放污染物。为了保证"连续稳定"，时间尺度上应保证月均值、周均值或日均值的排放都要达到一定的要求，这些要求均应在排放标准中做出明确规定。"达标排放"即所排放的污染物要做到 100%达标排放，并且污泥要做到 100%安全处置。此外，为了保证城市生活污水处理厂对污染物的处理效果，还应将进水水质控制在合理范围内。

5.2.2 评估内容

本书对政策的评估从三个层次着手：一是政策目标层次；二是管理制度

层次；三是管理机制层次。

政策目标是政策的价值和指向，代表着政策期望对社会做出什么样的概念。政策的本质是权利的分配，政策作为政治的表达结果，也代表着对全社会期望实现的权利的优先性排序——环境利益、经济利益、社会利益究竟何者为先、何者为后。因承载着这一核心作用，政策目标影响着政策体系的方向和效果，是政策手段的设计依据，处于政策框架的最顶层。在政策目标层次，本书通过现有法律法规和生态环境保护规划、水污染防治行动计划的规定，讨论我国城市生活污水排放管理政策究竟围绕着什么目标，分析目标制定是否清晰、科学，是否可操作、可落实。

管理制度位于政策体系的中间层，上承接政策目标，下承接污染源管理，发挥着非常关键的作用。管理制度的目的是按照一定的科学依据和民主决策程序，将政策目标分解到具体污染源的排放控制要求上。在管理制度层次，本书会分析我国城市生活污水排放管理方面的主要政策手段，如预处理、排放标准、总量控制、排污许可证、污水处理费等，评估以上政策是否合理、科学，能否保障人体健康和水生态安全，能否保障地表水质达标。

管理机制是为了落实管理制度的要求，促使工商业点源和城市生活污水处理厂等排污单位履行污染治理责任而对各类污染源开展的各项行动。出于对经济利益的追求，即使政府规定了排污单位的治理责任，在缺乏监督和激励机制的情况下，工商业点源和城市生活污水处理厂也不会自发履行责任。因此，政府需要通过信息机制、违法判定机制、问责处罚机制等手段监督排污单位的守法情况，惩处排污单位的违法行为，才能促使排污单位遵守管理制度的要求。管理机制位于政策体系的最底层，其目的是通过一系列的机制设计，减少排污单位违法的机会。在管理机制层，本书主要基于排污许可证，分析生态环境管理部门对工商业点源、城市生活污水处理厂等排污单位采用的信息机制、违法判定机制、问责处罚机制，评估以上管理机制能否督促工商业点源、城市生活污水处理厂履行污染治理责任。

5.3　政策目标评估

水环境保护政策的目标是水环境保护政策体系的核心，指导着整个政策体系的设计。城市生活污水排放管理政策是水环境保护政策的一部分，其政策手段、管理机制也需要围绕水环境保护政策的目标进行设计。在美国城市生活污水排放管理制度中，水环境保护政策的目标是"恢复和保持国家水体化学、物理和生物的完整性"，并且要求在美国的所有地表水体都要尽可能实现这个目标。这种表述可以视为对水质理想状况的描述，同时其他的政策安排——水质标准、排放标准、TMDL 等也都围绕这个目标来设计（李涛，2019）。政策目标是否科学、合理、可操作，直接影响各项政策的制定方向、管理制度的设计和实施效果。政策目标应清晰、明确，既能反映水环境保护的具体要求，又能将目标进行分解，为实际执行和管理提供评价依据。

5.3.1 立法目标不明确

《水污染防治法》是我国水环境保护的专项法规，详细规定了水污染防治的标准和规划、监督管理、水污染防治措施、违法责任等内容的要求。《水污染防治法》在第一条法律的总目标中提出"保护和改善环境，防治水污染，保护水环境，保障饮用水安全，维护公众健康，促进经济社会可持续发展"。从表述来看，这段文字提出了我国水环境保护工作的总方向，并没有对什么是"可持续发展的水环境"给予明确的界定，没有"恢复和保持国家水体化学、物理和生物的完整性"这类科学描述，也没有明确指出改善水环境到什么程度，更没有明确的衡量指标，即所有的地表水水体都实现水环境功能要求，唯一能够明确的就是"保障饮用水安全"。水环境质量标准是城市生活污水排放管理的目标和要求，法律中也对水环境质量标准的作用做出了规定，但并没有强调水环境质量标准在地表水环境管理中的重要性，"所有地表水质达标"这一核心要求以及水质"反退化"基本原则并没有被明确提出，使得水环境质量标准的法律地位和约束性被大大削弱（任慕华，2023）。

同时《水污染防治法》修订至今，我们仍然没有一部与新的法律目标配套的执行细则[①]。这说明 2018 年之前管理我国水环境保护工作的是 2000 年发布的，配合《水污染防治法》（1996）修订且以促进经济建设发展为立法目标的《水污染防治法实施细则》（2000）[②]。所以，从整体上看，我国水环境保护立法目标是不明确的，水环境保护工作仍然是让步于经济建设发展的，

---

① 《水污染防治法实施细则》（2000）于 2018 年废止。
② 从 1984 年《水污染防治法》建立到 2008 年该法的第三次修订之前，我国的水环境保护目标一直都是"保护和改善环境，保障人体健康，保证水资源的有效利用，促进社会主义现代化建设的发展"。

我们需要在法律层面给出一个明确的水环境保护目标。

5.3.2　规划目标不清晰

《水污染防治行动计划》提出水环境保护的目标是"污染严重水体较大幅度减少""水生态系统功能初步恢复"等，《水污染防治行动计划》在法律目标的基础上有所进步，提出"生态环境状况有所好转""生态环境质量全面改善"的要求。《"十四五"重点流域水环境综合治理规划》提出水环境保护的目标是"基本消除城市黑臭水体""水质达标率持续提高""水环境质量持续改善""污染严重水体基本消除""劣Ⅴ类水体基本消除"等。《"十四五"城镇污水处理及资源化利用发展规划》提出"城市生活污水收集管网基本全覆盖""全面实现污泥无害化处置""污水污泥资源化利用水平显著提升"等。

通过以上分析，我们可以看出我国水环境保护规划的水质目标较为模糊，缺乏管理意义，只提出水质改善，但改善到什么程度，没有明确的界定，并没有明确提出实现水体100%达标或全部消除劣Ⅴ类水体。这说明在绝大多数决策者心目中100%水质达标或者全面消除劣Ⅴ类水体的目标是不可能实现的。这一方面取决于我国地表水体不达标的情况普遍存在，实现水质达标需要很大努力，另一方面也是由于法律中并没有明确规定水体水质必须达标，在这一问题上含糊其词。

5.3.3　重"总量"，轻"水质"

《中华人民共和国国民经济和社会发展第十四个五年规划和2035年远景目标纲要》明确提出，"化学需氧量和氨氮的排放总量分别下降8%，基本消除劣Ⅴ类国控断面和城市黑臭水体"。但以化学需氧量、氨氮为主要污染物的总量控制手段与某一具体水体的水质保护并没有直接联系。目前我国水污染排放控制项目已经达到上百项，并且每个河流都会有数量众多的、受到各种污染的水体，我们不可能依赖针对几种重点污染物的总量控制手段来实现全部排放控制项目的环境质量达标。另外，总量减排指标的确定缺乏科学论证，没有明确的证据证明水污染物排放总量减排与水环境质量的改善呈现直接的响应关系，化学需氧量、氨氮排放总量五年累计下降8%的决定难以衡量目标的实现与否对公众健康和水环境质量改善的影响。

5.4 政策手段评估

按照政府干预程度的不同，环境政策手段可分为命令控制型手段、经济刺激型手段和劝说鼓励型手段三类。目前，我国实施的城市生活污水排放管理政策主要包括前两类。一类是命令控制型手段，包括排污许可证制度、排放标准制度、环境影响评价制度、"三同时"制度、排污申报登记制度、总量控制制度等。从严格意义上来讲，总量控制本身并不是政策手段，而是城市生活污水排放管理的控制目标之一，总量控制的落实有赖于其他政策手段（如环境影响评价、排污许可证等）。另一类是经济刺激型手段，主要包括污水处理费制度、环境税制度和排污权交易制度。尽管排污权交易制度作为引进的经济刺激手段在我国已有 30 多年的发展历史，但到目前为止，尚处在试点阶段。制度本身还存在诸如法律保障欠缺、市场价格机制不健全、配额分配依据和分配方法界定不明、污染源监管能力不足以及与现行政策手段缺乏协调性等问题。

政策手段是为实现政策目标而采取的具体政策方案或措施。因此，政策手段的评估需围绕政策目标展开。评估的主要内容就是评价所采用的政策手段对于既定政策目标的适宜性和针对性。结合本章的评估目标，本节对政策手段的评估将围绕政策手段的具体实施过程对目标达成的影响，通过分析不同政策手段在城市生活污水排放管理政策系统中的定位及实践过程中各项政策手段间的协调性，识别政策在执行过程中存在的偏差及问题，为城市生活污水排放管理制度设计奠定基础。基于以上分析，本节将主要评估现行城市生活污水排放管理政策中几项较为成熟的、与本书拟设计的城市生活污水排放管理制度密切相关的环境政策手段，包括环境影响评价、预处理、排放标准、总量控制、排污许可证、污水处理费等。

5.4.1 环境影响评价

环境影响评价，是我国最早提出的命令控制型政策手段。与排污许可证、总量控制、环境保护税等政策手段相比，环境影响评价政策体系最为完善，且每年环评执行率逼近 100%。建设规划项目的地表水环境影响评价主要依据 2019 年 3 月实施的《环境影响评价技术导则——地表水环境》（HJ 2.3—2018），相比于 1993 年的《环境影响评价技术导则——地面水环境》（HJ/T 2.3—93），该导则借鉴了美国反退化政策的经验，按照"水质只能越来越好，不能变差"的管理要求，强化了点源—排放口—受纳水体—控制断面的物理联系，建立了基于水环境功能区的达标评价体系和污染源排放量核算体系。虽然导则的修订一定程度上加强了保障地表水质达标的目的，但该导则是以一种断面控制单元加安全余量预留的方法，对水域污染进行防控和治理。控制单元是综合考虑水体、汇水范围和控制断面三要素的空间管控范围，而当前控制断面不足，大部分控制单元内仅有一个控制断面，无法有效搭建断面与水质的响应关系，众多点源对水质的影响只能根据少数的控制断面判定，这种管理单元过大的情况导致水质目标的保护措施无法落实到具体的点源上。

目前我国的环评确保的是点源具备最佳治理能力，是对点源未来处理水平的最佳估计，满足"初步达标排放"要求。同时，环评作为点源"准入门槛"，属于预防为主的事前控制手段，缺乏后评估机制，无法实现点源水污染物排放全过程控制，能否实现"连续稳定达标排放"需要点源在环评通过后按照排污许可证要求执行并做好衔接，以作为核查的依据。最新的环评导则在区域水污染源调查中提出，在地表水环境影响评价中将污染源排放量作为新（扩）建项目申请污染物排放许可的依据，实现新污染源环境影响评价与排污许可证的有效衔接等。虽然导则提出与排污许可证的有效衔接作用，但也只是数据上的互相支持与补充，环评"不可持续"的本质依然存在，真正将排污许可证的全过程控制与环评的后续监督评价做到有效衔接还相去甚远（任慕华，2023）。

此外，环评政策在执行中存在偏差，由于过往缺乏规范的核查手段、监管不到位，调查中发现"限期补办"项目仍有存在，且部分项目环评批复时间过于久远，与实际产排污情况严重不符，加之缺乏公众参与和信息公开，一定程度上也降低了政策效果（李涛，2020）。

5.4.2　预处理

我国预处理实施指导规范出台滞后，缺乏相应排放标准。《污水综合排放标准》（GB 8978—1996）是我国工商业点源排放至城市生活污水处理厂应遵守的标准。此后，《污水排入城镇下水道水质标准》（GB/T 31962—2015）也对工商业点源间接排放做出了规定。《国家水污染物排放标准制订技术导则》

（HJ 945.2—2018）明确规定，"对于其他水污染物，如果排向城镇污水集中处理设施，应根据行业污水特征、污染防治技术水平以及城镇污水集中处理设施处理工艺确定间接排放限值，原则上其间接排放限值不宽于《污水综合排放标准》规定的相应间接排放限值，但对于可生化性较好的农副食品加工工业等污水，可执行协商限值"。由此可以看出，相较于我国工商业废水预处理的要求，上述指导文件出台相对滞后。

目前，我国约有 64 项水污染物排放标准，其中只有部分标准涉及间接排放的控制要求。在地方水污染物排放标准中，仅有浙江、河北、河南和山东等省份颁布了通用型间接排放标准，缺乏行业型间接排放标准。同时，规定间接排放限值的污染物大部分都是常规污染物，对有毒有害污染物的间接排放缺乏详细的规定。《污水排入城镇下水道水质标准》作为我国废水间接排放的主要依据，根据下水道末端是否设有污水处理厂及污水处理厂的处理程度，规定了 35 种有毒有害污染物 3 个级别的排放限值。但在我国排污单位众多、行业种类纷杂的情况下，该标准的管控目标有待增加。此外，相关标准中可以遵守并执行的规定并不清晰，监测与报告方案缺失，预处理要求无法起到应有的作用和效果。相关标准也没有可以执行的制度条例和措施，在监管上没有可以遵循的法律法规。

制度的缺位使得很多工商业点源将废水在没有中间严格监管的情况下，混合很多有毒有害物质一并排放至城市生活污水处理厂，这在一定程度上会影响城市生活污水处理厂的稳定运行。

5.4.3 排放标准

（1）城市生活污水处理水污染物排放标准制度体系不完善

我国城市生活污水处理水污染物排放标准经历了从《污水综合排放标准》（GB 8978—1988）、《城市污水处理厂污水污泥排放标准》（CJ 3025—1993）、《污水综合排放标准》（GB 8978—1996）到《城镇污水处理厂污染物排放标准》（GB 18918—2002）的发展历程。

我国城市生活污水处理排放标准在制定过程中缺少类似 NPDES 排污许可证的制度基础和类似《联邦水污染控制法》《清洁水法》的法律依据。在我国水环境保护相关法律法规中，仅有《水污染防治法》（2017）第二章第十四条和第十五条提及污水处理排放标准的制定。排放标准根据不同时期的不同需求而制定，其指标和排放限值的确定缺乏体系保障。

（2）污水处理技术水平与国家标准的要求有一定差距

目前，国内已建成的城市生活污水处理厂部分仍未达到《城镇污水处理厂污染物排放标准》（GB 18918—2002）的要求。虽然北京市城市生活污水处理水平较高，但仍有污水处理厂出水不能达到国家排放标准，与北京市排放标准的限值则相距更远（文扬，2017）。其中，最主要的原因是国家标准对各项指标限值都要求较严格。GB 18918—2002 标准分为四级标准，在实际工作中主要执行一级 B 标准，一级 B 标准规定 COD≤60 毫克/升、BOD≤20 毫克/升、SS≤20 毫克/升、NH_3-N≤8 毫克/升、TN≤20 毫克/升、TP≤1 毫克/升。美国污水处理厂的设计运行水平均领先于中国（郭凡礼，2014），而我国执行的一级 B 标准严于 TBELs 的二级处理标准，显然与实际不符[①]。对于小型污水处理厂，由于抗冲击负荷能力较弱，进水水量水质波动对于处理效果影响很大，很难达到日均值的要求。美国标准充分考虑了小型污水处理厂的需求，并且针对部分地区还放宽了要求，从实际情况来看更为合理。

国家标准面向的是全国各地的污水处理厂，但各地污水处理厂的进水来源、污染物种类、运行情况和受纳水体水环境容量均不相同。在不同地区，对于不同的污染物有不同程度的排放要求。若对各项污染物指标都统一严格要求，不仅增加了污水处理厂的处理成本，而且将导致大部分污水处理厂出水无法达标。因此，国家标准应根据当前污水处理技术水平和污染物排放情况，制定大部分污水处理厂能够且必须达到的宽松标准，再辅以地方标准，使受纳水体水质达到水环境质量目标。

（3）去除率指标与监测指标选取方面的问题

虽然美国的二级处理标准更为宽松，但其去除率指标却比我国更为严格。美国标准中 BOD_5 和 TSS 的 30 日平均去除率均不得低于 85%，而我国在进水有机物浓度较大的时候，仅要求 COD 去除率达到 60%、BOD_5 去除率达到50%。也就是说，当进水 BOD_5 浓度为 160 毫克/升时，出水 BOD_5 浓度 80 毫克/升就能达标，这与二级标准中 BOD_5 日均值浓度达到 30 毫克/升的要求相去甚远，显然我国的去除率指标太过宽松。

---

① 美国的二级处理标准要比我国的标准宽松得多。美国标准要求的是 30 日平均值和 7 日平均值，而我国要求的是日平均浓度。

在美国的常规污染物指标中没有 COD，而我国将 COD 作为主要污染物指标。COD 表示废水中能被化学氧化剂氧化的污染物，检测仅需要几个小时；但 BOD_5 表示水体中可以生物降解的污染物，其检测需要 5 天的时间。可见，美国更多的是考虑实际水体的自净能力，而我国根据实际情况更多的是考虑监测方便。

（4）缺少满足受纳水体水质要求的排放标准

水污染物排放标准应该在水质标准的基础上制定，确保水质达标。当水体自净能力或水环境容量很大时，水污染物排放标准可以低于水质标准；反之，如果受纳水体水质已经低于水质标准，天然来水水质也低于水质标准或者没有天然来水，排放标准也低于水质标准，达到排放标准的废（污）水必然会对水环境造成污染，无法实现水质达标（李涛，2020）。

如前所示，我国城市污水处理厂的出水水质标准采用"一刀切"的方式，没有考虑地域的不同、水资源禀赋和经济发展不平衡等差异性问题，在水环境保护的天平上失去了应有的分量。目前，我国大部分地区并没有根据当地的受纳水体环境容量制定地方标准，统一执行 GB 18918—2002 标准。即使是该标准中最严格的一级 A 标准，也无法满足部分地区的水质要求，具体见表 5-2、表 5-3。通过对比可知，一级 A、一级 B、二级标准指标限值均低于地表 V 类水标准。GB 18918—2002 标准中的 COD 排放限值是排入水体水质标准限值的 2.5~3 倍，几种重金属污染物排放限值是排入水体水质标准限值的 2~10 倍。

因此，我国现有污水处理厂水污染物排放标准与水质达标没有直接联系，没有符合水环境保护目标的、能够真正保护水体水质的排放标准。尽管统一的排放标准规定了污染物排放限值，但缺乏基于水质的排放标准使得污水处理厂达标排放与水质达标没有直接关系，即使流域内所有的污水处理厂达标排放，也无法保证水环境质量目标的实现。比如我国海河流域很多地区已经没有水环境容量且无地表径流，在这样的情况下仍不断向现状已为劣 V 类的水体中"合法且达标"地排放劣 V 类污水，这样的排放水根本不可能改善受纳水体的水环境质量。为了达到水环境质量的要求，仅仅依靠国家标准是远远不够的。水体敏感地区应该根据当地的水环境容量制定更加严格的地方标准。

表 5-2 污水处理厂污染物排放标准和地表水环境质量标准对比（一）

水环境指标	地表水环境质量标准					污水处理厂污染物排放标准		
	Ⅰ类	Ⅱ类	Ⅲ类	Ⅳ类	Ⅴ类	一级 A	一级 B	二级
COD	15	15	20	30	40	50	60	100
BOD_5	3	3	4	6	10	10	20	30
NH_3-N	0.15	0.5	1	1.5	2	5	8	25
TN	0.2	0.5	1	1.5	2	15	20	—
TP	0.02 (0.01)	0.1 (0.025)	0.2 (0.05)	0.3 (0.1)	0.4 (0.2)	0.5	1	3

表 5-3 污水处理厂污染物排放标准和地表水环境质量标准对比（二）

项目（毫克/升）	汞	镉	铬	砷	铅
城镇污水排放	0.001	0.01	0.1	0.1	0.1
Ⅲ类水限值	0.0001	0.005	0.05	0.05	0.05
城镇污水/Ⅲ类水	10	2	2	2	2

5.4.4 总量控制

总量控制是在受控污染源已经实现连续达标排放后，为降低全社会的污染控制成本，在不提高排放标准的前提下，通过寻求减少特定时间段内区域污染物排放总量以提高区域环境质量的污染控制政策（宋国君，2000）。也就是说，总量控制是与环境污染、区域环境质量相联系的，目的是改善环境质量、解决区域性环境问题。

总量控制政策涵盖四方面内容：一是污染控制目标；二是污染物种类；三是空间范围（即受污染水体流域控制单元）；四是时间范围（如丰水期或枯水期），即何要素何时何地达到何种标准。我国总量控制政策缺乏管理意义，并没有明确控制目标为水体排放污染物的入河量，生态环境部门往往通过监测统计某一区域规模以上污染源排放量推算出入河量，对入河量缺乏实际监测手段。同时空间范围和时间范围也比较粗糙，例如某市化学需氧量排放量 5 年削减 10% 的规定与水质达标缺乏直接响应关系，无法确保人体健康和水生态安全。同时总量控制只适用于具有环境容量的常规污染物，并不适用于重金属等累积性的有毒有害物质，此类污染物必须基于最严格的排放标准。

"十三五"以来，我国开始采用基于控制单元的水污染物排放管理政策。

控制单元是依据地表水系的基本特征，与行政边界相结合进行划分，建立行政区的水系边界和地表水断面之间的相互对应关系。生态环境部发布的《"生态保护红线、环境质量底线、资源利用上线和环境准入负面清单"编制技术指南（试行）》提出细化控制单元，在分析水环境现状的基础上，以水环境质量底线目标为约束，测算水环境容量，评估水环境质量改善潜力，综合确定区域水环境污染物允许排放量和管控要求。目前以水环境容量为依据制定总量控制目标并不合理。水环境容量是从水质目标要求出发，运用模型计算允许纳污量，反推出允许排污量，再通过技术经济可行性分析确定总量控制方案。但是水环境容量的确定是非常复杂的，由于自然条件、认识水平、技术手段等多种不确定因素的限制，难以准确地确定流域水环境容量，即使确定也要花费相当高的成本。同时，用大量时间确定的水环境容量也不适应流域气候、水量变化较大的特点，对流域水环境管理来讲适用性就降低了。

再者，我国在计算水环境容量的过程中也存在问题。按照美国国家环保局制定的相关政策，在水体有稀释能力且排放标准允许超出水环境质量标准时，则要求排放废水和自然水体快速且完全混合，在一个体积有限的所谓"混合区"（Mixing Zone）内达到水质标准，同时"混合区"的规模和形成不可以占去大部分的河面且两个"混合区"之间不能互相重叠，这样可以把水环境容量控制在一个对水环境比较安全的水平，最大限度地保护水生态安全。因此，在这样的条件下，一个流域、一条河流或一个湖泊可以计算的水环境容量应该是在所有"混合区"之内的容量。我国在水环境容量的计算过程中，点源排放通常不被要求快速且完全混合，也没有"混合区"的相关规定，但是一般都使用稳态模型且假定污染物在水体中向单一方向均匀地扩散，最后以整个河流的长度、流量或者整个湖泊全部的体积来计算污染物浓度，这样计算得到的水环境容量是理论上的最大值，可以是美国国家环保局方法计算得出的环境容量的很多倍。按照我国水环境容量的计算方法，虽然各个污水排污口附近的水域已经被严重污染，但整个河流、湖泊、流域仍有"相当多"或"富裕"的水环境容量可以让地方继续排污，在水体逐步达到计算的水环境容量的过程中，大部分水体接纳的污染物已经远远超出水体本身应有的水环境容量。此外，在水环境容量的计算过程中不考虑或不给予足够的安全系数，不考虑或少考虑大气沉降、船舶污染、底泥中污染物的影响，也会使得出的水环境容量远远高于实际的数值（李涛，2020）。

5.4.5　排污许可证

排污许可证是水环境保护的基本制度，是落实水污染物排放标准的政策手段，在环境规制过程中有着不可或缺的作用。规范的排污许可证不是一个简单的"凭证"，而是一系列配套的管理措施相结合，汇总了法律对于点源排放控制的几乎所有规定和要求，包含了排污申报、具体的排放限值、设计合理且有针对性的监测方案、达标证据、限期治理、监测报告和记录、执法者核查和处罚等一系列措施，并将以上内容明确化、细致化，具体到每个排污者。这不仅是企业管理和企业守法证明的证据，也是政府执法的依据，更是公众参与环境管理的重要信息来源和监督依据。

我国的排污许可证管理始于 20 世纪 80 年代中后期。1985 年，上海在全国率先实施水污染物排放许可证制度，随后我国多个城市进行了试点，一直持续到 2003 年前后（刘伊曼，2019）。据统计，这一时期全国有 20 余个省、自治区、直辖市向 20 多万家企业发放了不同版本的排污许可证。然而，排污许可证制度并未在全国统一实行。该阶段，我国的排污许可证管理实际上是地方环保主管部门按国家重要流域和省级行政区总量控制计划，通过分配排污总量指标以及排污削减指标，以实现我国重点污染物总量控制任务的方法。最后对排污许可证的定位以压制排污总量的上升、减少排放总量的增加来改善水质，但是经济的快速发展导致污染负荷不断增长，排污许可证管理实施极为困难。由于上述原因，该阶段排污许可证实施的效果并不理想。根据某些市县的调查结果，我国这一轮的排污许可证管理处于"名存实亡"的境地。例如某市 1996 年开始发放排污许可证，1997—1999 年实际仅发放 316 个，据估计领取排污许可证的排污单位不足排污单位总数的20%。有的市县根本没有真正落实过这项制度，某县级市从 1996 年开始实施排污许可证制度，但只发放不超过 40 份临时许可证（胡颖，2020）。由于排污许可证实施效果不理想，2004 年后我国的排污许可证管理长期处于停滞状态。

"十二五"期间，为了提高排污许可证制度的地位，并与总量控制、环境影响评价等制度有效衔接，使其起到应有的作用，排污许可证制度改革被提上日程。2013 年《中共中央关于全面深化改革若干重大问题的决定》，以及2015 年《中共中央　国务院关于加快推进生态文明建设的意见》与《环境保护法》（2014）均明确要求完善和实行排污许可证制度。这是我国首次在法律中明确排污许可证制度，也是实施新一轮排污许可证的起点。"十三五"期间，随着我国生态文明体制改革进一步深化，针对固定污染源的排污许可证制度改革开始推进。2016 年 11 月，国务院发布《控制污染物排放许可制实施方案》，标志着排污许可证制度在我国开始全面统一实施。该方案明确提出将排污许可证建设成为固定污染源环境管理的核心制度，衔接环境影响评价管理制度，融合污染物排放总量控制制度，为排污收费、环境统计、排污权交易等工作提供统一的污染物排放数据。为大力推行排污许可证，我国先后颁布了《排污许可证管理暂行规定》《固定污染源排污许可分类管理名录》《排污许可管理办法（试行）》《排污许可证申请与核发技术规范》等政策文件，并在《水污染防治行动计划》《排污许可制全面支撑打好污染防治攻坚战工作方案》等对排污许可证的实施提出了更加明确的要求和时间表。2018 年 11 月 5 日，生态环境部组织起草了《排污许可管理条例（草案征求意见稿）》，并向相关部门与公众公开征集意见。2020 年 12 月 9 日，国务院常务会议通过了《排污许可管理条例（草案）》。2021 年 3 月，我国首部排污许可证管理的专门性法规——《排污许可管理条例》正式生效，这标志着以排污许可证为核心的固定污染源监管制度体系建设进入法治化发展的新阶段，为我国落实排污单位环境治理主体责任提供了法律手段，为固定污染源依证监管奠定了坚实的法治基础。目前，我国排污许可证制度体系已基本形成，管理全覆盖目标基本实现，取得了阶段性的积极成效。但由于政策认识上存在偏差，政策目标界定不清，制度本身缺乏系统性设计，即使在目前的政策定位下全面落实，也无法达到排污许可证制度理想的政策效果。现行的排污许可证制度主要存在以下问题：

首先，环境影响评价和排污许可证衔接存在的问题。现行环境影响评价与排污许可证之间相互独立，既缺乏有效和必要的衔接与配合，也没有充分发挥两者在污染源治理方面应有的作用（吴满昌，2020）。长期以来，污染源管理对环境影响评价的要求一直得不到满足，而与此对应，排污许可证也一直没有将环境影响评价中关于污染源排放特征、污染物排放量、环境管理与监测信息等内容纳入其中。这两种制度割裂的局面，主要是由于两者在环境管理的介入时点、核算机制等方面不一致。环境影响评价主要的作用体现在事前预防，即在点源排污行为发生之前就对可能造成的环境影响做出评估和预判，并提出相应的预防和减轻的对策。排污许可证旨在事中或事后监管，本质是对点源正在进行的排污行为的一种行政许可，并以排污许可证为载体，

以点源污染物排放和控制的相关信息为对象。环境影响评价的源强核算主要
是依据可行性研究报告中的设计产能，由产能所需的原料，根据物质守恒定
律来进行理论上的核算，这种核算是基于理论上的最大值进行的。排污许可
证的源强核算更为复杂，其中最主要的差别是理论产能与实际产能的不同，
两者可能存在一定差距。按环境影响评价提出的理论产能核算的排污量来核
定点源的排污许可证，并不能准确反映点源的真实排污情况，无法落实精细
化管理的要求。因此，即使将相关技术导则进行修改，也并不能完全规避这
些问题。

其次，现行排污许可证忽略了排放标准的核心作用。排污许可证制度的
政策目标是实现污染源连续稳定达标排放，因此科学制定排放标准、明确界
定污染源达标/超标行为是排污许可证制度最核心的内容。《排污许可管理条
例》提出应满足环境质量改善的要求，但考虑的仅是总量控制，忽视了污染
物浓度对人体健康和水生态安全的影响。水污染物排放总量满足了减排要求，
也未必能满足维持并改善水环境质量的要求。排污单位强调的是未达到国家
环境质量标准的重点区域和流域内的点源，应满足水环境质量改善要求，而
非将已获得排污许可证的点源应负责所排入水体水质达标作为常规要求。我
国自《控制污染物排放许可制度实施方案》发布后，从重点行业开始陆续分
类、分批推进排污许可证工作，其中的排放标准多为基于技术的排放标准，
在政策规定中缺少明确点源对水生态维持和改善责任的要求，未与上位法最
终目标相适应。基于水质的排放标准缺位，点源排放与受纳水体水质达标不
相关，致使其在地表水环境管理中的重要作用没有得到充分体现。此外，我
国现有排污许可证文本要求企业提交污染物自行监测要求、台账记录报告、
污染物排放种类和数量，但以年为时间尺度的排放信息时空尺度过于宽泛，
缺乏管理意义。排放标准中通常只规定了某种污染物的浓度排放标准，对排
放标准对应的取值时间、频率以及达标判定等均没有详细说明，监测方案缺
乏设计的同时也缺乏统计学规律的分析，无法全面反映企业排放的真实状况，
这极大地影响了对污染源守法排污的判断[①]。

最后，专业技术能力不足。实施排污许可证制度需要政府和排污单位具
有较好的环境管理和政策执行能力。排污单位需要有足够的人力、物力负责

---

① 尽管国家投入了大量资金安装连续在线监测设备，但数据使用率低，数据的科学性和真实性
也难以保证，遂无法为点源达标排污提供可靠证据。

污染排放监测方案的执行、记录监测数据、整理和编制报告；政府需要有足够的人力、物力开展排放控制的监管、审核和评估排污单位提交的监测报告、核查排污许可证执行情况及综合判定违法行为和处罚标准等。目前我国尚未制定有关排污单位配备环境管理专业技术人员的制度，排污单位也缺乏雇用环保专业人才的动机。建立环境管理专业人才队伍不仅是提高政府管理部门和排污单位环境管理能力的要求，也是提高排污许可证制度实施效率和公平性的要求。

5.4.6 污水处理费

为了治理水污染和改善水环境，我国在借鉴国外经验的基础上开征污水处理费。污水处理费属于市场激励型环境规制手段，收费不是目的，确保水环境质量不退化才是目的，其制定和设计的基本原则是污染者付费原则。根据污染者付费原则，全成本是制定污水处理费征收标准的根本依据。

（1）全成本识别与构成

污染者付费原则要求污染者付费，以实现生态环境成本内部化。对全成本的识别至关重要，是制定污水处理费征收标准的根本依据。目前我国对全成本的识别尚存在一定的偏差，污水处理费征收标准仍比较模糊。当污水处理费不能覆盖全成本时，必然会导致污水处理水平下降或需要财政补贴，影响政策效果。污染者付费不仅仅要承担所造成的污染治理成本，实际上污染可能造成的外部成本也需要考虑其中。只有保证了环境无退化，污染者付费原则才能真正地发挥作用。治理成本、机会成本、外部成本是污水处理全成本的重要组成部分。治理成本是指城市生活污水处理厂将污水处理到现状排放标准条件下的成本。

鉴于污水处理设施的边界和服务对象都十分明确，现状排放标准下的治理成本可以以此估算得出。机会成本是把一定的经济资源用于投资污水处理所放弃的投资其他行业所带来的收益，目前我国部分地区运营污水处理厂或已考虑了在运行中会产生的额外利润，故本书不再考虑机会成本。如果处理后的污水排放仍然产生环境污染，就会产生外部成本，主要体现为生态修复成本和环境损害成本，不易具体测量，因此往往难以货币化。将现状排放标准提高到环境无退化的排放标准，生态修复成本和环境损害成本便会内部化，在此标准下即环境无退化排放标准的治理成本为全成本，如图 5-1 所示。

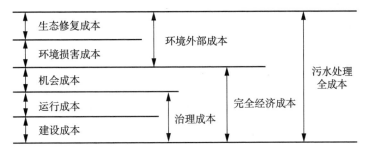

图 5-1　污水处理全成本构成

　　本书根据我国污水处理费政策条文规定①以及污水处理企业会计成本核算准则，对污水处理费的成本核算内容进行梳理，并对治理成本、运营成本、运行成本各个成本概念进行明确。治理成本是指污水处理企业将污水处理到现状排放标准条件下的成本，包括建设成本和运行成本。其中，建设成本主要包括排污管网和污水处理设施的建设成本（以年折旧表示）；运行成本主要包括人工成本、原材料成本、水电费、污泥处理处置成本、维护费、监测化验成本以及管理成本和财务成本等。运营成本包括污水处理设施的建设成本和运行成本，不包括排污管网的建设成本。三者之间的逻辑关系为：治理成本>运营成本>运行成本，如图 5-2 所示。

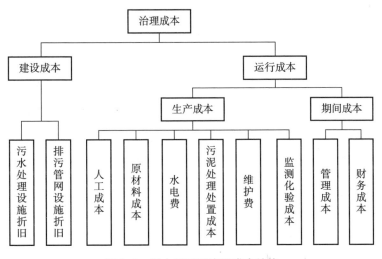

图 5-2　污水处理厂治理成本结构

① 详见 5.6.4 节分析。

（2）现行污水处理费未能体现污染者付费原则

本书根据 2018 年《中国城镇排水统计年鉴》，选取 20 个省份的 262 座污水处理厂作为案例样本，依据污水处理厂会计成本核算准则对样本污水处理厂各类别成本进行统计分析。根据污染者付费原则，全成本是制定污水处理费征收标准的基本依据。污水处理费理应覆盖排放户排水的全成本，实现所有生态环境外部成本内部化。

基于案例样本污水处理厂所在地发展改革委价格部门提供的具体污水处理费数据，将案例样本污水处理费与各自成本信息进行对比。具体来看，168 座一级 A 案例样本的居民和工业污水处理费分别分布在 0.65~1.7 元、0.8~3.0 元，平均值分别为 1 元、1.4 元，分别为一级 A 案例样本平均治理成本的 46.9% 和 65.7%（见图 5-3）。94 座一级 B 案例样本的居民和工业污水处理费分别分布在 0.6~1.95 元、0.78~3 元，平均值分别为 0.93 元、1.32 元，分别为一级 B 案例样本平均治理成本的 53.1% 和 75.4%（见图 5-4）。一级 A 案例样本中居民和工业污水处理费低于自身运行成本、运营成本、治理成本的比例分别为 44.64 和 23.21%、70.83% 和 48.44%、99.4% 和 91.67%，一级 B 案例样本中居民和工业污水处理费低于自身运行成本、运营成本和治理成本的比例分别为 30.85% 和 17.02%、55.32% 和 26.60%、98.94% 和 76.60%。由此可见，绝大多数案例样本污水处理厂所在地污水处理费均低于当地排放标准条件下的治理成本，另外，有一半以上居民污水处理费低于当地排放标准条件下的运营成本，甚至有 20% 左右的工业污水处理费低于当地排放标准条件下的运行成本。即使与国家最新标准对比，一级 A 和一级 B 案例样本居民污水处理费中仍有 19.64% 和 32.99% 的比例低于 0.95 元/吨，工业污水处理费中仍有 29.17% 和 34.04% 的比例低于 1.4 元/吨，部分地区污水处理费政策调整较为滞后。可以看出，现行污水处理费并未覆盖现状排放标准下污水处理的全部治理成本。这说明国家财政对居民和工业排水提供补贴，违背污染者付费原则。基于基本生活需求的居民生活排水和营利性质的工业废水排放在污染者付费原则中应用不同，具有公共物品属性的基本生活排水属于公共服务提供范畴，而具有商业属性的工业废水排放应基于全部治理成本支付。

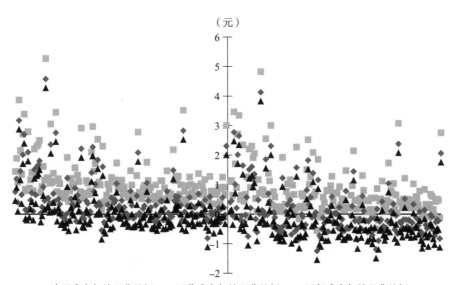

图 5-3　168 座一级 A 案例样本不同成本与污水处理费差额

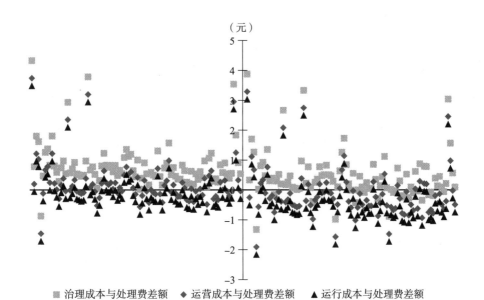

图 5-4　94 座一级 B 案例样本不同成本与污水处理费差额

5.5 管理体制评估

5.5.1 外部性的存在导致地方政府部门失灵

水污染具有显著的跨行政区，甚至跨代际外部性的特征。现阶段，我国水环境管理基本上采用的是"中央—地方—污染源"的管理模式，以地方政府负主要责任的水环境管理模式往往表现为地方政府缺乏水环境保护的积极性。在市场经济条件下，地方政府在继续维护国家整体利益的同时更多地为本级政府谋取利益，更加注重地方的经济发展、财政收入和社会福利水平等方面，而对流域水环境保护和污染治理等方面则显得较为冷漠，甚至有向中央政府隐瞒污染源排放信息的利益驱动，进而形成"中央政府"与"地方政府和污染源"的博弈局面（李胜，2010）。以跨界水污染纠纷为代表的一系列环境规制政策实践表明，政府对于环境外部性的规制存在失灵。例如：当流域上游区域实施较为严格的水环境管理或建设运行污染治理设施时，流域整体的水环境质量得到改善。流域的下游区域从中获益，而水污染治理和排放控制的成本主要集中在上游区域。因此，"理性"的上游地方政府总是倾向于使自己一方利益最大化的选择，不会积极地采用严格的水污染排放控制政策或建设运行污染治理设施，而是采取较为宽松的政策。因此，造成政府部分失灵的原因中，缺乏人力、物力只是一个方面，环境问题的外部性使得地方政府对排污单位缺乏足够的监管动机才是更深层次的原因。

5.5.2 中央、地方监管部门权责划分不明确

《环境保护法》（2014）明确提出，"国务院环境保护主管部门，对全国环境保护工作实施统一监督管理；县级以上地方人民政府环境保护主管部门，对本行政区域环境保护工作实施统一监督管理"。《水污染防治法》（2017）明确提出，"地方各级人民政府对本行政区域的水环境质量负责"，"县级以上人民政府环境保护主管部门对水污染防治实施统一监督管理"。可以看出，现行的法律法规将大部分环境监管的职责交给了地方，中央只负责统一监管。这种权责的划分体现了计划经济时期的统一管理与分工负责的原则，但并没有考虑环境外部性对环境管理的要求。这一方面造成外部性无法得到有效的

内部化，另一方面给地方财政带来较大的负担，表现为地方环境污染治理的投资普遍不足。如对于城市生活污水处理厂的建设资金，现有法律规定主要由地方财政负责筹措，中央的支持十分有限。由于水环境保护和污染治理外部性的存在导致地方政府建设污水处理厂的动力不足，加之地方财政有限，城市生活污水处理厂的建设完成情况存在不足。

5.5.3　现行"统分管理"体制限制了各级生态环境保护部门职能的发挥

根据《环境保护法》（2014）和《水污染防治法》（2017），我国环境管理实行"统分管理相结合"的体制，各级生态环境保护主管部门对本辖区的水环境保护工作实施统一监督管理，各级政府的其他部门负责各系统内部的相关水环境保护工作①。但是，两部法律又进一步强调了"地方政府负责制"。由于各级生态环境保护主管部门隶属于各级政府，地方生态环境保护部门的人事和财政权都掌握在地方政府手中，在环境监管中极易受到当地政府的制约。上级生态环境主管部门仅能对下级部门进行业务指导，无法直接领导和授权，如果地方政府有意为发展经济实施地方保护主义，生态环境保护主管部门往往无能为力。

另外，我国水环境管理实行"部门分割"的模式，其他部门（比如水利、发展改革、自然资源、农业、林业、交通、建设、卫生等）也承担着部分水环境管理的责任。由于各级政府的其他部门与生态环境主管部门级别相同，执法地位平等，若发生冲突，生态环境主管部门无法对其他部门进行有效监督，造成多部门对同一区域内的水环境管理工作分别监督管理。多头管理和水环境保护职能的交叉重叠导致各部门之间互相扯皮、协调困难，形成了多种政府声音，导致管理低效。

5.5.4　缺乏完善的流域水质管理模式设计

流域是以河流为中心自然形成的一定区域，流域是水体的自然流动。水流是典型的物质流，不会按照行政区划的界线而改变方向。一个流域往往横

---

① 《水污染防治法》（2017）第九条明确规定，"县级以上人民政府环境保护主管部门对水污染防治实施统一监督管理。县级以上人民政府水行政、国土资源、卫生、建设、农业、渔业等部门以及重要江河、湖泊的流域水资源保护机构，在各自的职责范围内，对有关水污染防治实施监督管理"。

跨多个省、市，即使在同一行政区内也往往涉及多个管理部门，因此各个行政区或管理部门独立决策、各自为政的控制和管理并不能获得最佳的经济效益和环境效益。解决流域外部性问题需要从全流域、全要素的角度出发，打破行政以及管理部门的分割与界限，才能取得较好的水环境保护效果。

近年来，中央政府采取了多种措施加强对地方的监管，如生态环境部推行的"区域限批"和"流域限批"等行政手段，效果显著，但是这只能作为短期强化中央权力的过渡手段。目前，源于地方政府管理实践的河长制是流域水环境管理进程中的进步，确立了行政首长负责制，使河流这一公共物品具有明确的责任主体，提高了治污效率。但是，仍然存在以行政命令为主，人力、物力、财力等行政成本增加，行政首长非专业管理人员以及缺乏专业具体的执行部门等问题，是短期的应急性措施，缺乏完善的流域水质管理模式设计，也是流域水环境管理的临时过渡手段。从长期来看，需要建立完善的流域水质综合管理模式，从系统特征出发，综合考虑各行政区域、各部门以及水质、水量、水生态等各要素。

5.5.5 工商业点源排放至城市生活污水处理厂的管理体制混乱

我国预处理实施主体不清、责任不明。生态环境、水利、城镇排水主管部门的管理存在交叉重叠，排入管网的工商业点源信息不清楚。生活污水和工商业点源经过污水管网输送至城市生活污水处理厂中，污水管网主要由城镇排水主管部门负责，城市生活污水处理厂的上级主管部门在不同城市有不同的规定，有的归城市市政部门负责，有的归水利部门负责，有的归城建部门负责，不同部门在管理中实际的工作内容存在交叉，彼此之间信息并没有共享，使得相关信息内容无法对应。

城镇排水主管部门和生态环境部门分别负责工商业点源纳管审批和工商业点源企业排污监管，两部门之间信息沟通不畅、协作机制缺乏。具体来说，生态环境部门对工商业废水达标处理后究竟是排入自然水体还是回收再利用不清楚，对排水管网及城市生活污水处理厂的处理能力不清楚；而城镇排水主管部门并不掌握工商业废水水质、水量等情况。

以工业园区污水处理厂为例，工业园区作为纳管企业的主要聚集地，园区内包括工业企业、污水管网、污水处理厂、住宅等。地方生态环境部门、园区管理部门（如园区管理委员会）、污水处理厂和工业企业之间的权责明确是实现园区水污染防治监管有效性的重要保障。当前我国工业园区环境管理责任不清、监管不足等问题还较为严重。有调研显示，在调研范围内绝大多数工业园区没有单独设立生态环境管理部门，环境监管主体、管控要求不清，且多存在"重厂轻网"现象。部分地方政府过于重视招商引资，对入园工业企业手续过于简化、审批不严，导致不符合园区规划要求的产业入园，提升了污水处理的难度。如生态环境部督查发现连云港市灌云县临港产业区化工集中区有 125 家企业，为规划环评明确禁止、限制或严格控制的农药、染料、中间体类项目。此外，在企业入园后，一些地方生态环境部门不够重视对企业污水预处理环节的监督，导致进水超标，超过污水处理厂的处理能力。部分地方工业园区对污水处理厂监管不到位或者疏于监管，导致企业私设暗管直接偷排。

5.6　管理机制评估

根据机制设计理论，由于经济社会中信息不对称的客观事实，信息的获取、处理、传递或沟通是机制设计关注的核心问题。从结合环境政策分析一般模式提出的包含信息机制、监督核查机制、问责处罚机制、资金机制在内的环境政策管理机制可以看出，信息机制是管理机制的关键所在。信息的有效性、信息处理方法的科学性、信息渠道的便捷性与通畅性等直接影响其他机制乃至整个政策实施的效果。同时，不同机制间又相互影响、相互制约。具体来看，城市生活污水排放管理政策系统主要包括工商业点源进水水质排放管理、城市生活污水处理厂水污染物排放管理、污泥安全处置管理等方面。因此，城市生活污水排放管理监督核查机制包含了生态环境主管部门对工商业点源和城市生活污水处理厂排污行为的监督、上级生态环境主管部门对下级生态环境主管部门执法过程的监督以及社会公众对排污单位和政府执法行为的监督。不难看出，工商业点源和城市生活污水处理厂作为主要的信息源，在信息传递过程中处于信息垄断地位，有足够的动机隐瞒其真实的排污信息。在机制设计不完善、激励不足的情况下，排污单位没有动机自觉主动地报告或公开真实排污信息。这就要求政府管理部门对其排污信息进行收集和处理，并设置相应的信息传递渠道方便社会公众获取。假设缺少科学的收集和处理方法，或者缺乏有效的信息获取渠道，不仅生态环境主管部门自身无法获得排污单位真实的排污信息，无法对排污单位的排污行为进行监督管理，社会公众也将失去监督的依据，这直接影响了监督核查的效果。进而，无论环境规制者设计了多么明确、多么详细的问责程序、奖惩措施，也无论排污单位违法处罚标准多么科学，问责处罚机制的运行效果也将受到影响。具体表现在由于无法掌握排污单位的真实排污情况，上级生态环境主管部门无法准确评价排污单位直接管理部门对其排污行为的监管工作是否有效、是否到位；同时，排污单位隐藏真实排污信息导致其违法行为得不到应有的处罚，即使违法处罚的裁量标准设计得再科学，也不能起到应有的威慑作用。因此，本节将重点围绕我国城市生活污水排放管理信息机制，对城市生活污水排放管理机制的合理性和有效性进行评估。

5.6.1　信息机制

充分、完备、有效的环境信息是使有限的环境管理资源边际效益最大化的前提。信息机制属于环境管理的保障机制，决策需要信息，监督核查需要信息，问责处罚需要信息，成本核算和资金拨付也需要信息。信息机制是其他各环境管理环节的基础。

（1）环境质量信息

我国水环境质量信息主要依据《地表水环境质量标准》（GB 3838—2002）来进行评估，但我国 2002 年水质标准无论从结构、形式还是到内容都存在一些缺陷，无法全面反映我国真实的水环境状况。

首先，我国 2002 年水质标准是在借鉴、参照甚至是移植美国基准的基础上制定的，并不是基于我国自身的水环境本底特征的研究，这种制定方法是不妥当的。因为生物多样性和生物毒性反应的多样性决定了水质基准必须是地域性质的，具有明显的地域属性。美国水生生物基准是基于北美大陆水生生物对污染物的毒性反应而发展制定的，鲑鱼科（Salmonidae）的生物毒性反应在美国基准测试急性毒性的程序要求中处于显著地位，但在我国水域中，更具代表性的是鲤鱼科生物，由于这两科鱼在对水环境的适应性和对毒性的忍耐性上有明显的差异，所以参考美国的水质基准数据来制定我国的水质标准缺乏充分的科学依据。

其次，我国水质评价以常规污染物为主，忽视了沉积物、水生生物等介质物理条件对污染效应的影响，使得水质标准中缺少沉积物指标、生物指标、物理指标，而这些指标对于水环境质量的全面综合评价来说是必要的。这种确定水体水质高低的评价方法有着根本的缺陷，不是建立在环境生态学基础之上，也不符合污染物对环境的作用机制。用"主要污染指标"确定水体水质等级就必须假定：水体水质只能由"主要污染指标"决定，水体中其他污染物的存在及其浓度对水体水质没有影响，这会严重偏离水体水质的真实状况。

此外，在水质评价过程中时间尺度过大，未能充分利用数据。现行的采用均值的水质评价结果有可能掩盖大量的有效数据，无法反映水质的真实情况。以黄河流域某监测断面附近自来水厂日监测数据为例来说明均值评价方法的局限性，见表 5-4。从高锰酸盐指数和氨氮两个指标的均值年际变化来看，高锰酸盐指数年均值基本保持稳定，而氨氮年均值降低明显，但两个指标 5 年的年均值均满足地表水Ⅲ类水标准。但从超标率来看，高锰酸盐指数年超标率逐年增加，水质逐渐恶化，而氨氮年超标率显著减小。超标率法评价结果能够为流域水环境保护管理者展示水质具体波动情况，对于部分毒性较强的非常规污染物而言，一个监测断面一次超标严重就可能对周边地区人体健康和水生态造成巨大损害。美国水质标准依据急性基准和慢性基准制定，给出标准的浓度值及一定时间内允许的超标频次。因此，采用超标率法能够更加严格地控制污染，保证水质管理效果（常蛟，2012）。目前在我国地表水的周报、月报、季报和年报中，常采用连续监测数据的周均值、月均值甚至年均值，时间尺度过大。从管理角度来看，较大时间尺度的流域水环境保护相对而言不具有管理意义，存在掩盖部分时间出现水污染严重状况的问题。

表 5-4　年均值与超标率水质评价结果对比

监测项目	评价指标	2016 年	2017 年	2018 年	2019 年	2020 年
高锰酸盐指数	年超标率（%）	1.28	2.94	4.39	6.82	10.31
	年均值（毫克/升）	5.43	5.24	5.39	5.37	5.46
氨氮	年超标率（%）	20.90	18.24	13.86	10.23	6.21
	年均值（毫克/升）	0.86	0.70	0.56	0.52	0.38

可以看出，按照 2002 年水质标准的水质评价方法无法全面反映我国真实的水环境状况，根据这套水质评价方法制定的水环境状况公报会给社会和公众带来极大的误导，同时根据这种错误的分类而制定的水环境管理决策也会产生偏差。

（2）污染物排放信息

目前我国与点源污染排放信息相关的有环境影响评价、排污申报、环境税、环境统计、污染源普查等多套数据，涉及环境影响评价与"三同时"、排放标准、监测核查、排污许可证、环境统计等多项环境管理制度。但各项政策手段之间并没有很好的衔接，相互之间缺乏协调和整合，政策执行成本较高；且各套数据由于统计口径与方法不同存在一定程度的差异，至今不能形成一套准确的点源污染排放统计数据。缺乏准确、可靠的信息来源，使得流域水环境保护政策的制定、实施和评估困难重重。

根据《国家重点监控企业自行监测及信息公开办法（试行）》（2013）和《国家重点监控企业污染源监督性监测及信息公开办法（试行）》（2013）的规定，点源要对污染排放自行监测并信息公开，自觉履行法定义务和社会责任。但两个办法主要针对的是排放规模较大的重点监控污染源，对其他排放规模较小的点源监测信息仍缺乏相应的规定，管理存在盲区。对于点源污染物排放状况，尽管可以从每年公布的生态环境统计年报、生态环境状况公报或环境统计年鉴中获得全国和各省范围的点源污染排放总量数据，但具体排污企业及城市生活污水处理厂的排放浓度信息、排放量信息无从获得。点源污染排放信息的公开程度维持在较低的水平，这直接导致公众需要花费极高的成本才能获取这些信息。不仅不利于对点源排污行为的监督管理，也大大削弱了点源排放管理政策的预期效果。

目前，我国采用的是基于控制单元的水污染物排放管理政策，倾向于明确管理者责任，而非细化排污单位的排放责任。即便控制单元再细化，也只是将管理责任细化，而不是直接管理排污单位的排放。可见，控制单元概念的引用不科学。这种做法既缺乏法律依据，与现行法律体系难以衔接，科学性不足，又模糊了排污单位责任，无法合理地将具体减排目标落实到污染物排放的责任主体上。断面考核是我国水污染防治长期采用的做法，但是断面考核的监测结果只能代表该断面的水质，并不能反映一定河段范围的水质。断面考核只能作为衡量我国水质现状的初步粗略的参考，不能作为污染物排放控制的管理依据，尤其无法识别每个点源对受纳水体的影响[1]。目前的这些做法并没有将排放责任落实到具体污染源，而且在没有做好点源排放控制管理、分析清楚流域水环境问题之前，花费大量人力、物力和财力，盲目进行细化工作，消耗大量行政成本，降低管理效益。

---

[1] 断面考核将考核目标指向了跨界断面的上游和下游行政区域，断面上下游涉及的管理者为了使断面达标，可能将点源移至较远处，并没有从本质上保护水环境质量，或将点源直接移除，缺少对地方社会经济发展的影响分析。

（3）部分信息缺失

工商业点源与城市生活污水处理厂之间存在信息不对称。团队调查发现，部分地区工商业点源将水污染物排放到污水管网中，废水在污水管网中与生活污水混合在一起，城市生活污水处理厂对于接收的混合在一起的生活污水、工商业点源排放的废水"无选择地接收"，城市生活污水处理厂并不准确地知道排放的具体工商业点源信息和污染物类型。

《水污染防治法》（2017）明确规定，"城镇污水处理设施维护运营单位应当依照法律、法规和有关规定以及维护运营合同进行维护运营，定期向社会公开有关维护运营信息，并接受相关部门和社会公众的监督"，"城镇污水处理设施维护运营单位应当按照国家有关规定向价格主管部门提交相关成本信息"。但城市生活污水处理厂并未对运营管理的成本信息进行公开，政府与城市生活污水处理厂的协议合同也基本无法获得，进而无法证明污水处理的成本支出是否合理，不利于城市生活污水处理厂的管理。同时，《水污染防治法》（2017）明确规定，"城镇污水处理设施维护运营单位或者污泥处理处置单位应当安全处理处置污泥，保证处理处置后的污泥符合国家有关标准，对产生的污泥以及处理处置后的污泥去向、用途、用量等进行跟踪、记录，并向城镇排水主管部门、环境保护主管部门报告"。但部分城市生活污水处理厂严重缺乏对污泥的监测，同时也未要求污泥最终处置单位提供相应监测记录信息。作为管理机构的生态环境部门也缺乏监管，导致地方生态环境保护部门无法充分获得污泥产量、特性、去向和是否安全处置等信息。

5.6.2　监督核查机制

监督核查机制，是保障环境管理各项政策有效实施、防止机会主义行为滋生的重要机制。监督核查机制的内容包括政府和公众对排污单位排放行为的监督，以及公众对政府的监督。本书重点围绕政府对排污单位排放行为的监督。政府对排污单位排污行为进行监督，是政府作为公众代理人必须尽到的责任，主要包括检查排污单位污染监测设备的运行情况，以及定期或不定期抽查排污单位排放数据，以判断排污单位提供数据的准确性。目前，我国政府对排污单位的监督核查机制存在的问题主要集中在以下几个方面：

（1）达标判据不合理

达标判据是对是否遵守排放限值规定的解释，限值是确定的，但如何执行则需要由达标判据来决定。因此，排放限值与达标判据两者是密不可分的统一整体，达标判据的制定甚至比排放限值更加重要，同时达标判据也是监测方案制定的基础（张震，2015）。

2006年之前，我国不同行业水污染物排放标准中的达标判据有所差别①；2008年之后，所有行业水污染物排放标准的达标判据要求均相同②。我国水污染物排放标准的限值规定比较单一，通常采用"最高允许""不得大于"等禁止性规定，缺乏时间尺度、使用条件等因素的考虑。在什么样的监测频率下"不得大于"？在什么样的数据处理方法下"不得大于"？是瞬时值、日均值、周均值还是月均值"不得大于"？这些问题水环境保护相关法律法规并没有给出解释。水污染物排放标准文本中要求排污单位"在任何情况下"都遵守排放标准的控制要求。按照字面意思，"在任何情况下"都遵守的含义也就是在任何情况下都不允许超标。同时标准文本中规定各级生态环境主管部门在对排污单位进行执法检查时，以现场即时采样或监测的结果作为判定排污行为是否符合排放标准的依据。由此可见，排污单位在任何时候都不能超过排放标准规定的限值，这在很大程度上容易造成管理执行的巨大漏洞。

污染物排放是具有统计规律的，每一种污染物在不同的工艺下都具有不同的统计规律，目前统一以最大值来规定排放标准限值要求，并不符合科学依据。在实际生产中，排污单位排放状况会因为原料、工序、治理工艺的变化而波动，要求排污单位一次都不超过某个固定浓度是非常困难的。排放标准的目的应当是要求污染物浓度围绕着某一个中心波动，不出现过度偏离的现象。假设排污单位的污染物排放浓度符合正态分布，浓度值围绕均值波动，我们称其为长期均值，那么排放标准中的排放限值应当在距离长期均值一定距离的位置上。比如，如果排放限值设定在95%的置信区间上，那么意味着排污单位的排放浓度只有5%的概率超过这一排放限值。当然，无论排放限值设成多大，排污单位都有可能超过这一限值，只是概率越来越低而已。因此，排放标准限值的意义并不是一次不能超过，达标判据也不是简单地记录超过排放限值的次数。相反，违法判定应该通过排污单位超标的次数、频率、浓度值来判定其是否偏离了标准要求的长期均值。

---

① 比如煤炭工业达标判据是日最高允许排放浓度，啤酒工业达标判据是日均值，皂素工业达标判据是月均值。

② 《国家水污染物排放标准制订技术导则》（2018）明确规定，"标准中应规定手工监测和自动监测的水污染物排放达标判定要求。水污染物排放浓度应折算为水污染物基准排水量排放浓度，无法确定单位产品基准排水量的，可暂以实测浓度作为达标判定的依据"。

　　我国的情况是，达标判据对监测频率没有要求，往往利用一季度一次的数据和一月一次的数据判定排污单位超标，在发现超标后，也不会增加监测频率来观察排放规律。因此，我国的达标判定方法只能判断排污单位该时刻的排放浓度是否达到或超过排放限值，而无法了解排放的长期均值，无法判断排污单位是偶然超标还是由排放规律变动导致的长期超标。

　　达标判据的不明确直接导致执法的随意，造成管理的混乱。由于即时的紊乱值或者测度的不准确，会存在短时间超标的情况，而大部分的达标或者瞬时值是符合统计学规律的，在实际的超标判定中需要考虑这些因素。目前一次也不能超标的硬性规定就导致了实际应用的达标判据的不确定，在日常的监管和排污单位自测评估中所使用的达标判据也就参差不齐。截至目前，我国并没有出台具体的行政规定确定水污染物排放标准的达标判据，而是固定模式的沿用，这种固定的模式也就默认了执行过程中的弹性。达标判据可行性差直接削弱了水污染物排放标准的管理能力，如果达标判据不按照水污染物排放的统计学规律进行设计，排放标准限值的制定和修订也不过是数字游戏。

　　（2）监测方案设计要求缺乏规范化、标准化

　　目前我国出台了多项针对水污染源排放监测的技术规范，对水污染源的监测从水样类型、采样方法、数据缺失处理、监测频次、操作技术要求、流程规范等都做了明确的规定。监测主要分为排污单位自行监测和政府监督性监测。排污申报是我国传统的排污单位上报排放信息的制度，是指由排污单位向县级以上环境保护行政主管部门申报其污染物的排放和防治情况，申报的内容包括污染治理设施的基本情况、原材料、生产工艺、生产流程、污水排放情况等。污染源自动监测与传输是国家"十一五"以来推行的排放信息收集制度，排污单位安装和维护自动在线连续监测设施，这实际上也是一种排污单位上报自身排放信息的制度。监督性监测是政府亲自取样、化验得到的排污单位排放信息，属于政府监测行为，目前监督性监测也是我国环境执法的主要依据。

　　我国法律规定污染源有自我监测废水排放情况的义务。《水污染防治法》（2017）明确规定，"实行排污许可管理的企业事业单位和其他生产经营者应当按照国家有关规定和监测规范，对所排放的水污染物自行监测，并保存原始监测记录"。但是法律并没有规定监测频率等相关要求，国家层面的法规也基本没有涉及排污单位自测（不包括自动监测）的规定。《排污单位自行监测

指南总则》（2017）规定，"排污单位应查清所有污染源，确定主要污染源及主要监测指标，制定监测方案"。同时对废水监测指标的最低监测频次做了简要说明，但监测频次过低[①]。《国家重点监控企业自行监测及信息公开办法（试行）》（2013）对重点监控企业做了明确说明，但也仅仅是对化学需氧量、氨氮每日开展监测，废水中其他污染物每月至少开展一次监测。与达标判据的时间表一致，在我国2008年之后的水污染物排放标准规定的监测和实施要求中，对水污染物的监测要求基本保持一致[②]。不同工业的排放标准和监测频率需要根据设备的情况来制定，而目前执行的排放标准并没有明确具体行业需要执行的监测方案，而是统一要求根据《环境监测管理办法》，相关法律和办法中也没有明确规定具体的监测方法和频率，只粗放地规定每月或每年至少监测一次，不具有实际执行意义。

在地方环境管理工作中，排污的排放信息是通过排污申报的形式上报的。排污申报不仅需要排污者提供准确的排放信息，还应当提供相关的证据。但目前我国的排污申报并没有对此做出规定，只要求提供排放数据，且多是以月或季度甚至是年为尺度的总量数据。但排污申报既可以依据监测报告上报，也可以依据物料衡算或排放系数估算。用估算数据代替监测数据显然降低了对排污单位自测的要求，排污单位完全可以减少自测频率甚至不开展监测工作。另外，对排污申报数据的核查工作也难以开展。国家要求地方生态环境部门利用监测数据及工商、技术监督、水利、能源、统计等部门的资料对排污申报数据进行审核，必要时进行现场核查。但我国基层生态环境保护行政主管部门往往管辖着数百家甚至上千家排污单位，并且负责环境影响评价、"三同时"竣工验收、监督性监测等多项工作，对每家排污单位进行现场核查几乎是不可能的。即使依靠材料审核的方式，以目前的人员力量核查所有的排污申报数据也是不可能的。在缺乏自测数据和政府核查的情况下，排污申报的数据质量难以保证。

"十一五"以来，我国大力普及污染源自动监测设备，自动监测设备的安

---

① 《排污单位自行监测技术指南总则》（2017）中明确规定，"重点排污单位的主要监测指标最低监测频次为日—月，其他监测指标的最低监测频次为季度—半年；非重点排污单位的主要监测指标的最低监测频次为季度，其他监测指标的最低监测频次为年"。

② 企业应当按照有关法律和《环境监测管理办法》等规定，建立企业环境监测制度，制定监测方案，对污染物排放状况及其对周边环境的影响按要求开展自行监测，保存原始监测记录。对新建企业和现有企业安装污染物排放自动监控设备的要求，按有关法律和《污染源自动监控管理办法》的规定执行。

装和使用得到了较大范围的推广。目前，自动监测数据逐步成为除排污申报，排污单位进行自我监测并上报排放数据的重要途径。从监测责任来看，自动监测设备由排污单位安装、维护和运行，排污单位对自动监测数据的真实性负责，生态环境部门仅仅是通过审核和抽查的方式判定数据的有效性，因此污染源自动监测应当视为排污单位自我监测制度的一部分。同时，自动监测设备能够获得海量监测数据，为更准确地违法判定提供数据支持。自动监测数据频率高、数据量大，必须经过一定的分析处理才能用于环境管理中。比如，自动监测数据密度很高，监测设备每 10 分钟监测一次废水污染物浓度，一天 144 组监测数据，这些数据如何应用到环境管理中？以超标判定为例，应当采取什么时间尺度的监测值——小时值、瞬时值、日均值、月均值？如果用于总量控制或征收环境税，又该如何核算排污总量？这些问题，自动监测数据管理规范都没有回答。虽然《国家重点监控企业污染源自动监测数据有效性审核办法》（2009）关于自动监测设备的安装、调试、记录、数据传输等方面做了明确的规定，《国控重点污染源自动监控信息传输与交换管理规定》（2010）也提出了下级环保部门向上级报告的数据密度——排放小时均值、日均值、月均值、年均值等都必须向上级报告，但这只是对数据的简单处理，如果衔接到环境管理上还需要专门的数据筛选、核定、汇总方法。需要明确的是，自动在线监测成本过于高昂，带来的监测数据接近总体的样本，多数超出了管理的需要，大规模安装自动监控设施会造成管理成本的浪费。

目前我国的环境执法，尤其是达标判定，仍然是以政府主导的监督性监测为依据。在这种体制下，监督性监测数据的质量将极大地影响达标判定的准确性。监测数据的质量可以进一步分解为规范性和代表性，规范性是指取样、化验、分析等过程是否规范，是否按照有关标准进行；代表性是指监测次数、监测时间等抽样方式能否准确地反映排污单位的排放状况。我国监督性监测的代表性不足。在抽样理论中，代表性是样本代表总体的程度，是指可据以判断的、很典型的代表总体特征的样本特性。样本的代表性一方面受抽样方案影响，一方面由样本量决定。对于监测来说，监测全部水样获得的分析结果就是样本，而排污单位的真实排放情况是总体。对于 365 天连续排放废水的排污单位来说，一月一次或一季度一次的监督性监测抽样比不足 4%，样本量较低。另外，从监测方案的设计来讲，监督性监测期望获得的是排污单位废水排放的浓度，而排放浓度与原料状况、生产连续状况、产量等相关，为了获得有代表性的样本，监测方案的制定应当考虑生产状况。但是我国的监测方案仅仅是机械性的一季度一次，对于如何制定监测方案缺乏指导规范，完全取决于地方生态环境部门的水平，监督性监测数据的代表性进一步被削弱。此外，监督性监测对象主要是主要污染物占工业排放量65%的国控重点企业，样本框不能覆盖全部污染源。监督性监测频率过低、方案缺乏设计、难以囊括所有污染源，造成监督性监测数据代表性不高，导致对污染物排放行为的执法基础不牢，降低了执法的准确性。

借鉴美国经验，监测方案需要科学设计。设计监测方案的目的在于确定是否达标，其实质是通过监测样本反映水污染物排放总体状况，是统计学方法在环境管理中的应用。监测方案设计需要考虑精度和成本，通过抽测获得的监测数据能够反映总体污染排放状况。目前我国大规模成本高昂的自动监测设备的安装，会导致政府和排污单位将注意力集中到自动连续监测的主要常规污染物上，而对对人体健康和生态安全具有重大负面影响的非常规污染物缺乏重视，依赖自动监测设备，忽视排污单位人工监测和政府监督性监测。在美国，在监督性监测中通过小样本数据应用统计的方法估计总体排污状况，同样能够反映样本总体，同样能够起到监测作用。美国国家环保局基于污染物排放统计分布规律及变异系数的应用设计了专门的统计学方法，用有限的数据估计排放的最大浓度，进而对比适用的水质基准来确定是否有潜在的超标可能性（张震，2018）。

5.6.3 问责处罚机制

监督核查机制的有效运行还要有合理的问责处罚机制做保障。其中，问责机制的关键在于被问责主体的明确程度，而处罚机制的关键在于对排污单位设定合理的处罚标准。

问责是确保环境政策有效执行的关键措施，问责机制分析的关键是明确责任主体、责任内容和责任标准。问责机制是与利益相关者的责任机制密切联系的，应当根据不同环境问题的外部性特征和相关法律法规的规定，界定各利益相关者的职责范围，并设定具体的责任标准和问责程序。目前，我国针对城市生活污水处理厂超标排放的归责并不清晰。《水污染防治法》(2017) 明确规定，"向污水集中处理设施排放工业废水的，应当按照国家有关规定进行预处理，达到集中处理设施处理工艺要求后方可排放"。但城市生活污水处理厂并未直接监测每家工业企业预处理排放后的出水水质，无法辨别哪家工业企业的预处理排放污水水质超标。事实上，进水超标极易导致城市生活污水处理厂超标排放。城市生活污水处理厂都在下游，被动接受来水，出现重金属或有毒物质超标造成生化系统瘫痪的案例每年都有发生（郭治鑫，2019）。工业企业预处理污水水质由生态环境部门监管，需要等到生态环境部门发现工业企业预处理超标后再告知城市生活污水处理厂，城市生活污水处理厂难以第一时间发现情况并及时进行应急处理。目前，工业企业预处理超标，导致后端城市生活污水处理厂出水超标的归责问题一直存在颇多争议①。

　　处罚是指政府依法对违法者的处罚。处罚的目的包括三个方面：罚没排污单位的违法收益及对于违法行为予以惩戒；震慑潜在的违法者，使其自我监测和约束，避免其违法或在特殊情形下产生相对较轻的违法行为；激励正在违法的排污单位尽快纠正违法行为。就处罚机制而言，从排污单位利益最大化的角度考虑，处罚标准的高低将直接影响排污单位的排污行为。《水污染防治法》（2017）明确规定，"违反本法规定，有下列行为之一的，由县级以上人民政府环境保护主管部门责令改正或者责令限制生产、停产整治，并处十万元以上一百万元以下的罚款；情节严重的，报经有批准权的人民政府批准，责令停业、关闭：（一）未依法取得排污许可证排放水污染物的；（二）超过水污染物排放标准或者超过重点水污染物排放总量控制指标排放水污染物的；（三）利用渗井、渗坑、裂隙、溶洞，私设暗管，篡改、伪造监测数据，或者不正常运行水污染防治设施等逃避监管的方式排放水污染物的；（四）未按照规定进行预处理，向污水集中处理设施排放不符合处理工艺要求的工业废水的"，"城镇污水集中处理设施的运营单位或者污泥处理处置单位，处理处置后的污泥不符合国家标准，或者对污泥去向等未进行记录的，由城镇排水主管部门责令限期采取治理措施，给予警告；造成严重后果的，处十万元以上二十万元以下的罚款；逾期不采取治理措施的，城镇排水主管部门可以指定有治理能力的单位代为治理，所需费用由违法者承担"。可以看出，在我国城市生活污水排放管理相关规定中，只有行政处罚是可实际操作的，而民事、刑事处罚却没有相关具体规定，不具实际可操作性。处罚方式只涉及行政处罚中的警告、罚款、责令改正、责令限期生产、停产整治等，对于

---

　　①　根据《水污染防治法》（2017）规定，城市生活污水处理厂超标排放应受到惩罚，意味着即使由进水水质超标导致的出水超标，城市生活污水处理厂仍需受罚。尽管 2020 年生态环境部发布的政策文件《关于进一步规范城镇（园区）污水处理管理的通知》（2020）明晰了地方政府、纳管工业企业、城市生活污水处理厂运营各方的法律责任，细化了推动各方履职尽责的具体要求，但从近些年城市生活污水处理厂超标排放屡禁不止的案例来看，责任主体仍不清晰。

监禁等更严厉的方式并未规定。罚款数额虽然较之前提高了上限，但与美国的相关规定比仍然较低。同时，也没有给出更详细的处罚原则，在上限范围内处罚多少主要由执法者主观判定，所谓的"情节严重者""造成严重后果的"是何种情况法律上也未予以说明。美国的环境法律对处罚裁量依据均做了说明，规定要充分考虑违法性质、具体情节、违法程度和严重性、支付能力、违法历史、过失程度、违法经济收益和由此节省守法支出、公平性要求等8个因素，立法上也对这些因素进行了必要的说明。我国在处罚裁量依据上未能具体规定，使得可执行性相对较差，没有形成有效的处罚机制，缺乏威慑力。

5.6.4 资金机制

资金机制是指环境保护资金的供给、需求以及供需平衡关系，设置资金机制的目的是保证环境保护行动有稳定而又充分的资金来源。对于资金机制的分析应当回答以下问题：环境管理的资金需求方有哪些？需求资金是多少？与资金需求相对应的资金供给方有哪些？是否按照需求和既定原则支付各自的资金承担份额？资金来源是否稳定？城市生活污水排放管理是一个个子模块相互紧密关联的管理系统，而资金投入在这个系统中对城市生活污水排放管理绩效起到了至关重要的作用。城市生活污水排放管理需要大规模的投资，这与污水来源、污水收集与处理、污泥处置等方面密切相关。

根据5.4.6节可知，城市生活污水排放管理资金需求主要包括建设成本和运行成本两大类，其中建设成本主要包括排污管网和污水处理设施的建设成本（以年折旧表示），运行成本主要包括人工成本、原材料成本、水电费、污泥处理处置成本、维护费、监测化验成本以及管理成本、财务成本等。通过梳理国内现有法律法规，目前我国城市生活污水排放管理资金供给的相关政策有《水污染防治法》（2017）、《城镇排水与污水处理条例》（2013）、《城市管网及污水处理补助资金管理办法》（2019）、《"十四五"城镇污水处理及资源化利用发展规划》（2021）等。资金来源主要包括：政府投资、污水处理费、其他资金来源。

政府投资方面，我国现有的法律法规和政策文件中均明确规定县级以上地方人民政府是城市生活污水排放管理的资金筹措主体，中央政府在其中的责任十分有限。比如，《水污染防治法》（2017）明确规定，"县级以上地方人民政府应当通过财政预算和其他渠道筹集资金，统筹安排建设城镇污水集中处理设施及配套管网,提高本行政区域城镇污水的收集率和处理率"。《城镇排水与污水处理条例》(2013)明确规定,"县级以上地方人民政府应当根据城镇排水与污水处理规划的要求,加大对城镇排水与污水处理设施建设和维护的投入"。《"十四五"城镇污水处理及资源化利用发展规划》(2021)明确规定,"地方各级人民政府要建立多元化的财政性资金投入保障机制,在中期财政规划、年度计划中安排建设资金。中央预算内资金对城镇污水处理及污水资源化利用设施建设给予适当支持"。城市生活污水处理属于环保产业,对其进行的环保投资具有显著的正外部性,但公共环境物品产生的环境效益和社会效益很难以货币形式在市场上体现,同时往往是建在上游区域的城市生活污水处理厂所在的地方政府承担治理成本,而下游区域却成为清洁水源的享用者。根据当前政策规定,地方政府是法律意义上城市生活污水处理厂建设最大的投资主体,中央政府只在部分区域有一些补贴和资金支持①。外部性的存在使地方政府往往更愿意投资城市绿地、公共交通等为本地居民享用的公共设施,而较少具有投资建设城市生活污水处理厂的动机。这就表现为污水收集和处理系统的建设资金投入不足,城市生活污水处理厂建设缓慢,难以保证城市生活污水的全面收集和处理。

污水处理费方面,我国目前相关的政策有《水污染防治法》(2017)、《城镇排水与污水处理条例》(2013)、《污水处理费征收使用管理办法》(2014)、《关于完善长江经济带污水处理收费机制有关政策的指导意见》(2020)、《关于创新和完善促进绿色发展价格机制的意见》(2018)、《关于全面深化价格机制改革的意见》(2017)、《关于推进价格机制改革的若干意见》(2015)、《关于制定和调整污水处理收费标准等有关问题的通知》(2015)以及各地区出台的污水处理费征收办法。截至目前,我国已经逐步确定了污水处理费的政策框架体系,包括法律、行政法规、部门规章、规范性文件和相关征收标准等,同时也建立了污水处理费相关的征收管理体制和实施机制。《水污染防治法》(2017)将污水处理费纳入了法律范畴,明确污水处理的征

---

① 《城市管网及污水处理补助资金管理办法》(2019)明确规定,城市管网及污水处理补助资金是指中央财政安排支持城市管网建设、城市地下空间集约利用、城市污水处理设施建设、城市排水防涝及水生态修复的转移支付资金。补助资金用于支持海绵城市建设试点、地下综合管廊建设试点、城市黑臭水体治理示范、中西部地区城镇污水处理提质增效等事项。《"十四五"城镇污水处理及资源化利用发展规划》)(2021)明确规定,中央预算内资金对城镇污水处理及污水资源化利用设施建设给予适当支持。

收、管理和使用的法律依据。污水处理费的主体政策是 2013 年国务院颁布的《城镇排水与污水处理条例》，该条例规定了污水处理费的目标、标准、功能和职责。2014 年财政部、国家发展改革委、住房和城乡建设部三部委联合印发了《污水处理费征收使用管理办法》，这是在国家层面上首次对污水处理收费和使用出台的管理办法。但污水处理费相关政策的条文规定并不一致，其中出现了污水处理设施和排污管网的建设成本、污水处理设施运行成本、污水处理和污泥处理处置运营成本、准许成本等多个概念，法律的不严谨导致地方污水处理费政策的执行并不统一，见表 5-5。

表 5-5 我国污水处理费相关政策说明

政策级别	政策名称	颁发部门	核心内容
法律	《水污染防治法》(2017)	全国人大常委会	城镇污水集中处理设施的运营单位按照国家规定向排污者提供污水处理的有偿服务，收取污水处理费，保证污水集中处理设施的正常运行。收取的污水处理费用应当用于城镇污水集中处理设施的建设运行和污泥处理处置，不得挪作他用
行政法规	《城镇排水与污水处理条例》(2013)	国务院	污水处理费集中用于污水处理设施的建设、运行和污泥处理处置，收费标准不应低于城镇污水处理设施正常运营的成本
部门规章	《污水处理费征收使用管理办法》(2014)	财政部、国家发展改革委、住房和城乡建设部	污水处理费的征收标准按照覆盖污水处理设施正常运营和污泥处理处置成本并合理盈利的原则制定，污水处理费专项用于城镇污水处理设施建设、运行和污泥处理处置
	《城市供水价格管理办法》(1998)	国家计划委员会、建设部	污水处理费的标准根据城市排水管网和污水处理厂的运行维护和建设费用核定
规范性文件	《关于完善长江经济带污水处理收费机制有关政策的指导意见》(2020)	国家发展改革委、财政部、住房和城乡建设部、生态环境部、水利部	加快完善污水处理收费机制，实现生态环境成本内部化；体现"污染付费、公平负担、补偿成本、合理盈利"的原则；污水处理成本包括污水处理设施建设运营和污泥无害化处置成本
	《关于创新和完善促进绿色发展价格机制的意见》(2018)	国家发展改革委	建立健全能够充分反映市场供求和资源稀缺程度、体现生态价值和环境损害成本的资源环境价格机制；体现社会承受能力和污染者付费原则，实现生态环境成本内部化，构建覆盖污水处理和污泥处置成本并合理盈利的价格机制

政策级别	政策名称	颁发部门	核心内容
规范性文件	《关于全面深化价格机制改革的意见》(2017)	国家发展改革委	基于建立以"准许成本+合理收益"为核心的定价制度,按照补偿成本并合理盈利的原则,推进环境损害成本内部化
	《关于推进价格机制改革的若干意见》(2015)	国务院	按照"污染付费、公平负担、补偿成本、合理盈利"的原则,合理提高污水处理收费标准,城镇污水处理收费标准不应低于污水处理和污泥处理处置成本
	《关于制定和调整污水处理收费标准等有关问题的通知》(2015)	国家发展改革委、财政部、住房和城乡建设部	按照"污染付费、公平负担、补偿成本、合理盈利"的原则,综合考虑本地区水污染防治形势和经济社会承受能力等因素制定和调整。收费标准要补偿污水处理和污泥处置设施的运营成本并合理盈利
	《关于推进水价改革促进节约用水保护水资源的通知》(2004)	国务院办公厅	各地区人民政府应结合本地区污水处理设施运行成本制定污水处理费收费标准,确保污水处理设施正常运行
	《关于进一步推进城市供水价格改革工作的通知》(2002)	国家计划委员会、财政部、建设部、水利部、国家环保总局	已开征污水处理费的城市,要将污水处理费的征收标准尽快提高到保本微利的水平
	《关于加大污水处理费的征收力度建立城市污水排放和集中处理良性运行机制的意见》(1999)	国家计划委员会、建设部、国家环保总局	按照补偿排污管网和污水处理设施的运行维护成本和合理盈利的原则核定。运行维护成本主要包括污水排放和集中处理过程中发生的动力费、材料费、输排费、维修费、折旧费、人工工资及福利费和税金等

　　污染者付费原则是污水处理费政策制定的基本原则,目的是要求污染者支付全部成本,以实现生态环境成本内部化,确保环境质量不退化。结合5.4.6节的分析可以看出,目前我国对全成本的识别尚存在一定的偏差,污水处理费征收标准仍比较模糊。当污水处理费不能覆盖全成本时,必然会导致污水处理水平下降或需要财政补贴,影响政策效果。同时,我国现有污泥处置水平不高,距离无害化处理要求还有一定差距,存在少付费的情况,违背污染者付费原则,有造成二次污染的隐患(李涛,2021)。

第6章 我国城市生活污水排放管理政策设计

根据前文分析，我国城市生活污水排放管理政策缺乏整合，没有可遵循的守法文件，也没有可判定的守法依据。简单来说，我国城市生活污水排放管理政策零星、片面、不系统，没有发挥应有的效用。同时，对于工商业点源的预处理制度、专项建设资金（水环境保护周转基金）、按照流域的管理模式缺乏明确的要求，无法保证城市生活污水处理厂点源合规排放。本章在依据第2章建立的理论框架和参考美国城市生活污水排放管理制度经验的基础上，设计我国城市生活污水排放管理制度框架。

6.1 城市生活污水排放管理制度框架

城市生活污水处理厂排放管理的最终目标是排放的污水满足排入地表水体的水质达标或满足地表水水体的指定功能。城市生活污水处理厂排放管理的直接目标是实现其连续稳定达标排放，即各类污染物的排放得到控制，其产生的污泥得到安全处置，排放到城市生活污水处理厂的工商业点源得到控制，从而保障城市生活污水处理厂的稳定运行。

系统论的核心思想是系统的整体观念，系统科学的创始人之一贝塔朗菲强调，任何系统都是一个有机的整体，它不是各个部分的机械组合或简单相加，系统的整体功能是各个要素在孤立状态下所没有的新质。从系统论的角度用整体分析法进行政策框架设计研究的核心是：从全局出发，从系统、子系统、单元、元素之间以及它们与周围环境之间的相互关系和相互作用中探求系统整体的本质和规律，提高整体效应，追求整体目标的优化。城市生活污水排放管理就是这样一个复杂的大系统，不仅包括工商业点源的排放控制，也包括城市生活污水处理厂的连续稳定达标排放、污泥的安全处置、资金的合理设置等方面。在这一复杂大系统中，其中任何一个单元发生变化，都会通过系统内部的物质循环、能量流动和信息传输导致其他单元甚至整个流域系统发生变化。同时水资源环境是流域系统中典型的物质流，无视人为的、行政的分割，任何单个子系统即单个地区或单个部门分割解决问题的方案几乎不可能在本地区或本部门内部得到很好解决。尽管保障人体健康和水生态安全是全流域人民的共同利益，但由于工商业点源污染排放、预处理制度的缺失以及低标准排放带来的利益和水污染造成的环境损害成本、环境修复成本、污染治理成本在不同利益相关者间的分配并不平等，在流域水环境保护相关政策缺位的情况下，个体或局部地区做出的看似合理的决策和行为将导致整个流域系统不合理的后果。因此，城市生活污水排放管理工作应当从系统特征出发，综合考虑各行政区域、各部门以及水质、水量、水生态等各要素，任何单一地区、单一部门或单一要素的处理都是片面的，甚至是事倍功半的。

基于此，围绕城市生活污水排放管理系统，我们需要形成一系列制度。城市生活污水排放管理制度是一个综合性的管理制度，主要由四部分组成：一是城市生活污水处理厂排放许可证制度，确保其实现连续稳定达标排放，并将城市生活污水排放与受纳水体相关联，确保水质达标；二是工商业点源预处理制度，确保排入城市生活污水处理厂的工商业点源得到有效控制并进行规范化管理；三是按照流域的管理模式设计，直线型水质管理模式可以提高城市生活污水排放管理效率；四是针对城市生活污水处理厂的建设资金短缺问题进行政策设计，确保有足够多的资金建设城市生活污水处理厂并使污水百分之百得到处理。这几个要素构成一个系统，缺一不可，相互促进、相互影响。

6.1.1　排污许可证是城市生活污水排放管理政策的核心

排污许可是法定生态环境保护行政机关根据排污单位的申请，依法定的程序对申请材料进行审查，撰写排污行政许可，准予其在满足特定的条件下排放污染物的行为，是典型的行政许可。向天然水体排放污染物，不是一项权利，而是被授予的一项特权。排污单位需要向监管部门和公众举证表明其遵守了相关法律，才能获得这项特权；而监管部门需要审核排污单位提供的证据是否真实，如果判定其违法，也必须向排污单位和公众提供可核查的违法证据。因此，排污单位守法以及监管部门核查和处罚的过程就是一个举证和判别的过程。举证的方式、内容和程序都需要经过设计以使其合法且合理。排污单位需要证明排放合规，因此需要监测、保存记录和依法报告守法情况。

政府需要对排污单位的合规报告进行核查以及对违规行为进行处罚。所有这些内容应当是系统和全面的。

政府设立排污许可证制度，对排污单位运行和排污条件进行事前审查和过程监督，属于标准的行政许可。国家高度重视排污许可证管理工作，《水污染防治法》（2017）、《排污许可管理条例》（2020）、《排污许可管理办法（试行）》（2017）、《控制污染物排放许可制实施方案》（2016）明确规定了排污许可证制度的法律地位，这是市场经济体制国家普遍采用的环境政策手段，并且是基础和核心的污染物排放控制政策手段。

排污许可证是一项典型的命令控制型政策，是城市生活污水排放管理政策的核心，在排放端实现高效管理，集污水污泥排放控制管理于一体的"一证式"综合管理制度。城市生活污水处理厂排放管理的所有控制政策都可以通过排污许可证制度实现，这是一系列配套的管理措施相结合，汇总了法律法规对于城市生活污水处理厂排放控制的几乎所有规定和要求。其直接目标是保障所排入水体在有限的混合区边界处满足所排入水体的地表水质目标，中间目标是在点源所在排污单位层面具有可以直接执行的工具，使排污单位有明确的守法文件，促进点源连续稳定达标排放。排污许可证既是城市生活污水处理厂的守法文件，也是政府部门的监督执法文件。城市生活污水处理厂排污许可证的颁发和实施均需符合行政许可法的要求。

6.1.2 预处理是管理工商业点源的核心政策手段

工商业废水是指工商业企业生产过程中产生的废水和废液，其中含有随水流失的生产原料、中间产物、副产品以及污染物。城市生活污水处理厂的处理对象并不包括工商业点源排放废水中多数非常规污染物或有毒有害污染物。工商业废水成分复杂，处理难度大。若未对工商业废水的间接排放进行系统性评估和管控，则极易影响受纳城市生活污水处理厂运行的稳定性，导致出水水质超标。

预处理是管理工商业点源的核心政策手段。通过实施预处理降低或消除工商业点源水污染物的排放，从而预防此类排放所带来的不利影响。预处理也是一项典型的命令控制型政策，是城市生活污水排放管理政策中重要的组成部分。通过强制将工商业点源排放污染控制在排放端，使得工商业点源负担起自身的污染者责任。

6.1.3　以"流域"模式进行管理使得点源达标排放与受纳水体保护紧密联系

环境管理体制是环境管理系统的结构和组成方式，其核心内容是机构的设置，其目标是使各项环境政策具有明确、有效的责任主体。科学的环境管理体制是环境政策有效实施的前提和基础。我国目前采用的流域水环境管理体制按照行政区划进行，按行政区划管理的模式导致流域分割，外部性问题凸显。这一方式虽然有利于明确责任主体，提高管理效率，但是现行的行政区划造成流域的块块分割，水污染治理产生的外部性问题越来越突出。河流具有公共物品属性，当涉及跨行政区的流域水污染治理时，正外部性产生，地方政府考虑到其他未付出成本的行政区也会受益，因此可能不会积极采用严格的水污染物排放控制政策，上下游矛盾冲突产生，交易成本迅速升高，无法进行有效的流域综合管理。另外，地方政府具有"经济人"属性，在维护中央全局利益的同时更多地体现和代表了地方利益，地方政府和排污单位实际具有一致的经济利益，容易结成同盟。当中央政府监管不严时，地方政府有可能实施保护主义，协助企业隐瞒违规排放的信息，导致中央的监管失灵。

理想的水质管理模式是将水的自然单位作为整体，能够统筹整个流域水质管理的各个要素，不受地方政府干扰，恢复和保持国家水体化学、物理和生物的完整性。以"流域"模式进行管理是全方位的统筹管理构想，通过打破行政界限的分割，流域水环境管理部门不受地方政府的管制，避免了很多由于地方长官意志造成的阻碍水环境保护的情况。这种管理模式从整个流域大系统的角度来建立有效的决策和实施机制，考虑所有利益相关者的诉求，最终确保流域水环境保护政策可实施、可操作、可执行，提高整体管理效率。

6.1.4　完善的资金机制设计能够使城市生活污水得到有效处理

稳定而又充分的资金来源对水污染治理和水环境保护至关重要，可以确保城市生活污水得到有效处理。随着城镇化进程的加快，我国城市生活污水排放量持续上升。面对不断提高的城市生活污水处理率和依旧严峻的水环境现状，我国水环境保护资金需求逐渐加大。不仅需要新（扩）建城市生活污水处理和排水设施来应对不断增加的城镇人口，还需面对现有城市生活污水处理厂存在的排放标准低、管网老旧、污泥无害化处置程度低等问题，这些工程的实施均需大量的资金支持。目前，我国以政府为主体的资金投入体制无法满足城市生活污水处理的巨大需求。

水是具有多重属性的物品，兼具纯公共物品、准公共物品和私人物品的性质。物品属性不同，相应的资金机制设计也就不同。城市生活污水处理厂属于准公共物品范畴，政府投入应该在其中发挥基础性作用。美国在水污染防治领域的投资非常注重资金使用效率，设立的清洁水州周转基金为美国污水处理设施的建设及水环境质量改善提供了有力的资金保障，值得借鉴。水环境保护周转基金有助于解决我国不同地区基层政府缺乏对水污染防治的财政投入问题和提高财政资金的使用效率。工商业点源水污染治理，从物品属性上来看则明显属于私人物品，工商业点源理应根据水环境保护法律、法规和标准的要求，处理其在生产过程中产生的污染，体现污染者付费原则。

6.2 利益相关者分析

根据我国现行流域水环境管理体制，并从城市生活污水排放管理政策设计和实施角度出发，存在三大类主要利益相关者：各级政府、排污单位、公众与社会团体。

6.2.1 各级政府部门

中央政府是各项水环境保护法律法规的颁布机构，在水环境保护工作中起宏观调控作用，对地方政府水环境保护工作进行监督核查。生态环境部是代表国家整体利益负责全国环境保护的最高管理者，主要职能包括拟定国家生态环境政策、规划并组织实施，组织拟订各类生态环境基准、标准和技术规范；制定水环境质量标准和水污染物排放标准；制定水环境监测规范，组织监测网络、统一规划监测站点设置并统一发布全国水环境状况信息；建立重点流域水环境保护协调机制；公布有毒有害水污染物名录；负有水环境保护的监督管理职责、总量减排考核、排污许可证监督以及实行水环境保护目标责任制等。总体上，生态环境部负责环境保护法律法规制定、方针政策的决策部署以及全国水环境保护工作的技术指导，水环境保护的具体任务全部由地方政府负责，中央政府和地方政府在水环境保护中存在委托—代理关系（韩冬梅，2012）。

督察局是生态环境部派出的正厅级行政机构，主要包括华北督察局、华东督察局、华南督察局、西北督察局、西南督察局、东北督察局。六大督察局的主要职能包括监督地方对国家生态环境法规、政策、规划、标准的执行情况；承担中央生态环境保护督查相关工作；协调指导省级生态环境部门开展市、县生态环境保护综合督查；参与重大活动、重点时期空气质量保障督查；参与重特大突发生态环境事件应急响应与调查处理的督查；承办跨省区域重大生态环境纠纷协调处置；承担重大环境污染与生态破坏案件查办；承担生态环境部交办的其他工作等。

省级地方政府一方面是中央政策的执行者，另一方面也是本省水环境保护地方法规、标准和技术规范的制定者。省级地方政府对本省的水环境质量负责，是省内未达标水体的主要负责人。各省生态环境厅负责监督本省内市、县政府的水环境保护工作，负责本省重大生态环境问题的统筹协调和监督管理，负责国家主要水污染物减排目标的落实以及排污许可证制度的监督，组织实施生态环境质量监测和污染源监督性监测，收集和整理省内水环境质量、水污染排放监测数据，公布本省环境质量年报、环境统计年报、生态环境状况公报等水环境质量和水污染物排放相关信息。从职能关系来看，各省生态环境厅是协调中央政府和市、县政府之间水环境保护行动的中间机构。

市、县级地方政府生态环境局是水环境保护的基本单元，是省级水环境保护政策的直接执行者，负责本行政区内水环境保护政策的具体制定和落实。《环境保护法》（2014）明确规定，"各级人民政府应当加大保护和改善环境、防治污染和其他公害的财政投入，提高财政资金的使用效益；县级以上地方人民政府环境保护主管部门，对本行政区域环境保护工作实施统一监督管理"。《水污染防治法》（2017）明确规定，"地方各级人民政府对本行政区域的水环境质量负责，应当及时采取措施防治水污染；县级以上人民政府环境保护主管部门对水污染防治实施统一监督管理；有关市、县人民政府应当按照水污染防治规划确定的水环境质量改善目标的要求，制定限期达标规划，采取措施限期达标；每年向本级人民代表大会或者其常务委员会报告环境状况和环境保护目标完成情况时，应当报告水环境质量限期达标规划执行情况，并向社会公开；各级人民政府应当统筹城乡建设污水处理设施及配套管网，固体废物的收集、运输和处置等环境卫生设施，危险废物集中处置设施、场所以及其他环境保护公共设施，并保障其正常运行"。《排污许可管理条例》

（2021）明确规定，"设区的市级以上地方人民政府生态环境主管部门负责本行政区域排污许可的监督管理；排污单位应当向其生产经营场所所在地设区的市级以上地方人民政府生态环境主管部门申请取得排污许可证"。《排污许可管理办法（试行）》（2018）明确规定，"环境保护部负责指导全国排污许可制度实施和监督；各省级环境保护主管部门负责本行政区域排污许可制度的组织实施和监督；排污单位生产经营场所所在地设区的市级环境保护主管部门负责排污许可证核发"。

因此，一方面，地方政府是环境政策的最终和最直接的执行主体，需要严格遵守国家法律法规，是守法者；另一方面，地方政府也是本地排污单位的直接监管机构，负责对排污单位的监督、核查和处罚，是执法者。在计划经济体制下，地方政府只是作为中央政府的地方执行机构，不存在地方利益和中央利益的冲突。但在市场经济体制下，地方政府在执行中央政策的同时，也会作为"经济人"更多地关注自身利益。因此，地方政府无论作为守法者还是执法者，都从"经济人"角度进行成本效益分析，其决策会直接影响环境政策的效果和效率。

6.2.2　污染源

为了便于管理，水污染源一般被划分为"点源"和"非点源"。点源指任何可辨别、有限制且分散的输送，包含但不限于管道、沟渠、河道、隧道、泉、井、不连续裂缝、容器、车辆、规模化畜禽养殖场，以及可能存在污染物泄漏的轮船和其他流动船只；非点源一般指除点源以外的污染源，包括农业、河道底泥、大气沉降等（宋国君，2020）。从公平的角度来看，任何向天然水体排放污染物的污染源都应当承担治理责任。点源和非点源都应列入水污染排放控制目标。但从效率角度来看，边际治理成本最低的污染源应该是排放控制的首要目标。一般来说，点源常有确定的排放口，在某一局部地区水量较大、污染物含量较高、毒性较强，引起的水体污染比非点源污染引起的污染更为严重，可对人体健康、水生态和经济社会发展造成重大伤害。从外部性内部化的成本有效性来看，水污染防治的首要目标就是外部关系简单、环境效应大的点源污染排放。非点源一般只有在汛期才会大量进入水体，且较大的水量也会使污染物浓度大大降低。降水产生的流量增加对污染物具有携带和稀释双重作用，因此需要结合降雨前后水质变化情况做具体分析，这需要和气象数据动态关联。同时由于降雨时间、流失途径的不确定性，导致其控制难度较大、成本较高。因此，无论从发达国家水污染控制经验还是从我国实际情况来看，点源作为水环境保护的优先控制对象，一般来说更可行也更有效。

市场经济体制下点源排污行为动机十分明确，即追求自身利益利润最大化，故在缺少激励的情况下没有足够的污染治理动机。因此，执法者需要对不同的水污染问题设计合理的环境政策手段，主要包括命令控制型手段、经济刺激型手段及劝说鼓励型手段。无论采取哪种手段，目的都是实现水污染外部性的内部化，污染源会根据法律法规的规定和自身情况，选择费用效益最好的内部化方式。点源是排污许可证制度的主要作用对象，更具体的目标是控制大型工商业点源和城市生活污水处理厂点源的排放。

工商业点源应当遵守国家和地方相关法律法规和各项政策，履行污染者付费原则并自证守法，投资进行自身污染物排放的处理，保证直接排入天然水体的废水达标。对排入城市生活污水处理厂的工商业废水，应当达到规定的预处理要求，不影响城市生活污水处理厂的正常运行。在生产过程中，应当采用原材料利用效率高、废弃物产生量少的生产工艺，尽量回收利用产生的废弃物，减少最终污染物的排放。城市生活污水处理厂属于准公共物品，同时又具有自然垄断特征，在很多城市属于事业单位或国有企业，其自身的特殊性导致其在实际的环境管理中往往不被当作一个污染源。生态环境部每年公布的《中国生态环境统计年报》中也只有工业企业的废水达标排放率而并不考虑城市生活污水处理厂的达标排放率。随着城市化进程不断加快，城市污水排放量不断增加，城市生活污水处理厂成为我国水环境污染的重要来源，必须保证其正常运行并实现连续稳定达标排放，同时使产生的污泥得到安全处置。

工商业点源和城市生活污水处理厂作为排污单位，在环境管理中的主要职责是严格遵守国家和地方相关法律法规和各项政策要求。《环境保护法》（2014）明确规定，"实行排污许可管理的企业事业单位和其他生产经营者应当按照排污许可证的要求排放污染物；未取得排污许可证的，不得排放污染物。重点排污单位应当如实向社会公开其主要污染物的名称、排放方式、排放浓度和总量、超标排放情况，以及防治污染设施的建设和运行情况，接受社会监督"。《水污染防治法》（2017）明确规定，"直接或者间接向水体排放工业废水和医疗污水以及其他按照规定应当取得排污许可证方可排放的废水、污水的企业事业单位和其他生产经营者，应当取得排污许可证；城镇污水集中处理设施的运营单位，也应当取得排污许可证。排污许可证应当明确排放水污染物的种类、浓度、总量和排放去向等要求。实行排污许可管理的企业事业单位和其他生产经营者应当按照国家有关规定和监测规范，对所排放的水污染物自行监测，并保存原始监测记录。实行排污许可管理的企业事业单位和其他生产经营者应当对监测数据的真实性和准确性负责。向污水集中处理设施排放工业废水的，应当按照国家有关规定进行预处理，达到集中处理设施处理工艺要求后方可排放。城镇污水集中处理设施的运营单位，应当对城镇污水集中处理设施的出水水质负责。城镇污水集中处理设施的运营单位或者污泥处理处置单位应当安全处理处置污泥，保证处理处置后的污泥符合国家标准，并对污泥的去向等进行记录"。由此可以看出，工商业点源和城市生活污水处理厂获得排污许可证后，其守法行为主要是依据排污许可证的要求执行规定的水污染物排放标准，并遵循排污许可证监测方案进行污染物排放监测、记录和报告。减少治理成本、获取额外经济收益是其排放行为的直接动机，遵守环境法规与政策、治理污染并减少排放会增加其运行成本并减少收益。因此，在实际过程中工商业点源和城市生活污水处理厂总是具有逃避污染治理责任、隐藏违法信息、贿赂环境执法者以逃避处罚的动机。简单来讲，守法成本和违法收益是决定其行为的直接依据（韩冬梅，2012）。

6.2.3 公众与社会团体

公众是水环境质量变化的最终受体，有权了解其居住区域周边的水环境质量状况和各类水污染物质对其造成的影响。比如居住在流域周边的渔民应该可以及时获知水质变化和对水体有直接影响的污染源排放信息。发生了水体污染事件，渔民可以及时获取信息、采取措施减少损失并获取赔偿。因此，信息公开是公众可以充分获取水环境信息和影响以及维护自身利益不受损害的主要途径，同时多样的信息反馈渠道和政府对公众反馈做出的及时回应也是非常重要的。对水环境保护而言，公众参与能够真正反映公众意志，增强环境政策的认同感和可实施性，是水环境保护政策制定和实施的基础。社会组织是水环境保护的重要参与方，其宣传水环境保护信息、对地方政府和排污单位进行监督、为环境执法和环境守法提供证据等，是水环境信息获取的重要来源。美国非营利水环境保护团体是美国水环境保护社会监督的重要力量，不仅监督污染源排放，还可以起到监督地方环保部门的作用，大步推动了水环境法令的执行（开根森，2007）。我国法律法规对信息公开和公众参与也有明确的要求，比如《环境保护法》（2014）明确规定，"公民、法人和其他组织依法享有获取环境信息、参与和监督环境保护的权利。各级人民政府环境保护主管部门和其他负有环境保护监督管理职责的部门，应当依法公开环境信息、完善公众参与程序，为公民、法人和其他组织参与和监督环境保护提供便利"。

6.3 管理体制设计

管理体制设计的目标是纠正水污染外部性造成的管制失灵。美国 NPDES 排污许可证制度在一定程度上为我们提供了可供借鉴的经验，虽然美国和我国政治体制、经济发展水平都不相同，但水环境管理和管理科学技术具有普适性，对美国 NPDES 排污许可证制度的借鉴可以避免我们走不必要的弯路。美国 NPDES 排污许可证制度是由美国国家环保局集中实施统一监督管理、州政府直接实施的管理模式，为我国城市生活污水排放管理体制的设计提供了参考。本节将依据外部性理论和机制设计理论，同时借鉴美国 NPDES 排污许可证制度的经验，对我国城市生活污水排放管理体制进行设计。

6.3.1 建立中央政府负更多责任的管理体制的必要性

与目前由地方各级人民政府对各行政区域水环境质量负责、实施排污许可证制度和预处理制度的做法相比，将水环境管理责任上移，由中央政府实施排污许可证制度的做法是非常必要的。

生态环境部负责大型工商业点源和城市生活污水处理厂的排污许可证管理优于地方各级人民政府负责。首先，中央政府立足国家全局利益，具有实现水污染外部性内部化的最大动机。水污染往往以流域为单位，一个完整的流域可能会流经多个行政区，存在跨区域、跨界外部性问题。地方政府在执行流域水环境保护政策过程中兼有国家政策执行者和地方利益保护者的双重身份，地方利益与全局利益存在明显博弈关系，现行地方政府对本行政区域水环境质量负责的管理体制直接影响水环境保护效果。同时，依据外部性管理的政府级别选择理论，外部性越大的环境问题越应该由高级别的部门来管理。因此，从理论的角度来看，会对人体健康和水生态安全造成直接影响的大型工商业点源和城市生活污水处理厂理应由更高级别的政府部门来进行管理。

其次，有利于降低信息获取成本进而提高水环境管理的确定性。市场经济条件下存在广泛的信息供给不足、信息不对称现象，地方人民政府掌握着更为详细的水环境质量和水污染源排放信息。同时地方人民政府既没有动力严格核查污染企业的排污信息，也没有动机向中央政府报告完整、准确、全面的环境质量和污染排放信息。因此，容易形成"中央政府"与"地方政府和污染源"的模式，进而阻碍水环境保护政策的有效实施。如果可以实现将大型工商业点源和城市生活污水处理厂管理的责任上移，将监督、管理、审批的职责转移到中央政府，缩短管理的层级，就可以在很大程度上提高流域水环境管理的权威性和约束力，避免地方政府虚报、瞒报污染源排放信息等不作为和乱作为现象，也在一定程度上提高点源报告真实信息的动力。

最后，提高资金投入、明确问责主体。由于水污染外部性的存在，对跨行政区的水污染问题，地方政府往往缺乏投资动力。同时不同地区间经济发展水平不同将直接影响水污染防治的人力、技术和资金的投入水平。由中央政府统一划拨管理流域水环境保护资金，克服地区缺乏投资动力和发展不平衡问题。根据水污染外部性特征确定管理级别，中央政府需要在诸如城市生活污水处理厂建设等投资方面负更多责任，并对大型工商业点源承担主要监管责任。中央政府主导、地方政府配套的资金投入会大大提高地方政府水环境治理投入的积极性。在问责处罚方面，明确中央政府对未能实现水环境质量目标的地方政府进行问责和处罚，将在一定程度上倒逼地方政府有效执行中央政府政策目标的动力（何伟，2016）。

6.3.2　经验借鉴分析

排污许可证制度是实现美国《清洁水法》中所设定的水环境保护目标的手段和工具，是《清洁水法》的核心内容，是对点源排放控制政策的实施载体。按照《清洁水法》的要求，美国国家环保局可以监控一切排放至美国境内天然水体的污染源。当州政府满足一定条件和要求时，美国国家环保局也可以将签发、审批、实施和监管排污许可证的权力授权给州政府，同时美国国家环保局保留对各州政府颁发排污许可证的最终批准和否决的权力。美国国家环保局和各州政府通过签署正式的委托合作协议，确保州政府可以准确地完成排污许可证相关工作，并接受美国国家环保局的监督。在各州、管辖区或部落获得了发放排污许可证或者管理部门排污许可证计划的权力后，美国国家环保局将不再直接干预具体的管理活动。但是美国国家环保局仍然可以随时核查所有由州、管辖区或部落发放的排污许可证，在具体的许可内容和条款规定上，可以否决与美国国家环保局有冲突的部分。同时，美国国家环保局仍然有权直接监督核查和处罚各州管辖范围内的某些排污设施或活动。在接到举报后，美国联邦调查局可以不事先通知州政府，直接进行调查。如果美国国家环保局有明确的证据表明州排污许可证管理机构没有遵循委托合作协议，在一定情况下可以收回州管理本辖区排污许可证事务的授权，并直接管理该州的排污许可证事务。

美国国家环保局要求州要获得管理排污许可证的权力，必须满足以下条件：本州相关的法律体系中必须包括美国国家环保局制定的 NPDES 排污许可证法规。美国国家环保局的规定是排污许可证管理和执行的最低要求，州法律可以比此规定更严格，但不能降低标准。符合要求的州政府需要和美国国家环保局签订一个具体的委托合作协议，属于联邦政府的专案，依据联邦法规执行。州政府在州范围内按照水文特征、地形特点、气候差异等因素设置管理机构——流域水质管理分局，作为排污许可证的发放和监督管理机构。在排污许可证的管理活动中，需要制定一个完整的实施计划，以满足如下目标和要求：①能够得到授权全面调查所有排污许可证实施相关的设施及活动；②实现对排污许可证相关设施和活动的定期检查；③违反排污许可证相关要求的违法信息能够被有效收集；④制定有效的公众监督程序，便于及时反馈公众监督信息。

社会监督作为一个不可或缺的部分，在美国水环境保护法令制定和执行过程中起到了相当大的作用，推动着美国水环境保护政策法规不断前进和完善。其中，《清洁水法》中的"公民诉讼"条款允许"任何利益相关的公民，包括环保团体，在联邦地方法院提出公民诉讼，惩办违法的排污单位，或者没有尽到《清洁水法》规定职责的美国国家环保局或者州环境保护机构负责人"。根据美国《信息自由法》，美国公民有权利查询或要求获知美国国家环保局数据库中某些特定设备的相关信息。允许所有感兴趣的公民参加任何联邦民事诉讼，参与复审和评论被提议的许可法令（韩冬梅，2012）。

美国 NPDES 排污许可证制度采取了一种多层级的管理体制，包括美国国家环保局对州政府的监督，州政府对排污单位的监督，排污单位的自我监督，以及公众和环保团体形成的社会监督。在排污许可证申请、发放、执行过程中的所有文本均由负责人亲笔签名，承诺承担一切与此相关的法律责任。同时结合守法援助等政策，对守法者提供多层次的激励措施，确保排污许可证制度的执行效果。

相比较而言，我国《水污染防治法》《排污许可管理条例》《排污许可管理办法（试行）》《城镇排水与污水处理条例》《城镇污水排入排水管网许可管理办法》明确规定排污许可证由地方人民政府生态环境主管部门负责审批、核发和监督管理，工商业点源排入城市生活污水处理厂排水许可证由城镇排水主管部门负责审批、核发和监督管理，并没有赋予中央政府——国务院生态环境主管部门对排污许可证的最终管理权。"美国国家环保局—区域办公室—州政府—州环保局—州环保局水资源控制局—流域水质管理分局—污染源"的直线型管理模式以及多层级的监督管理体制是我们可以学习和借鉴的。

6.3.3 管理体制框架设计

根据外部性理论和机制设计理论，参考美国 NPDES 排污许可证制度的经验，对我国城市生活污水排放管理中各级政府的权责划分、管理职能进行设计，建立"生态环境部—区域督察局—省生态环境厅—水质管理局—流域水质管理分局—市（区、县）生态环境局—污染源"直线型水质管理模式，权责划分清晰、管理职能明确，可以提高城市生活污水排放管理效率，如图6-1所示。

生态环境部的职责包括制定全国的水环境保护法律法规、进行相关科学研究以及向各级水生态环境保护部门提供资金和技术支持。生态环境部六大区域督察局可以作为生态环境部主要的监督核查力量。区域督察局代表生态环境部统管全国水环境保护事务，监督各省水环境保护行为、执行国家水环境保护法律法规以及落实生态环境部的项目。

设置隶属于省生态环境厅的水质管理局，负责生态环境部委托省政府管理的本地区水质保护事务。对于省内流域，设立流域水质管理委员会，主任由流域内主要行政区领导任命的代表担任，委员由水质管理局、相关流域行政区、生态环境部门、水利部门等代表组成，常设决策机构，由流域水质管理分局具体执行。以排污许可证制度落实流域内所有点源的管理，包括工商业点源和城市生活污水处理厂；统一执行流域水质达标规划，各支流域水质管理分局分别制定流域水质达标规划，由省长签字，生态环境部批准。跨省的流域水质管理，主要靠流域水质达标规划执行，生态环境部区域督察局负

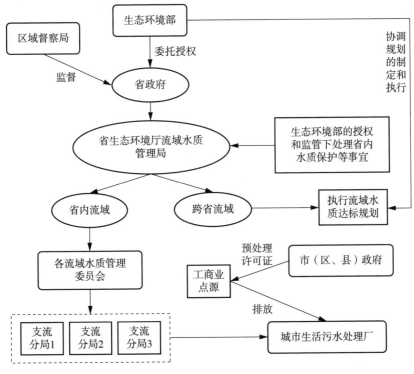

图 6-1　城市生活污水排放管理体制框架设计

责协调规划的制定和执行。

　　取消市（区、县）生态环境局的点源管理权限，由省政府委托各级地方政府管理预处理排污许可证、非点源和小点源的管理，市（区、县）生态环境局负责执行。所有的市（区、县）生态环境局仅发挥守法者的作用，申请和执行排污许可证。以湘江流域为例说明直线型流域水质管理的体制设计：在湖南省生态环境厅设立水质管理局，分别在湘江上游、"长株潭"地区、洞庭湖区域和其他主要支流流域设立流域水质管理分局。建立联系区域和流域水质管理局的决策机构——流域和支流流域水质管理委员会。支流流域水质管理委员会主席由主要行政区党政负责人或行政区代表担任，委员由其他流域行政区负责人担任或任命，省生态环境厅、省水利厅各任命一名委员。委员会为非常设机构，主要职责是重大事项的决策、任命流域水质管理分局局长。流域水质管理分局管理排向天然水体的点源许可证，对各级地方的预处理、非点源和小点源发挥业务指导作用。市（区、县）生态环境局仍隶属于地方政府，但只负责预处理的管理①，取消市（区、县）生态环境局对点源的管理权限，将点源排放管理的责任上移，有利于加强水质管理局对地方污染源的监管，减少地方政府协助排污单位隐瞒违规排放的现象。排放到城市生活污水处理厂的工商业点源，执行预处理排污许可证，目标是保证排向城市生活污水处理厂的废水符合入水水质要求，保证城市生活污水处理厂运行的稳定性。

根据外部性理论，将外部关系简单、环境效应大的点源污染排放管理的责任上移，由生态环境部负责包括所有点源在内的排污许可证的发放和管理。点源一旦出现违反排污许可证的情况，生态环境部可以依法对违证点源进行处罚，直至制止违法行为。考虑到生态环境部的直接执行能力，工商业大点源和城市生活污水处理厂可通过委托代理合同委托省级生态环境厅水质管理局发放"排污许可证"，委托市（区、县）生态环境局发放"预处理排污许可证"管理排向二级城市生活污水处理厂的工商业点源。对于被委托机构或部门出现违法情况，生态环境部可以依据委托代理合同对其进行相应的问责。通过缩短委托代理链条和管理层级，降低政府机构之间的交易成本，提高排污许可证实施的效果和效率。生态环境部保留各类排污许可证最终管理和监测核查的权力。

从发达国家的经验和我国现实情况来看，建立中央政府负更多责任的城市生活污水排放管理体制存在可行性。一方面，生态环境部委托地方政府具体操作，可以解决工作面向地域过宽与中央生态环境部门管理能力有限的矛盾，生态环境部只是保留最终管理权。另一方面，直线型水质管理模式政策设计，并不涉及大幅度修改已有法律或新增大量管理机构，在法律上不存在障碍。

6.4 具体政策手段设计

6.4.1 城市生活污水处理厂排污许可证

（1）设计原则

合法性原则。《水污染防治法》（2017）确立了排污许可证制度的合法

---

① 预处理排污许可证的发放委托地方政府负责，需经过生态环境部的审核批准，并由生态环境部定期进行检查。

性，城市生活污水处理厂排污许可证的实施已经具备法律上的权威性，其设计需要以现有法律法规为基础，在当前政策环境下提出适当改进，减少政策实施阻力。

系统性原则。城市生活污水处理厂排污许可证应当是一个对排放管理要求的系统化整合，除了排放标准，还应包括监测、记录和报告要求及监督核查等其他配套措施。此外，还应注重与其他排放控制政策相协调，并充分考虑排放管理的每一个环节，包括工商业点源进水管理、出水和污泥无害化处置等。

成本有效原则。城市生活污水处理厂排污许可证的设计还要考虑经济、技术、社会等客观约束条件，与生态环境部门和污水处理厂自身的管理水平相匹配，确保污水管理成本有效且信息公开。管理模式的设计要充分利用现有管理机构和实施基础，从而降低政策设计和实施成本。

（2）总体框架设计

排污许可证是城市生活污水处理厂守法排放的重要法律文书，也是生态环境保护主管部门对城市生活污水处理厂进行监督核查的重要依据。排污许可证记载了生态环境保护主管部门的全部环境管理要求，对各项政策手段进行了有效连接和整合，实现了对污水处理点源排放污染物的有效管控。城市生活污水处理厂排污许可证的主要内容为排污许可条件、水污染物排放标准、污泥管理规定、排放监测方案、记录和报告等。其中，污泥无害化处置要求和基于水质的排放标准是重点需要补充的，后者也是"个案化"的设计重点。城市生活污水处理厂排污许可证总体框架设计如图 6-2 所示。

①基本信息。基本信息是对城市生活污水处理厂基本情况的简单总结，涵盖污染物处理和排放、运营管理、厂区负责人等关键要素，主要包括城市生活污水处理厂名称、地址、厂区平面图、收集系统类型、服务范围、处理规模、服务总人口数、人员编制、进水情况、排放口及受纳水体信息、法人代表和环保负责人信息等。进水情况要说明主要纳管企业的情况，排放口信息要精确到排放口的经纬度坐标，并对排放口的选址缘由进行说明，且按照要求设置环境保护图形标志牌。受纳水体信息包括受纳水体名称、水体类型（河流、湖泊）和水质目标（水质功能区划等级及对应水质标准）。对于河流和湖泊，水质目标参考《地表水环境质量标准》（GB 3838—2002）确定。这样一来，就将污染排放与受纳水体水质目标相联系，强调了城市生活污水处理厂对受纳水体水质的保护责任。此外，城市生活污水处理厂要设置一名环保专职负责人，该负责人应对整个排污许可证文本所记载内容的真实性、准

基本信息	污染控制信息	排放标准
·城市生活污水处理厂名称、地址、厂区平面图 ·处理规模、人员编制 ·排放口及受纳水体信息 ·法人代表和环保负责人信息	·污水处理工艺及流程图 ·主要污水处理设施或设备 ·主要产污环节 ·排放污染物种类及数量	·基于技术的排放标准 ·基于水质的排放标准 ·混合区 ·达标判据
排放监测方案 ·监测点位布设 ·监测项目及频次 ·监测分析方法 ·监测质量控制和质量保证	**记录保存要求** ·排放信息记录 ·运行维护记录	**守法报告要求** ·自行监测报告要求 ·违规报告要求 ·污染事故报告要求 ·年度执行报告要求 ·其他报告

其他要求
·工商业点源预处理
·污泥无害化处置

图6-2 城市生活污水处理厂排污许可证总体框架设计

确性、有效性进行把关。将信息谎报造假等引起的法律责任落实到个人，可以督促该名负责人对城市生活污水处理厂排污许可证的全过程管理进行审核，提高信息的真实性和准确性。

②排放标准。排放标准是城市生活污水处理厂排污许可证的核心内容。排放标准是指任何对点源排放到水体中的化学、物理、生物或其他成分在数量、排放率和浓度上的限制，本质是确定一个适度的内部化边界，内部化边界应当是"适度"的。目前，我国在设计城市生活污水处理厂的处理工艺等级时往往只考虑了技术因素，而忽略了所排入受纳水体的水质现状，更没有进行成本效益分析，因而导致部分城市生活污水处理厂排放标准的制定过严或过松，未能达到资源的最优配置。因此，排放标准的设计目标包括两个层次，第一个层次是在现有的技术、经济水平最大限度范围内削减水污染物的排放，即基于技术的排放标准；第二个层次是确保受纳水体的水生生态环境不受影响，即基于水质的排放标准。

a. 基于技术的排放标准。基于技术的排放标准根据污染控制信息，参考《城镇污水处理厂污染物排放标准》（GB 18918—2002）制定。该排放标准以污染控制技术为主，目前仅设置了日均最高允许排放浓度，缺少周尺度和月尺度下的排放标准，也没有对排放量进行限制，无法刻画城市生活污水处理厂排放存在的波动性特点，难以对其连续稳定达标排放形成有效约束。在技术管理上，可以借鉴美国经验从几个维度规定常规污染物的管理，以控制其管理效率。在排放标准限值上，平均每月限值可设定在城市生活污水处理厂在 2 年内可实现的 30 日平均排放水平的 95% 分位数，平均每周限值设定为平均每月限值的 1.5 倍；排放量限值可通过排放浓度限值与设计处理水量相乘得到。需要特别说明的是，虽然城市生活污水处理厂并不针对非常规污染物和有毒有害污染物进行处理，但是在排放端仍然要对其进行管理，以保护地表水质达标。

b. 基于水质的排放标准。基于水质的排放标准是基于一定阶段下社会对水体功能的需求，按照排污单位所在水体的污染背景值、水质标准、水文特点和水质基准制定的排放控制措施。基于水质的排放标准是针对排污单位逐一制定的，对每个排污单位的控制要求都不同。基于水质的排放标准按照生物能够容忍的急性标准和慢性标准制定。由急性标准和慢性标准制定出污染物排放量负荷，再将污染物排放量负荷转化为污染物长期浓度均值，进而转化为排放标准要求的最大日均值、周均值或月均值。可见，基于水质的排放标准是按照特定水体的生物种类，以保护生物生存和繁殖为目的而制定的。基于水质排放标准的制定思路与基于技术排放标准的制定思路是完全不同的，为保护水质上了一道保险。

③混合区。

a. 混合区概念。混合区是基于水质排放标准的重要概念，是指污水在排污口附近的局部水体经稀释混合达到垂直均匀后，向河流的长度和宽度方向逐渐迁移扩散的区域。该区域的污染物浓度会短暂超过地表水质标准，并在有限混合区的边界达到水质标准。确定是否采用混合区是制定基于水质的排放标准的重要步骤。如果不确定混合区，则对于混合条件不佳的受纳水体而言，等同于要求排污单位排放口的污染物浓度必须达到地表水环境质量标准；如果确定混合区，会进一步明确混合区的要求，说明对不同污染物、不同类型水体的各种最大混合区尺寸。

b. 混合区条件。混合区应尽可能小。确定混合区时，必须满足下列条件：一个混合区不得损害整个水体的完整性；不能对通过混合区的水生生物造成急性中毒条件；不能限制水生生物的通道；不能对生物敏感或重要栖息地造成不良影响；不能产生不希望的或具有滋扰性的水生生物；不能导致漂浮物、油脂或浮渣；不能产生令人反感的颜色、气味、味道或浊度；不能造成令人反感的底部沉积物；不能造成滋扰；不能允许存在于任何饮用水水源地或其附近，或作为饮用水水源。

必要时可以拒绝设置混合区和稀释系数，以保护有益用途、满足政策条件或符合其他监管要求。在此要求下，混合区的确定应基于污水水质、水体水力条件、总体排放环境（包括生物体健康、潜在生物累积性等）。在有多个混合区的情况下，应仔细考虑与其他排放口的接近程度，以保护有益用途。

如果允许排污单位设定混合区和稀释系数，那么需要在排污许可证中详细说明设定混合区使用的方法、批准的稀释系数、适用于受纳水体的水质基准必须在水体哪个位置满足等信息。申请排污许可证时，应当在可行的范围内，提交给管理部门所需的信息，以确定是否允许设定混合区，包括得到受纳水体和污水流量的计算过程、混合区研究的结果等。如果混合区研究的结果在排污许可证发放/补发时仍不可获得，管理部门可建立过渡性要求。

c. 混合区设计。混合区的设计目的是在合理的范围内，得出稀释系数的值，以求出排放口单一污染物基于水质的排放标准限值。混合区设计的重点是要根据排放混合的具体情况设定出混合区的范围和计算出稀释系数。混合区的确定方法还决定于排放污水与受纳水体是完全混合还是不完全混合。

本书以完全混合排放为例。完全混合排放条件是指从排放口到其下游两个河宽距离范围内某一点的水体横截面上，污染物浓度差异小于 5%（含分析误差），如图 6-3 所示。对于完全混合排放，受纳水体可用于稀释污水的量通过使用表 6-1 中合适的参数计算并确定稀释率。在任何情况下，允许的稀释

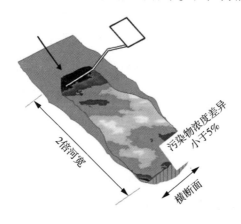

图 6-3 混合区要求示意

系数都不得大于计算的稀释率。当关于污水和受纳水体的特定地点条件表明，没有必要选择一个更小的稀释系数来保护有益用途时，稀释系数可被设定为等于稀释率。然而，如果根据特定地点条件，确定不适合使用表 6-1 中参数计算的稀释率时，混合区和稀释系数应使用特定地点信息和不完全混合排放的具体程序来确定。

表 6-1　计算稀释率使用的污水和受纳水体的流量

稀释率对应的水质基准	受纳水体的临界流量	排放污水的流量
水生生物急性基准	1Q10（统计频率下，每 10 年一次出现的一天最低流量）	排放期间的日最大流量
水生生物慢性基准	7Q10（统计频率下，每 10 年一次出现的连续七天平均低流量）	排放期间日最大流量的四天平均值
人体健康基准	调和平均值	排放期间流量的长期算术均值

稀释系数是一个与混合区相关的数值，表示受纳水体带走的排放污水的比例。稀释系数是一个在计算排放标准中使用的值，它是基于每种污染物逐个确定的。在对污水设立混合区或稀释系数之前，应首先确定有多少受纳水体可用于稀释排放的污水。确定适当可用的受纳水体流量时，应考虑受纳水体和污水的实际和季节变化。例如，可能在季节性枯水期拒绝设定混合区，而在季节性丰水期允许设定混合区。对于常年性的混合区，稀释系数应使用表 6-1 中的具体参数计算稀释率。稀释率等于受纳水体的临界流量除以排放污水的流量。

（3）监测与报告设计

城市生活污水处理厂排污许可证的监测目标是使城市生活污水排放监测有可以直接执行的工具，使排污单位有明确的守法文件。监测要求包括监测点位、监测频次、取样和分析方法等。

监测点位的设置要可以证明城市生活污水处理厂的排放满足排污许可证的要求，得到有效控制，并且没有对水体的化学、物理和生物方面的健康造成影响。城市生活污水处理厂的监测点位分为进水监测点、排水监测点和部分内部监测点。排水监测提供的数据应可以用来评估出水对受纳水体的影响，排水监测点位应可提供出水进入受纳水体后具有代表性的样本，可见明确监测点位有利于监督其是否按要求排放。排水监测点位十分重要，分为出口监测和受纳水体监测。出口监测一般为排放口的 1 米处；受纳水体监测，应该在混合区的排放外，是对废水经过城市生活污水处理厂处理后最终排入天然水体后的监测，其点位至少为两处，应该分别设置在受纳水体的上游和下游。排放水体排放后，要保证水体的指定功能，监测点位的设置要可以监督其达标排放。可以根据经验，在排放口上下游100米的位置设定监测点，如图6-4所示。监测频率的设定要在能够探测到违法行为的基础上，参考城市生活污水处理厂的设计能力、排放污染物性质和频率以及历史守法资料等，并酌情考虑污染源的潜在监测成本。取样方法通常分为瞬时取样和混合取样两种。当污水流量和排放特征相对稳定时，可采取瞬时取样的方法；混合取样则提供了一定时间段内的代表性测量，包括按时间比例取样和按流量比例取样两种方式。城市生活污水处理厂污染物监测频率及取样方法见表6-2。

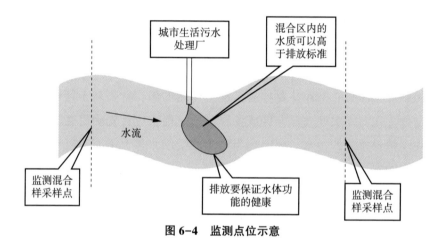

图6-4　监测点位示意

表6-2　城市生活污水处理厂污染物监测频率及取样方法

监测项目	单位	监测频率	采样方式
流速	—	连续监测	瞬时
温度	—	连续监测	瞬时
化学需氧量（COD）	毫克/升	每日监测	24小时混合样
生化需氧量（BOD_5）	毫克/升	每日监测	24小时混合样
pH	—	连续监测	瞬时
粪大肠菌群数	个/升	每日监测	24小时混合样
悬浮物（SS）	毫克/升	每日监测	24小时混合样
动植物油	毫克/升	每日监测	24小时混合样

续表

监测项目	单位	监测频率	采样方式
石油类	毫克/升	每日监测	24 小时混合样
阴离子表面活性剂	千克/日	每日监测	24 小时混合样
总氮（以 N 计）	毫克/升	每日监测	24 小时混合样
氨氮（以 N 计）	毫克/升	每日监测	24 小时混合样
总磷（以 P 计）	毫克/升	每日监测	24 小时混合样
色度（稀释倍数）	毫克/升	每日监测	24 小时混合样
总汞	毫克/升	每月监测	24 小时混合样
烷基汞	毫克/升	每月监测	24 小时混合样
总镉	毫克/升	每月监测	24 小时混合样
总铬	毫克/升	每月监测	24 小时混合样
六价铬	毫克/升	每月监测	24 小时混合样
总砷	毫克/升	每月监测	24 小时混合样
总铅	毫克/升	每月监测	24 小时混合样
烷基汞、总镍、总铍、总银、总铜、总锌、总锰、总硒、苯并芘、挥发酚、总氰化物、硫化物、甲醛、苯胺类、总硝基化合物、有机磷农药（以 P 计）、马拉硫磷、乐果、对硫磷、甲基对硫磷、五氯酚、三氯甲烷、四氯化碳、三氯乙烯、四氯乙烯、苯、甲苯、邻-二甲苯、对-二甲苯、间-二甲苯、乙苯、氯苯、1,4-二氯苯、1,2-二氯苯、对硝基氯苯、2,4-二硝基氯苯、苯酚、间-甲酚、2,4-二氯酚、2,4,6-三氯酚、邻苯二甲酸二丁酯、邻苯二甲酸二辛酯、丙烯腈、可吸附有机卤化物（AOX 以 CL 计）	毫克/升	每月监测	24 小时混合样

此外，城市生活污水处理厂应定期以电子方式提交月度、季度、半年度和年度的自行监测报告，报告中应包括批准使用的监测方法或排污许可证中指定的其他监测方法的自上次自行监测报告提交以来获得的所有新监测结果。如果排污许可证监测任何污染物的频率超过本要求的频率，则监测结果应包括在自行监测报告提交数据的计算和报告中。城市生活污水处理厂自行监测报告类别、监测周期和报告计划分别见表 6-3、表 6-4。

表6-3　城市生活污水处理厂自行监测报告类别

报告内容简述		报告名称
污染物自动监测报告（例行监测）	日报表	排放源名称和编号、经纬度、监测日期、监测项目、每小时均值、样本数、最大值、最小值、日均值、日排放总量
	月报表	排放源名称和编号、经纬度、监测月份、监测项目、每日均值、样本数、最大值、最小值、月均值、月排放总量
	年报表	排放源名称和编号、经纬度、监测年份、监测项目、每月均值、样本数、最大值、最小值、年均值、年排放总量
	半年度报告	包括污染源自动监测数据准确性分析、数据缺失和异常情况说明，企业生产情况（启停机时间，故障时间）、污染治理设施维护情况。污水处理厂应报告半年度连续监测小时浓度超标发生时间、持续时间，相应的纠正措施，报告还应包括发生故障的次数、每种类型的故障发生的时间及简要说明
	污染物手工监测报告	手工监测按照相应的监测方法监测，并提供有效监测报告。监测报告应当包括以下内容：监测各环节的原始记录等内容应完整并由相关人员签字
违规报告		"违规"指的是任何违反限制要求，并达到规定阈值的情况。违规报告应包括造成违规的责任者、违规产生的原因以及可以使用的纠正和预防措施。需要保存所有违规期间的同期记录。 发现违规后的不迟于12小时内尽快将对生态环境或人群健康存在潜在威胁的违规行为通过电子邮件和电话报告给上级主管部门。 违规报告可以在提交时获得上级主管部门责任人的认证，也可以在提交半年度报告时进行认证
污染事故报告		持证企业发生环境污染事故，需要在事故发生后的2小时内通过电话向上级主管部门进行情况报告，简要说明事故发生情况；同时需要在事故调查、事故处理等全部工作完成后的七个工作日内通过电子邮件或传真方式向上级主管部门提交事故报告，报告至少包括发生日期、持续时长、发生经过、原因、事故处理以及防范和整改措施。 同时提交一份技术报告，其中应包括以下内容：①确定未处理的废水的可能来源；②评估现有设施设备状态的安全性；③描述有效的预防和应急计划所需的设施和工作程序；④预期的设施安全性改造和应急计划实施时间表，列出重要的时间节点及对应进展
半年度背离报告		提交给地方环境主管部门的半年度认证报告应对六个月内的每个报告进行总结。除本许可证有效期内的第一个报告，每个半年度的认证报告都应覆盖六个月的时间，即从1月1日到6月30日和从7月1日到12月31日。报告应在其覆盖时间截止后的31天内提交。报告需要提交给地方环境主管部门。 报告以是否出现与排污许可证要求不符的监测背离为核心，没有出现背离的情况，半年度报告应说明按照许可证的要求没有出现背离的情况。有背离的必须填写监测背离报告，至少包括排放信息、发生日期、持续时长、发生经过、可能的原因、采取的整改措施以及防范措施等。 报告还要包括超过上述条款规定限值的故障次数、每种类型的故障发生的时间及简要说明。在该报告中，"故障"指任何突然的、罕见的、不合理的预防措施导致的水污染控制设备或生产工艺在正常的或通常的方式操作下导致的任何超过排放限值的情形

续表

报告内容简述	报告名称
年度执行报告	年度报告是总结性守法报告，完整说明报告期内许可证规定的执行情况。对于年度内容达标的情形，填报基本信息以及针对不同排放点不同污染物的监测方案；针对未达标的情形，必须填报背离报告（至少包括排放信息、发生日期、持续时长、发生经过、可能的原因、采取的整改措施以及防范措施），在此基础上制定一份达标日程表，对于达标日程表没有特定的格式要求。 年度守法报告，提交的内容必须至少包含以下信息：当前超标设备的许可证期限、条件或适用要求；未达标情况及发生经过；为将设备达标而采取的整改措施；针对提交过程报告的计划日程表；预计的达标日期

表6-4　城市生活污水处理厂监测周期和报告计划

监测频率	监测周期起始日	监测周期	监测报告提交日
连续	许可证生效日期	连续监测	每月提交
每日一次	许可证生效日期	午夜至23：59或任何24小时期间，合理地表示为抽样目的的日历日	每月提交
每周一次	许可证生效日期的下个周日或许可证生效日期（如果在星期天）	周日至周六	每月提交
每月一次	许可证生效日期之后的日历月的第一天或在许可证生效日期（如果该日期是该月的第一天）	日历月的第一天至日历月的最后一天	到抽样月份后第三个月的第15天前
每季一次	离许可证生效日期最近的1月1日、4月1日、7月1日或10月1日	1月1日至3月31日 4月1日至6月30日 7月1日至9月30日 10月1日至12月31日	6月15日 9月15日 12月15日 3月15日
每半年一次	离许可证生效日期最近的1月1日或7月1日	1月1日至6月30日 7月1日至12月31日	9月15日 3月15日
每年一次	许可证生效日期后的1月1日	1月1日至12月31日	4月15日

城市生活污水处理厂排污许可证持证者需保留记录并定期报告监测情况。持证者必须使用排放监测报告来提交自我监测数据。报告的数据应包括排污许可证规定的数据和持证者收集的与排污许可证要求相符的其他数据。所有监测资料必须至少保留3年，而且这个保存期限可以应管理人员的要求而延长。污泥的监测记录则需至少保存5年。所有城市生活污水处理厂必须每年至少提交一次监测报告（包括污水排放和污泥无害化处置情况），有预处理管理的城市生活污水处理厂提交预处理报告的年频率也至少要达到规定。监测与报告的频次应根据污水排放、污泥使用和无害化处置情况而定。

6.4.2　预处理排污许可证

（1）设计目标

预处理排污许可证政策的最终目标是：有效管控工业废水污染物间接排放，防止工业废水中非常规污染物或有毒有害污染物对城市生活污水处理厂的干扰和破坏，保障城市生活污水处理厂安全稳定运行；有效预防穿透效应导致的非常规污染物和有毒有害污染物的排放，或预防城市污水处理工艺不能处理的污染物进入。

（2）主体内容

预处理是城市生活污水排放管理政策中的重要组成部分，是保证控制工商业点源守法排放的核心制度。强制将工商业点源污染排放控制在排放端，使得工商业点源负担起自身的污染者责任。预处理排污许可证制度是"一证式"综合管理制度：工商业点源必须遵守预处理排污许可证的要求；城市生活污水处理厂作为管理部门以预处理排污许可证作为执法文书，所有达标判据、监督核查的内容和方法以及违法判定的标准都明确在排污许可证中。预处理排污许可证制度主要内容为排污申报、预处理排放标准的确定、排放监测方案、监督核查以及记录和报告等内容。根据权责明晰的管理规则，预处理排污许可证将地方政府、城建部门、生态环境部门、工商业点源的权责明晰到具体的预处理排污许可证中，工商业点源按证守法，管理监管部门按证执法。

（3）预处理排放标准是预处理排污许可证的核心内容

污染物排放标准是根据环境质量目标的需求、污染控制技术的进展，并考虑社会的经济承受能力，对排入环境的有害物质和产生污染的各种因素所做的限制性规定，是对污染源排放污染物的种类和最高允许排放量所规定的统一的、定量化的限值。污染物排放标准属于强制性标准，由政府相关部门强制执行，其法律效力相当于技术法规。这种法律效力来自环境法律法规的强制性，通过一系列围绕"达标排放"的政策发挥作用，如排污许可证制度等。

水污染物排放标准的管理对象是点源，其是为改善水环境质量，结合技术、经济条件和环境特点，对污染源直接或间接排入环境水体中的水污染物种类、浓度和数量等限值以及对环境造成危害的其他因素、监控方式与监测方法等做出的限制性规定①。预处理排放标准是政府依法对工商业点源所规制的法定限值与要求，其实质是界定排入城市生活污水处理厂工商业点源排放控制的责任边界，或排放控制的内部化程度。预处理排放标准是一种基于技术的排放标准，是根据产生排放的设施/活动类型、原材料、污染物特征、废水处理工艺和成本、环境效益和社会效益等因素来确定的。预处理排放标准是一种刚性的排放标准，适用于任何地方的所有相关企业，任何受到预处理排放标准规范的工商业废水进入城市生活污水处理厂之前都要先达到这种标准。预处理排放标准的制定与工商业点源水污染物排放标准制定的原则相同，对同种污染物的排放要求一致。

（4）预处理排放标准设计②

针对工商业点源，需要明确达到城市生活污水处理厂的排放标准，限制其排入城市生活污水处理厂的非常规污染物和有毒有害污染物，并单独制定预处理排放标准。

①预处理排放标准控制污染物。在工商业点源污染物排放管理的前期，首先确定排入城市生活污水处理厂中的非常规污染物和有毒有害污染物。污染物有其二次转化、不断被发现、不断被认知的过程，之后在主要行业中区分出需要重点关注的非常规污染物和有毒有害污染物清单，实行全面管理。目前可以做到管理的是《污水综合排放标准》（GB 8978—1996）、《污水排入城镇下水道水质标准》（GB/T 31962—2015）、《城镇污水处理厂污染物排放标准》（GB 18918—2002）以及现有工业行业排放标准中含有间接排放要求的污染物。

在预处理排放标准中对非常规污染物和有毒有害污染物进行严格控制。进行严格控制的有 COD、动植物油、石油类、阴离子表面活性剂、总氮、氨氮、总磷、色度、pH、粪大肠菌群数。进行严格控制的有毒污染物有总汞、总镉、总铬、六价铬、总砷、总铅、烷基汞、总镍、总铍、总银、总铜、总锌、总锰、总硒、苯并芘、挥发酚、总氰化物、硫化物、甲醛、苯胺类、总硝基化合物、有机磷农药（以 P 计）、马拉硫磷、乐果、对硫磷、甲基对硫磷、五氯酚、三氯甲烷、四氯化碳、三氯乙烯、四氯乙烯、苯、甲苯、邻－二甲苯、

---

① 《国家水污染物排放标准制订技术导则》中对水污染物排放标准的定义。

② 主要包括禁止排放标准、基于技术的行业预处理排放标准、地方排放标准等。关于禁止排放标准国家相关政策文件已经明确规定，本书就不再讨论。这部分内容我们可以借鉴美国经验，继续优化我国的禁止排放标准类别和污染物。

对-二甲苯、间-二甲苯、乙苯、氯苯、1,4-二氯苯、1,2-二氯苯、对硝基氯苯、2,4-二硝基氯苯、苯酚、间-甲酚、2,4-二氯酚、2,4,6-三氯酚、邻苯二甲酸二丁酯、邻苯二甲酸二辛酯、丙烯腈、可吸附有机卤化物（AOX 以 CL 计）。

逐步建立污染物退出机制，适时更新预处理排污许可证中的污染物清单。因工艺改进及更新等因素，对于排污单位证明原工况下产生的污染物不会存在于新工矿下也不会存在于预期的排放中，监管部门可暂时取消对该污染物排放的监管，经一段时间（可根据工艺情况确定）后抽查新工况下是否有此污染物排出。如未检测到，监管部门可取消对该污染物的监测。建立分类监管机制，监管部门可减少对城市生活污水处理厂贡献百分比较小的排污单位的监管、审查频次，对重新分类的排污单位依据排污单位所属分类及时变更检查、监测、报告频率。

②基于技术的行业预处理排放标准。水污染物排放标准承担着将行业内最新的先进技术逐步推广到所有工商业点源的任务，排放标准中的污染物排放限值必须代表先进技术能够达到的水平。一旦落后，排放标准就失去了意义。为此，排放标准必须与技术进步保持同步，持续而且及时地按照最先进的技术更新。为了达到这一点，建议完善和规范我国排放标准的更新机制。首先，生态环境部以两年为规划期，制定国家水污染物排放标准规划，向社会公布。规划明确未来两年内的排放标准制定、修订和颁布实施安排。生态环境部每年根据规划制定标准制修订年度计划。其次，生态环境部对已有排放标准的行业或潜在需要制定标准的行业，跟踪审核其污染物排放的公众健康与环境风险、环境保护技术进步情况，不断调整排放标准制修订优先级；在规划期结束前，根据优先级顺序，考虑行业规模、标准实施年限、替代管理措施、技术可行性等因素确定需要制修订水污染物排放标准的行业细分，发布审核报告并征求意见。作为国家水污染物排放标准规划制定依据，激励环保技术进步。

与各行业基于技术的排放标准类似，根据不同行业技术发展情况制定相应的预处理排放标准，以保证达到污水处理厂的入水标准并促进技术进步。根据生产工艺、污染治理技术和排放污染物的特点等技术属性细分工业行业类别和子类别，制定基于技术的行业预处理排放标准体系。

③地方排放标准。地方排放标准的设计应基于对地方不同水质目标的考虑，目的是解决特定需求、城市生活污水处理厂及其污泥和受纳水体的问题。要求城市生活污水处理厂评估地方排放标准的必要性，若有必要，实行并强

制执行特别限值作为预处理制度的一部分。

　　为防止污染物排放超出城市生活污水处理厂的处理能力或受纳水体水质标准，对可能引起干扰、穿透、污泥污染或作业人员健康问题的污染物制定限值。在评估制定地方排放标准必要性的过程中，建议城市生活污水处理厂采取以下行动：实施废水排放调查以确定受预处理制度影响的所有工商业点源；确定这些行业排入城市生活污水处理厂中污染物的特征及量的大小；确定污染物干扰、穿透或造成污泥污染的合理可能性；确定重要的衍生污染物等。地方标准从地方水环境保护需求出发，与受纳水体水质联系起来，是最严格的限制。虽然地方标准是在地方层面制定的，但是也属于预处理标准体系的一部分，因此生态环境部和省生态环境厅也可据此开展执法检查。

　　④监测和报告设计。要求工商业点源遵守所有适用国家及地方预处理标准和要求。达标证明需要工商业点源自行监测并提交相关合规性报告。城市生活污水处理厂工作人员必须意识到并遵守所有相关国家和地方预处理要求。自行监测是预处理排污许可证中非常核心的部分，也是世界各国工商业废水排放监测的主体。工商业点源自行监测是执法者判断企业是否符合排污许可证要求的主要依据，也是工商业点源自我证明的文件。本书借鉴美国预处理计划中工业用户提交报告和告知书要求，对我国工商业点源监测与报告提出要求。工商业点源需要定期向城市生活污水处理厂提交合规报告、基线监测报告、达标进程报告、90 日最后达标报告、异常事件报告、潜在问题报告、违规告知书和重复采样报告、排放变更报告、排放有毒有害污染物报告、绕排报告、生产水平变更告知书、豁免污染物告知书、签字和声明要求等。

　　工商业点源所报告的内容应至少包括以下信息：采样方法、日期和时间；采样的人员和采样的地点；样品分析的日期和所采用的分析方法；样品分析的人员和分析的结果；编制报告所需且符合最佳管理实践规定的其他信息。

　　工商业点源应将记录至少保留 3 年，在出现涉及城市生活污水处理厂超标排放或当省生态环境厅流域水质管理局要求时，保留时间可以更长。除商业机密外，工商业点源提交给城市生活污水处理厂的所有信息必须向公众公开，以便城市生活污水处理厂和省生态环境厅流域水质管理局可以查看及复制这些记录，也便于公众检查。

　　⑤城市生活污水处理厂报告要求。要求城市生活污水处理厂向省生态环境厅流域水质管理局提交年度报告，记录项目状态和上年度执行的活动。报告必须包含以下信息：城市生活污水处理厂的工商业点源清单，包括姓名、

地址、适用于每个工商业点源的预处理排放标准、监测方案；报告期间工商业点源的达标状态摘要；报告期间城市生活污水处理厂进行的达标和执行活动（包括检查）摘要；之前未向省生态环境厅流域水质管理局报告过的预处理排污许可证变更的摘要；省生态环境厅流域水质管理局要求的任何其他相关信息。省生态环境厅流域水质管理局可要求额外信息或提高提交报告的频率。

（5）预处理排污许可证程序设计

预处理排污许可证申请程序的第一步是由工商业点源向市（区、县）政府或当地的城市生活污水处理厂提交预处理排污许可证申请。收到申请后，市（区、县）政府或城市生活污水处理厂的工作人员要全面、准确地评估申请者情况。当申请被审核通过后，市（区、县）政府或城市生活污水处理厂便开始起草预处理排污许可证文本，并基于申请数据对排污许可条件进行判断。此外，市（区、县）政府或城市生活污水处理厂要与工商业点源签订合同，合同包括工商业点源应该遵守的预处理排放标准、监测方案、记录和报告要求，污水处理费收费情况以及具体执行需求和违反合同的处罚条款。

6.4.3　污水处理费（税）

（1）设计目标及原则

污水处理费（税）政策的目标是遵循污染者付费原则，覆盖全成本，确保水环境质量不退化。污染者付费原则是市场经济体制国家污染者治理污染的费用负担原则，旨在实现环境外部不经济性的内部化，即污染者应当自己负担其造成污染的全部成本，政府不应当对此给予补贴，这也是从污染控制角度规定的排污单位行为的原则。该原则符合环境风险最小化的原则。污染者付费的核心思想是应当由污染者承担确保环境处于可接受水平（或环境无退化）时的全部费用（即全部成本）。一般而言，污染的全部成本包括治理成本和外部成本，是制定付费标准的基础。治理成本和外部成本之间存在此消彼长的关系，如果排污主体的污染物排放标准达到环境无退化标准时，排污主体就不是污染者，排污主体排放污染物的外部成本已经全部内部化，即"不污染不付费"。对于城市生活污水处理厂而言，治理成本是指城市生活污水处理厂将污水处理到现状符合排放标准条件下的成本。考虑到外部成本不易具体测量、难以货币化，通过将现状排放标准提高到环境无退化的排放标准，生态修复成本和环境损害成本便会内部化，在此标准下即环境无退化排放标准的治理成本为全成本。

（2）设计思路与内容

根据前文分析，基于水环境质量不退化的排放标准是衡量污染者的唯一标尺。因此城市生活污水处理厂的排放标准应该分类指导，因地制宜，不能"一刀切"。对于本身水资源就十分匮乏并且受纳水体水质已经劣于水环境功能要求的地区，城市生活污水处理厂必须遵循更为严格的排放标准甚至是基于水质的排放标准，以保障该地区的水资源环境；对于本身水资源就十分丰富并且水体污染物含量不高的地区，城市生活污水处理厂可以在保障本地区水环境的情况下适当修改现有的排放标准。在排放标准实现环境无退化标准的基础上，据此估算城市生活污水处理设施的治理成本，包括建设成本、运行成本，此时的治理成本是全成本，以此为标准制定污水处理费的收费标准。此时的污水处理费已将城市生活污水处理厂的排水对环境造成的外部影响内部化，因此是基于全成本的污水处理费政策。

在目前的环境税中引入城市污水税可以作为解决城市生活污水处理厂"达标排放仍污染水环境"问题的另一种有效途径。如果不改变现行城市生活污水处理厂水污染物排放标准，也不改变制定城镇污水处理费收取标准的规定，那么为了改变"达标排放仍污染水环境"的现象，可以对城市生活污水处理厂征收城市污水税。城市污水税税率应根据污染者付费原则制定。城市生活污水处理厂如果不污染环境就不征收城市污水税；如果造成环境污染导致环境退化则征收城市污水税；征收的城市污水税必须能够覆盖城市生活污水处理厂处理到环境无退化标准时的全部治理成本。通过对城市生活污水处理厂征收城市污水税，使其承担实现生态环境成本全部内部化时的治理成本（即全成本）。城市污水税税率制定思路如图 6-5 所示。

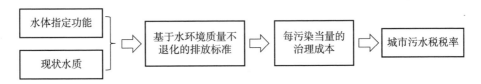

图 6-5　城市污水税税率制定思路

城市污水税税率制定的基本原理如下：首先，根据受纳水体的指定功能和现状条件，确定基于水环境质量不退化的基准排放标准 $S_{无退化}$，此时能够确保受纳水体的指定功能不受影响。其次，根据确定的基准排放标准 $S_{无退化}$ 和现

状排放标准 $S_{现状}$ 分别确定各自排放标准条件下每污染当量需要的治理成本 $P_{无退化}$ 和 $P_{现状}$；如果 $S_{现状}$ 不污染水环境，此时不征收城市污水税，但污水处理费要基于现状排放标准条件下的全部治理成本，覆盖建设成本和运行成本；如果 $S_{现状}$ 污染水环境，此时征收城市污水税，考虑合理的利润率，确定城市污水税税率标准；依法制定政策，公布城市污水税税率标准。如果提高排放标准，税率标准和政策也相应调整。当受纳水体的指定功能或者要求发生变更时，城市生活污水处理厂水污染物排放标准、城市污水税税率标准和政策细则也相应发生变更。

①现行排放标准不污染环境，即 $S_{现状} \leqslant S_{无退化}$。

在现行排放标准 $S_{现状}$ 不污染水环境（且污泥实现无害化处置）的条件下，不征收城市污水税。城市生活污水处理厂的治理成本取决于建设成本和运行成本，在排放水量、技术水平给定的情况下，城市生活污水处理厂的治理成本由水污染物排放标准（二级标准、一级 B 标准、一级 A 标准、北京 B 标准、北京 A 标准）决定，即由将城市生活污水处理到某个水平要支付的全部治理成本决定。

污水处理费定价模型为：$W_w = P_{现状}(Q, T, \Delta q) + \beta P_{现状}$

式中：W_w 表示污水处理费；$P_{现状}$ 表示现状排放标准条件下的城市生活污水治理成本和污泥无害化处置成本；Q 表示污水处理量和污泥处置量；T 表示污水处理和污泥处置的技术水平；Δq 表示城市生活污水处理厂进水与现状排放标准水质指标的差值；β 表示合理利润率。

污水处理费要遵循公共与商业分置原则。工业企业、事业单位、居民奢侈用排水不属于基本公共服务的范畴，应当按照上述公式的定价模型全成本征收污水处理费。满足居民基本生活需求的排水是基本公共服务，因此针对居民基本生活征收的污水处理费应当低于全成本，可以按照现行费率征收，差额部分由公共财政予以补贴。

②现行排放标准污染环境，即 $S_{现状} > S_{无退化}$。

在现行排放标准 $S_{现状}$ 污染水环境的条件下，如果不改变现行城市生活污水处理厂水污染物排放标准，也不改变制定污水处理费收费标准的规定，为了改变"达标排放仍污染水环境"的现象，可以对城市生活污水处理厂征收城市污水税。

城市污水税税率定价模型为：$t = P_{无退化} - P_{现状} + \beta(P_{无退化} - P_{现状})$

式中：t 表示城市污水税税率；$P_{无退化}$ 表示基于环境无退化排放标准条件

下每污染当量需要的治理成本；$P_{现状}$ 表示现状排放标准条件下城市生活污水每污染当量的治理成本；β 表示合理利润率。

城市污水税同样要遵循公共与商业分置原则。工业企业基于盈利行为的排放要基于其造成的全部外部成本付税，不应该由财政资金补贴；基于基本生活需求排放造成的污染应当由公共财政支付。

6.4.4 水环境保护周转基金

通过前文分析，我国水环境保护领域政府投入以政府专项资金为主，直接通过财政拨款形式支付，地方政府缺乏主动性。虽然近年来我国初步形成了由多元投资主体、多种渠道组成的投融资格局，但其他投资主体和融资手段的作用还未能充分发挥出来，大量闲散的社会资金仍然无法或不愿意进入水环境保护领域，并没有形成规范的、稳定的和比较广泛的水环境保护政府投资资金来源，严重制约了水环境保护事业的发展。由于美国清洁水州周转基金已经有了较为成功的经验，因而我国水环境保护周转基金的制度设计可以参考借鉴美国清洁水州周转基金的制度设计，并结合我国相关政府出资基金的政策实践和实际情况进行设计。

（1）水环境保护周转基金的性质

水环境保护周转基金是指由中央和地方（省、自治区和直辖市）政府通过预算安排共同出资设立，采用优惠贷款等市场化方式，引导社会各类资本投资水污染防治和水环境保护领域和薄弱环节，促进水环境保护的资金。

（2）水环境保护周转基金设立的目的

运用财政资金建立起来的水环境保护周转基金，首先需要考虑基金建立的目的，在此前提下再确定基金具体的运作模式和管理思路。财政投入的目的是解决市场不能或难以解决的公共问题，以财政资金建立起来的水环境保护周转基金，最终目的是进行水污染防治和水环境保护，具体表现为要解决国内水污染防治行动计划中所明确的相关任务和项目。水环境保护周转基金的主要目的：①通过对财政资金的基金化，改变原有财政资金无偿性和资金效率相对较低的问题。通过基金在一定规定程序下的合理运作，包括采用优惠贷款方式实现资金的循环滚动利用，发行债券等方式引入社会资金，能够很好地起到放大基金资金规模的作用。同时，通过规范的社会化管理模式，也可以进一步提高财政资金的使用效率。②在财政连续投入的基金和基金自身运营实现规模放大的前提下，通过基金实施优惠贷款和担保等方式，解决水污染防治相关项目的融资问题。其可避免相关水污染防治项目因为缺乏资金而难以得到治理的情况，也可以降低水污染防治项目的资金成本，尤其是对于缺乏融资条件的基层政府。

（3）水环境保护周转基金的财政投入方式

国内水环境保护周转基金的财政投入包括中央财政投入和地方政府配套投入。具体来看，即由地方政府成立具体的水环境保护周转基金，中央财政在一定期限内每年为地方水环境保护周转基金给予拨款，并根据全国各地区水污染防治的任务情况和投资需求合理进行资金分配，地方财政则根据规定给予一定比例的资金配套，共同纳入水环境保护周转基金的资金池中。

（4）水环境保护周转基金的管理主体和模式

水环境保护周转基金属于中央政府和地方政府共同所有，并进行合作管理。总体上，基金的管理模式是：中央相关部门（生态环境和财政部门等）负责制定基金的基本制度，并对基金的运行进行指导和监督；地方负责水环境保护周转基金的具体运作管理，包括建立相关管理机构，运用基金社会化管理方式，根据本地实际情况制定基金具体的使用计划和规定等。

（5）水环境保护周转基金的支持领域

水环境保护周转基金应用于支持水污染防治和水环境保护领域的相关项目，但在具体实施中，可根据国内水污染防治的实际需要确定一定时期内的基金优先支持领域，主要满足那些低利率和融资方式灵活的资金需求，将兼具准公益性和营利性的水环境保护建设项目纳入基金投资范畴。同时，值得注意的是，随着国内在水污染防治领域推行 PPP 模式，基金在优先支持重点领域上应注意与 PPP 模式之间的配合。具体做到以下两点：一是对于 PPP 模式下尚难以实施和落地的水污染防治项目给予重点支持，例如基层政府实施的水污染防治项目；二是对属于基金优先支持领域的 PPP 项目给予融资支持，发挥 PPP 引导基金的作用。

（6）水环境保护周转基金的支持方式

对于确定的给予支持的水污染防治项目，水环境保护周转基金的支持方式可以采用贷款和担保的方式。一是提供优惠贷款。对支持项目的贷款规定主要涉及贷款方式、贷款期限、贷款利率等方面。在实际操作上，可以采用委托贷款的方式，即委托我国境内的商业银行、具有贷款业务资质的非银行金融机构，依法开展债券性投资；基金贷款的年限一般不超过 20 年，根据项目的需要贷款年限也可以适度延长到 30 年①。同时，基金可根据资金预算、地区和项目情况确定相关贷款利率优惠幅度，为项目提供低于同期市场贷款利率水平的贷款。二是提供贷款担保。对于有可能从银行获取贷款的项目，根据需要给予贷款担保，以增进项目的信用水平。

（7）水环境保护周转基金的运营增值

除了水环境保护周转基金提供贷款的还款和利率收入实现基金的周转，基金应允许通过银行存款、购买国债、金融债、企业债等形式开展投资理财活动。同时，从美国清洁水州周转基金的实际运作来看，其允许地方政府利用州周转基金资产抵押发行市政债券，通过基金的杠杆作用扩大资金规模和提升贷款量。从国内有关地方政府举债的规定来看，新的预算法赋予了地方政府依法适度举债的权限。《预算法》（2018）明确规定，"经国务院批准的省、自治区、直辖市的预算中必需的建设投资的部分资金，可以在国务院确定的限额内，通过发行地方政府债券举借债务的方式筹措。举借债务的规模，由国务院报全国人民代表大会或者全国人民代表大会常务委员会批准。省、自治区、直辖市依照国务院下达的限额举借的债务，列入本级预算调整方案，报本级人民代表大会常务委员会批准。举借的债务应当有偿还计划和稳定的偿还资金来源，只能用于公益性资本支出，不得用于经常性支出。除前款规定外，地方政府及其所属部门不得以任何方式举借债务"。2023 年国家发展改革委、住房和城乡建设部、生态环境部三部门发文《关于推进污水处理减污降碳协同增效的实施意见》也明确规定，"加大对污水处理减污降碳升级改造项目的资金支持力度，将符合条件的项目纳入地方政府专项债券支持范围，支持符合条件的项目发行不动产投资信托基金、申请绿色信贷或通过绿色债券融资"。从水环境保护周转基金的支持对象和项目来看，其应属于公益性资本支出，因而地方政府债券的融资也可以用于投入水环境保护周转基金（基金有稳定的偿还资金来源），扩大基金的资金池。但为了保障水环境保护周转基金能够从地方政府发债中获得稳定的资金来源，还需要中央出台相关规定进一步加以明确。

---

① 根据《国家发展改革委　国家开发银行关于推进开发性金融支持政府和社会资本合作有关工作的通知》（发改投资〔2015〕445 号）中要求，开发银行加强信贷规模的统筹调配，优先保障 PPP 项目的融资需求。在监管政策允许范围内，给予 PPP 项目差异化信贷政策，对符合条件的项目，贷款期限最长可达 30 年，贷款利率可适当优惠。建立绿色通道，加快 PPP 项目贷款审批。

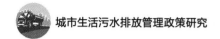

（8）水环境保护周转基金的监管和绩效评价

根据水环境保护周转基金的运行模式建立相应的管理制度和激励约束机制，明确相关机构的责任与义务，建立有效的风险防范体系。建立项目评估和绩效评价制度，按年度对基金政策目标的实现程度、投资运营情况等开展评价，有效应用绩效评价结果。加强水环境保护周转基金监管，接受财政、审计部门对基金运行情况的审计、监督，规避资金运作风险和道德风险。

第7章　主要结论和政策建议

7.1　主要结论

7.1.1　我国水环境保护形势依然严峻

40 多年来，我国在水环境保护和水污染防治领域做了大量努力，但水环境保护形势依然严峻。从生态环境部门统计数据来看，我国工业废水达标排放率、城镇生活污水集中处理率、工业用水重复利用率均呈增长趋势，水污染排放理应得到有效控制，但基于水平衡模型估算发现，我国工业用水量与排水量、生活用水量和排水量之间存在较大差距，工业和生活无处理排放量分别达到 128.6 亿吨和 72.8 亿吨，生态环境部门官方统计数据与实际状况存在一定偏差。

通过生态环境部门、水利部门、自然资源部门、海洋部门等不同来源途径的数据对我国水环境质量进行全面评估，全国十大水系和七大重点流域水质改善明显。但我国现行水质标准存在根本性缺陷，水质评价方法无法全面、准确地反映我国真实的水环境状况。目前广泛采用的基于控制单元和监测断面的水污染物排放管理政策，倾向于明确管理者责任，而非细化排污单位的排放责任。这在一定程度上模糊了排污单位责任，无法合理地将具体减排目标落实到污染物排放的责任主体上，尤其无法识别每个点源对受纳水体的影响。地下水水质不但没有改善，甚至有逐步恶化的趋势，并且污染形势非常严峻。总体而言，没有确切的证据表明点源污染物排放得到了有效控制，也没有确切的证据表明水环境质量得到了明显改善，我国水环境保护形势依然严峻。

7.1.2 城市生活污水处理厂成为水环境污染的重要来源且存在问题较多

城市生活污水处理厂已经成为我国水环境污染的重要来源。2020 年，工业废水排放量仅占全国废水总排放量的 31.01%，生活源化学需氧量排放量占总排放量的 35.8%，生活源氨氮排放量占总排放量的 71.9%。城市污水年排放量为 5713633 万吨，污水年处理量为 5572782 万吨，城市污水处理率为97.53%，污水处理厂集中处理率为 95.78%，城市建成区排水管道密度为11.11 千米/平方千米，排水管道长度为 802721 千米。县城污水处理率也显著提升，由 2001 年的 8.2% 增长为 2020 年的 95.1%。我国城市平均污水处理率已经与欧美国家相近，其中东南沿海城市污水集中处理率高达 95% 以上，达到世界领先水平。

我国城市生活污水排放管理政策存在较多问题。城市生活污水排放管理是对污水管网输送来的污水进行处理直至连续稳定达标排放的全过程系统管理。在这一过程中要确保城市生活污水处理厂排放的污水满足排入地表水体的水质达标要求或满足地表水水体的指定功能，实现连续稳定达标排放，其产生的污泥得到安全处置，并确保排放到城市生活污水处理厂的工商业点源得到控制，以保障城市生活污水处理厂的稳定运行。我国针对城市生活污水排放管理的政策较多，但各项控制政策之间缺乏协调和整合，无法有效衔接。法律虽然明确了排污许可证的核心地位，但现行排污许可证执行并不规范，且忽略了排放标准的核心作用，无法实现城市生活污水处理厂连续稳定达标排放。基于水质的排放标准缺位，城市生活污水处理厂污染排放与受纳水体水质达标不相关，致使其在地表水环境管理中的重要作用没有得到充分体现。排污许可证中以年为时间尺度的排放信息时空尺度过于宽泛，缺乏管理意义。我国工商业点源预处理相关法律法规支撑不足，制度的缺位使得很多工商业点源将废水在没有严格监管的情况下，混合很多有毒有害物质一并排放至城市生活污水处理厂，影响了城市生活污水处理厂的稳定运行。水污染治理和水环境保护外部性的存在，导致地方政府缺乏水环境保护的积极性，建设污水处理厂的动力不足。缺乏完善的流域水质管理模式设计，且工商业点源排放至城市生活污水处理厂的管理体制混乱。污水处理费征收标准模糊，且现有污泥处置水平不高，距离无害化处理要求还有一定差距，违背污染者付费原则。外部性的存在使地方政府在污水收集和处理系统的建设资金方面投入不足，城市生活污水处理厂建设缓慢，难以保证城市生活污水的全面收集和处理。

7.1.3　美国建立了完善的城市生活污水排放管理体系

城市生活污水处理是一项系统工程，涉及立法机构、政府、技术标准、社会资金等多部门工作。美国建立了完善的城市生活污水排放管理体系，科学的标准、完善的法律法规、严格的污水进出管理制度及严厉的违法制裁、成熟的融资渠道体系是其成功的经验。

首先，排污许可证制度。美国的排污许可证不是一个简单的"证件"或"凭证"，而是一系列配套的管理措施相结合，汇总了《清洁水法》对点源排放控制的几乎所有规定和要求。包含了排污申报、具体的排放限值、设计合理且有针对性的监测方案、达标证据、限期治理、监测报告和记录、执法者核查和处罚等一系列措施，并将以上内容明确化、细致化，具体到每个排污单位。因此，它既是排污单位的守法文件，也是政府部门的监督执法文件。排放标准是排污许可证的核心。为了确定排污许可证的排放标准，美国建立了基于技术的排放标准和基于水质的排放标准两套体系，这两套体系对于排污许可证至关重要。排污许可证将排放限值与环保技术进步、水质要求联系起来，有力地促进了污染处理技术的进步和水质的改善。

其次，工业废水预处理制度。美国工业废水预处理制度以《一般预处理条例》为法律依据，明确预处理计划实施主体，建立预处理标准体系，是联邦、州和地方政府共同保护水体水质的制度典范。主要特点包括：①政府执法和企业守法以预处理计划为依据；②预处理计划注重源头防控；③建立基于技术和基于水质的预处理标准体系；④公共污水处理厂具有双重身份；⑤强化工业用户主体责任。

最后，美国设立的清洁水州周转基金为美国水环境保护基础设施建设及水环境质量改善提供了有力的资金保障。主要特点包括：①用法律形式明确将投资模式由政府财政无偿拨款转为州周转基金；②联邦按年度向各州周转基金拨款，州政府提供相应配套资金；③在州周转基金管理中，建立了联邦—州伙伴关系，联邦负责监督和引导，各州负责具体运营；④州周转基金以低息贷款为主要投资模式，以发行债券为主要融资方式，有效地调动了社会资本的参与，形成了稳定而持续的"资金库"。此外，美国联邦政府对污水处理行业有效的价格控制和水质监管，最大限度地保证了水环境治理的实际效果。

7.2 政策建议

7.2.1 改革水环境管理体制

根据外部性理论和机制设计理论，参考美国 NPDES 排污许可证制度的经验，对我国城市生活污水排放管理中各级政府的权责划分、管理职能进行设计，建立"生态环境部—区域督察局—省生态环境厅—水质管理局—流域水质管理分局—市（区、县）生态环境局—污染源"直线型水质管理模式，权责划分清晰、管理职能明确可以提高城市生活污水排放管理效率。

生态环境部负责包括所有点源在内的排污许可证的发放和管理。生态环境部通过委托代理合同委托省级生态环境厅水质管理局为工商业点源和城市生活污水处理厂发放"排污许可证"，委托市（区、县）生态环境局发放"预处理排污许可证"，管理排向二级城市生活污水处理厂的工商业点源。通过缩短委托代理链条和管理层级，降低政府机构之间的交易成本，提高排污许可证实施的效果和效率。生态环境部保留各类排污许可证最终管理权和监测核查的权利。

取消市（区、县）生态环境局对点源的管理权限，将点源排放管理的责任上移。设置隶属于省生态环境厅的水质管理局，直接发放城市生活污水处理厂的排污许可证。市政府作为城市生活污水处理厂排污许可证的守法部门，市长作为城市生活污水处理厂排污许可证的责任人，对其排放负责。在满足排放水体达标的同时，提高城市生活污水处理厂的效率。水质管理局是城市生活污水处理厂预处理排污许可证的审批部门，市（区、县）生态环境局受水质管理局的委托只负责预处理的管理，城市生活污水处理厂可以在市政府的授权下成为执行负责人。

7.2.2 进一步完善排污许可证制度，明确排放标准核心地位

随着排污许可证制度的逐渐完善，建立点源排污许可证守法系统。排污许可证要求点源将原材料、生产工艺、产品、主要污染物排放种类和排放量、排放标准、监测方案和守法情况等都在系统中公开，这是针对现有点源获取水污染物排放数据和水污染控制技术最直接、最有效的信息来源。美国排放

限值导则管理要求能够提供所有工业行业内水污染源的具体排放信息，并根据水污染源类型进行抽样调查确保收集信息更加全面。我国在短时间内很难实现水污染源排放信息的全面收集，但为保证能够反映合理的技术水平，至少确保收集不同行业内85%以上工业企业的生产工艺、污染控制技术和水污染物排放数据。在排污许可证制度逐渐建立和完善之后，可以通过排污许可证守法系统收集污染源排放信息。目前需要通过基层的环境执法机构进行全面收集，通过环境执法部门提供，能够在短时间内掌握任何行业内具体点源的排放情况。排污许可证守法系统能够实现对污染源数据的批量处理，包括数据有效率状况、缺失数据补充、排放浓度的达标率、排放浓度和排放量的统计性描述等，这些信息能够揭示污染源对治污设施的实际管理水平和管理水平的提升空间，以及对排放标准浓度限值设定是否合适和是否需要改进，提出实证依据。这点对于预处理基于技术的排放标准至关重要。

与工业点源排放标准制定类似，制定城市生活污水处理厂排污许可证的排放标准，并保证信息的完整规范性。设计并运行城市生活污水处理厂排污许可证服务系统，将排污许可证限值和各种特殊情况整合入追踪系统，确保能够追踪城市生活污水处理厂排放的工作情况。同时保证了各级生态环境保护部门和公众间的信息渠道畅通，建立顺畅的信息反馈渠道。

当城市生活污水处理厂二级排放标准无法保障受纳水体水质达标时，则需要制定基于水质的排放标准。所有的城市生活污水处理厂要制定基于地表水质的排放标准，同时需要国家尽快补充混合区的概念。基于水质的排放标准是在地表水质达标规划管理框架下制定的，应用科学技术的手段，结合流域内诸多污染点源非点源统一减排的管理手段，目的是使得流域水质在尽量短的时间内满足地表水质的要求。城市生活污水处理厂制定基于水质的排放标准没有可以参照的依据，需要逐源进行"个案化"设计，以满足适用的水质标准、排放污水和受纳水体的特性等，将受纳水体水质标准转换为排放口的排放限值，解决目前城市生活污水处理厂与受纳水体没有建立相关性、无法达到地表水质的现实问题。

7.2.3　补充完善预处理相关要求

尽快出台"工业废水预处理条例"，明确预处理实施各方责任。我国应结合《城镇排水与污水处理条例》，加快出台"工业废水预处理条例"，明确排污单位、监管部门和城市生活污水处理厂的权责关系以及预处理的标准和要求。形成自上而下的监管体系，生态环境部拥有最终决定权，同时将预处理要求纳入排污单位许可证中，监管部门依证监管。

将监管权纳入城市污水处理厂排污许可证中。我国直接排放和间接排放的排污许可证均由生态环境管理部门发放，并承担监管责任。结合现有政策法规中提到的"污水集中处理设施的经营管理单位还应当提供纳污范围、纳污排污单位名单、管网布置、最终排放去向等材料"，以及《排污许可申请与核发技术规范水处理（试行）》规定填报的进水信息、出水去向等内容，下一步可考虑在城市生活污水处理厂排污许可证副本中增加排污单位预处理要求及排放标准相关内容，在城市生活污水处理厂排污许可证中增加其对纳管企业的监管权，减少生态环境主管部门对排污单位的监管，形成生态环境主管部门主要对城市生活污水处理厂监管，城市生活污水处理厂所属政府部门以"第三方"形式对纳管的排污单位进行监管（定期或不定期抽查），生态环境主管部门不定期抽查排污单位的模式，从而减轻其压力。

尽快完善预处理排放标准体系，强化排污单位责任。根据《国家水污染物排放标准制订技术导则》，在满足水环境容量的基础上，排污单位与城市生活污水处理厂签订符合水质要求的预处理标准。同时，建议明确集中处理过程中城市生活污水处理厂和每一家纳管企业应承担的责任，明确若环境损害在城市生活污水处理厂无过错的情况下发生，排污单位应与城市生活污水处理厂一起承担连带环境责任，进而强化对纳管排放的监管。生态环境部制定基于技术的预处理行业排放标准，用于控制工商业点源排放的预处理排放标准与控制直接排放的"经济可行的最佳技术"排放标准是相似的，也要求使用现有最佳的处理技术的原理来制定。设计地方排放标准，出于对地方不同水质目标的考虑，目的是解决特定需求的城市生活污水处理厂及其污泥和受纳水体的达标问题。

7.2.4　设立水环境保护周转基金

明确的法律地位是设立水环境保护周转基金的基础。建议在《水污染防治法》中，明确设立水环境保护周转基金，明确基金投资领域，将需要持续投入资金、兼具准公益性和营利性的水环境保护建设项目纳入基金投资范畴，比如城市生活污水处理厂的建设和升级改造、农业面源污染防治等。除了在《水污染防治法》中考虑设立水环境保护周转基金，有关部门还应出台水环境保护周转基金管理条例、优先资助项目筛选指南、基金运营报告和审计管理办法等政策性文件和规范。

　　在中央层面设立负责监督和引导的水环境保护周转基金领导小组，各省设立水环境保护周转基金管理机构，形成中央和地方合作管理、专家和公众共同参与的模式。本着权责统一的原则，在基金管理中充分发挥地方在水环境保护中的主导作用，采用中央相关部门负责监督和引导、各省负责基金具体管理的模式。中央层面设立水环境保护周转基金领导小组，由水环境管理相关部门组成，包括生态环境部、水利部、住房和城乡建设部等。生态环境保护主管部门负责制定周转基金管理办法，包括基金设立和日常具体管理规范、基金优先资助领域选择导则、基金使用年度计划要求、年度审计报告要求等。通过生态环境部区域督察局对辖区内各省的周转基金运转情况进行监督。各省设立水环境保护周转基金，指定本省水环境保护的主要管理机构作为基金的主要管理机构，组建水环境保护基金管理委员会。管理委员会由水环境保护相关的政府部门官员、专家学者、金融机构专家、利益相关者代表等组成。管理委员会定期召开会议，负责本省周转基金管理政策的制定和修改。设立专门机构负责周转基金的具体运营，该机构可以是生态环境保护主管部门，或者生态环境保护主管部门与金融机构合作。各省每年定期向中央主要负责部门提交基金使用计划、审计报告、年度报告，汇报基金的收支和运行情况。

　　中央财政以年度拨款形式出资支持各省、自治区、直辖市的水环境保护周转基金，地方财政按照一定比例配套。中央层面，从现有环境税和环保专项资金等水环境保护资金中抽取一定比例，以年度拨款的形式分配给各省、自治区、直辖市的水环境保护周转基金。拨款分配比例根据基金使用管理政策和各省预算申请确定，各省按照一定比例进行配套。各省的周转基金将中央财政拨款和各省配套资金作为"种子资金"开展低息贷款。各省可以根据国家政策和本省的具体情况，在专款专用的前提下，灵活确定基金的投资方向，灵活确定贷款利率。这样可以有效调动地方的积极性、主动性，并充分参与到基金的统筹管理中，使"地方各级人民政府应当对本行政区域的环境质量负责"落到实处，同时保障基金的投资能够切实满足地方的水环境保护需求。

　　在各省发行地方债券进行融资时，将募集资金优先投入水环境保护周转基金中，扩充其"资金库"，确保资金周转。充分利用《预算法》关于发行地方政府债券等相关政策，在水环境保护周转基金运营过程中，探索多元化的融资渠道。通过发行债券，将一定比例的募集资金投入水环境保护周转基金中，以此引导社会资本参与基金运行，扩大基金"资金库"。这些资金的使用要向水污染治理工程等关系民生和公共事务的领域倾斜。为了顺利在全国范围内推行水环境保护周转基金，建议选择部分地区进行政策试点，同时在实践中实现水环境保护周转基金与水污染防治项目 PPP 等政策手段之间的有效配合。

参考文献

[1]A C PIGOU. The economics of welfare[M]. London: Macmillan Company Inc, 1920: 111, 194.

[2]ANTONIO DE VITI DE MARCO. First principles of public finance[M]. Translated from the Italian by Edith Pavlo Marget. New York: Harcourt, Brace&Co, 1936.

[3]AYRES R U, KNEESE A V. Production consumption and externalities[J]. American Economic Review, 1969, 59(3): 282-297.

[4]BOULDING K E. The economics of the coming spaceship earth[C]// Environmental Quality in a Growing Economy. Baltimore, 1966: 3-14.

[5]BRANNLUND R, FARE R, GROSSKOPF S. Environmental regulation and profitability: An application to swedish pulp and paper mills[J]. Environmental and Resource Economics, 1995, 6(1): 23-36.

[6]COLY R. Development and implementation of the polluter pays principle in international hazardous materials regulation [J]. Environmental Claims Journal, 2012, 24(1): 33-50.

[7]CROPPER M L, OATES W E. Environmental economics: A survey[J]. Journal of Economics Literature, 1992, 30(2): 675-740.

[8]DAVID EASTON. The political system: An inquiry into the state of politica science[M]. New York: Knopf, 1971.

[9]GREAKER M. Strategic environmental policy: Eco-dumping or a green strategy[J]. Journal of Environmental Ecomomics and Management, 2003, 45(3): 692-707.

[10]HENRY SIDGWICK. The principles of political economy[M]. Cambridge: Cambridge University Press, 1883.

［11］HOWARTH W. Cost recovery for water services and the polluter pays principle［J］. ERA Forum, 2009, 10(4)：565-587.

［12］JAFFE A B, PETERSON S R, PORTNEY R, et al. Environmental regulation and the competitiveness of US manufacturing：What does the evidence tell us ［J］. Journal of Economics Literature, 1995, 33(1)：132-143.

［13］JOEDAN. "New" instruments of environmental governance?：National experience and prospects［M］. London：Frank Cass Publishers, 2003.

［14］LANJOUW J O, MODY A. Innovation and the international diffusion of environmentally responsive technology ［J］. Research Policy, 1996, 25 (4)：549-571.

［15］MANKIW G N. Principles of economics［M］. New Jersey：Addison - Wesley, 2007.

［16］MARSHALL A. Principles of economics ［M］. London：Macmillan, 1890：226.

［17］NORTH D C. Institutions, institutional change and ecomomic performance ［M］. New York：Cambridge University Press, 1990.

［18］OECD. Recommendation of the Council on the Implementation of the Polluter-Pays Principle［Z］. C(74) 223 (final), 1974.

［19］OECD. The polluter pays principle［M］. Paris：OECD, 1975.

［20］POTER M E, VAN DER LINDE C. Toward a new conception of the environment competitiveness relationship［J］. The Journal of Economic Perspectives, 1995, 9(4)：97-118.

［21］PULLER L. The strategic use of innovation to influence regulatory standards［J］. Journal of Environmental Ecomomics and Management, 2006, 52(3)：690-706.

［22］ROBERT EYESTONE. The threads of public：A study in policy leadership ［M］. Indianapolis, 1971.

［23］SANDS P. Principles of international environmental law［M］. Cambridge：Cambridge University Press, 2003.

［24］SMITH F. The Economic Theory of Industrial Waste Production and Disposal［D］. Draft of a Doctoral Dissertation, Northwestern Univ, 1967.

［25］UK Environmental Standards［S/OL］. ［2009-12-15］. http：//www. wfduk.

org/UK_ Environmental_ Standards/.

[26]USEPA. Introduction to the National Pretreatment Program[Z]. 2011.

[27]USEPA. 1998a. Water Quality Criteria and Standards Plan-Priorities for the future[R]. Washington D C: US Environmental Protection Agency, EPA 822-R-98-003.

[28]USEPA. A Benefits Assessment of Water Pollution Control Programs Since 1972: Part 1, The Benefits of Point Source Controls for Conventional Pollutants in-Rivers and Streams [R]. Washington D C: US Environmental Protection Agency, 2000.

[29]USEPA. A Retrospective Assessment of the Costs of the Clean Water Act: 1972 to 1997[R]. Washington D C: US Environmental Protection Agency, 2000.

[30]USEPA. A Framework for Reviewing EPA's State Administrative cost Estimates: A Case Study [R]. Washington D C: US Environmental Protection Agency, 2007.

[31]USEPA. National Recommended Water Quality Criteria[R]. Washington DC: Office of Water, Office of Science and Technology, 2009[2010-05-31]. http://www. epa. gov/ost/criteria/wqctable/.

[32]WAGNER M. On the relationship between environmental management, environmental innovation and patenting: Evidence from German manufacturing firms [J]. Research Policy, 2007, 36(10): 1587-1602.

[33]WALLEY N, WHITEHEAD B. It's not easy being green[J]. Harvard Business Review, 1994, 72(3): 46-51.

[34]白雪洁, 宋莹. 环境规制、技术创新与中国火电行业的效率提升[J]. 中国工业经济, 2009(8): 68-77.

[35]曹业始, 郑兴灿, 刘智晓, 等. 中国城市污水处理的瓶颈、缘由及可能的解决方案[J]. 北京工业大学学报, 2021, 47(11): 1292-1302.

[36]曾维华, 邢捷, 化国宇, 等. 我国排污许可制度改革问题与建议[J]. 环境保护, 2019, 47(22): 26-31.

[37]常蛟. 淮河水环境信息机制分析[D]. 北京: 中国人民大学, 2012.

[38]陈帆, 郑雯, 祝秀莲. 我国小微企业健康发展的障碍及对策分析[J]. 环境保护, 2014, 42(4): 43-45.

[39]陈敏敏, 吴琼, 张震, 等. 我国城镇污水处理厂环境绩效评价研究

[J]. 环境科学研究，2020，33(12)：2675-2682.

[40]陈庆云. 公共政策分析[M]. 北京：北京大学出版社，2006.

[41]陈玮，徐慧纬，高伟，等. 基于产污系数法测算城镇污水处理系统的主要污染物削减效能提升潜力[J]. 给水排水，2018，44(7)：24-29.

[42]陈晰. 产权学派与新制度学派译文集[M]. 上海：上海三联书店，上海人民出版社，2004.

[43]戴克志. 美国的工业废水预处理计划[J]. 建筑技术通讯(给水排水)，1990(2)：38-41.

[44]戴文标. 公共经济学[M]. 杭州：浙江大学出版社，2012.

[45]方世荣. 行政许可的涵义、性质及公正性问题探讨[J]. 法律科学，1998(2)：29-33.

[46]冯鸣凤，谢志成，何立坤，等. 天津市《城镇污水处理厂污染物排放标准》对工业园区污水排放体系的影响[J]. 环境科学与技术，2016，39(S2)：384-387.

[47]付饶. 城市生活污水排放管理制度研究[D]. 北京：中国人民大学，2018.

[48]高鸿业. 西方经济学(微观部分)(第4版)[M]. 北京：中国人民大学出版社，2007.

[49]高培勇. 公共部门经济学[M]. 北京：中国人民大学出版社，2001.

[50]高萍，殷昌凡. 设立我国水资源税制度的探讨——基于水资源费征收实践的分析[J]. 中央财经大学学报，2016(1)：23-31.

[51]葛察忠，龙凤，任雅娟，等. 基于绿色发展理念的《环境保护税法》解析[J]. 环境保护，2017，45(2)：15-18.

[52]葛察忠，王新，费越，等. 中国水污染控制的经济政策[M]. 北京：中国环境科学出版社，2015.

[53]葛勇. 基于污染治理成本开展污水排污费征收标准的研究[D]. 南京：南京理工大学，2012.

[54]耿润哲，王晓燕，赵雪松，等. 基于模型的农业非点源污染最佳管理措施效率评估研究进展[J]. 生态学报，2014，32(22)：6397-6408.

[55]管瑜珍. 点源水污染物排污许可限值核定研究[J]. 环境污染与防治，2017，39(9)：1048-1050.

[56]郭凡礼. 中美污水处理差距显著——需借鉴经验补短板[J]. 中国战

略新兴产业，2014（14）：30-34.

[57]郭泓利，李鑫玮，任钦毅，等．全国典型城市污水处理厂进水水质特征分析[J]．给水排水，2018，44（6）：12-15.

[58]郭其友，李宝良．机制设计理论：资源最优配置机制性质的解释与应用[J]．外国经济与管理，2007，29（11）：1-9.

[59]郭治鑫，邓婷婷，董战峰．工业园区污水处理设施监管政策框架研究[J]．环境保护，2019，47（13）：47-52.

[60]国家环保总局科技标准司标准处．建立适应新世纪初期环境标准体系的初步设想[J]．环境保护，1999（1）：7-8.

[61]海江涛，仲伟俊．政府提供公共产品的技术替代——以城市污水处理系统为例[J]．软科学，2015，29（8）：48-52.

[62]韩冬梅，宋国君．基于水排污许可证制度的违法经济处罚机制设计[J]．环境污染与防治，2012，34（11）：86-92.

[63]韩冬梅，宋国君．中国工业点源水排污许可证制度框架设计[J]．环境污染与防治，2014，9（9）：85-92.

[64]韩冬梅．中国水排污许可证制度设计研究[D]．北京：中国人民大学，2012.

[65]韩洪云，夏胜．农业非点源污染治理政策变革：美国经验及其启示[J]．农业经济问题，2016，37（6）：93-103.

[66]胡德胜，王涛．中美水质管理制度的比较研究[J]．中国地质大学学报（社会科学版），2016，16（5）：12-20.

[67]胡颖，邓义祥，郝晨林，等．我国应逐步实施基于水质的排污许可管理[J]．环境科学研究，2020，33（11）：2507-2514.

[68]黄新皓，姜欢欢，付饶，等．美国工业废水预处理制度实施经验及对我国的启示[J]．环境与可持续发展，2020（1）：139-145.

[69]黄新皓．城市污水处理厂排污许可证管理研究[D]．北京：中国人民大学，2017.

[70]贾丽虹．外部性理论研究——中国环境规制与知识产权保护制度的分析[M]．北京：人民出版社，2007.

[71]蒋展鹏．环境工程学[M]．北京：高等教育出版社，2005.

[72]金书秦，武岩．农业面源是水体污染的首要原因吗？——基于淮河流域数据的检验[J]．中国农村经济，2014，19（9）：71-81.

[73]开根森.美国水环境污染的依法治理(篇二)——水环境治理法令的执行(非出版物).2010.

[74]开根森.水污染防治战略需要根本改革(非出版物).2012.

[75]克尼斯,艾瑞斯,德阿芝.经济学与环境——物质平衡方法[M].马中,译.北京:三联书店,1991.

[76]李激,王燕,罗国兵,等.城镇污水处理厂一级A标准运行评估与再提标重难点分析[J].环境工程,2020,38(7):1-12.

[77]李丽平,李瑞娟,高颖楠,等.美国环境政策研究[M].北京:中国环境出版社,2015.

[78]李丽平,李瑞娟,徐欣,等.借鉴美国州周转基金经验创新我国水环境领域投资模式[J].环境保护,2015,43(15):60-62.

[79]李丽平,李媛媛,杨君,等.美国环境政策研究(三)[M].北京:社会科学文献出版社,2019.

[80]李丽平,孙飞翔,李媛媛,等.美国环境政策研究(二)[M].北京:中国环境出版社,2017.

[81]李玲,陶锋.中国制造业最优环境规制强度的选择——基于绿色全要素生产率的视角[J].中国工业经济,2012(5):70-82.

[82]李瑞娟,李丽平.美国环境管理体制对中国的启示[J].世界环境,2016(2):24-26.

[83]李涛,翟秋敏,陈志凡,等.中国水环境保护规划实施效果研究[J].干旱区资源与环境,2016,30(9):25-31.

[84]李涛,石磊,马中.环境税开征背景下我国污水排污费政策分析与评估[J].中央财经大学学报,2016,32(9):20-30.

[85]李涛,石磊,马中.中国点源水污染物排放控制政策初步评估研究[J].干旱区资源与环境,2020,34(5):1-8.

[86]李涛,王洋洋.我国流域水质达标规划制度评估与设计[M].北京:中国经济出版社,2020.

[87]李涛,王洋洋.污染者付费原则在我国水环境管理中的应用[M].北京:中国经济出版社,2021.

[88]李涛,王洋洋.中国水环境质量达标规划制度评估研究[J].青海社会科学,2020(5):64-72.

[89]李涛,杨喆,马中,等.公共政策视角下官厅水库流域水环境保护

规划评估[J]. 干旱区资源与环境，2018，32(1)：62-69.

[90]李涛，杨喆，周大为，等. 我国水污染物排放总量控制政策评估[J]. 干旱区资源与环境，2019，33(8)：94-101.

[91]李涛，杨喆. 美国流域水环境保护规划制度分析与启示[J]. 青海社会科学，2018，10(3)：66-72.

[92]李阳，党兴华，韩先锋，等. 环境规制对技术创新长短期影响的异质性效应——基于价值链视角的两阶段分析[J]. 科学学研究，2014，32(6)：937-949.

[93]李瑛，康颜德，齐二石. 政策评估的利益相关者模式及其应用研究[J]. 科研管理，2006，27(2)：51-56.

[94]李喆，赵乐军，朱慧芳，等. 我国城镇污水处理厂建设运行概况及存在问题分析[J]. 给水排水，2018，54(4)：52-57.

[95]梁忠，汪劲. 我国排污许可制度的产生、发展与形成——对制定排污许可管理条例的法律思考[J]. 环境影响评价，2018，40(1)：6-9.

[96]林水波，张世贤. 公共政策[M]. 台北：五南图书出版社，1982.

[97]林思宇，陈佳斌，石磊，等. 环境税征收对小微企业的影响——基于湖南省小微工业企业实证数据分析[J]. 中国环境科学，2016，36(7)：2212-2218.

[98]林思宇，石磊，马中，等. 环境税对高污染行业的影响研究——以湖南邵阳高 COD 排放行业为例[J]. 长江流域资源与环境，2018，27(3)：632-637.

[99]刘常瑜. 地表水质评估制度研究[D]. 北京：中国人民大学，2019.

[100]刘贺峰，冉丽君，朱秋颖，等. 污水处理厂排污许可管理探析[J]. 环境影响评价，2020，42(2)：27-30.

[101]刘康，李涛，马中. 中国污水处理费政策分析与改革研究——基于污染者付费原则的视角[J]. 价格月刊，2021(12)：1-9.

[102]刘梦，伯鑫，孟凡琳，等. 2015 年中国城镇污水处理厂达标排放评估[J]. 环境工程，2017，35(10)：77-81.

[103]刘宁，汪劲.《排污许可管理条例》的特点、挑战与应对[J]. 环境保护，2021，49(9)：13-18.

[104]刘双柳，徐顺青，陈鹏，等. 城镇污水治理设施补短板现状及对策[J]. 中国给水排水，2020，36(22)：54-60.

［105］刘伟，童健，薛景，等．环境规制政策与经济可持续发展研究［M］．北京：经济科学出版社，2017.

［106］刘伊曼，冉丽君，王军霞．关于推进我国排污许可制度实施的建议［J］．环境保护，2019，47(22)：51-54.

［107］刘征涛，孟伟．水环境质量基准方法与应用［M］．北京：科学出版社，2012：54.

［108］龙凤，毕粉粉，董战峰，等．城镇污水处理全成本核算和分担机制研究——基于中国333个城镇污水处理厂样本估算［J］．环境污染与防治，2021，43(10)：1333-1339.

［109］龙凤，毕粉粉，连超，等．基于污水处理成本全覆盖的价格机制探析［J］．环境保护，2021，49(7)：38-42.

［110］罗文燕．行政许可制度之法理思考［J］．浙江社会科学，2008(3)：60-65.

［111］罗小芳，卢现祥．环境治理中的三大制度经济学学派：理论与实践［J］．国外社会科学，2011(6)：56-66.

［112］马克．"看不见的手"与"看得见的手"之博弈——市场经济体制的市场化与法制化思辨［J］．人民论坛，2010(17)：27-29.

［113］马乃毅．城镇污水处理定价研究［D］．杨凌：西北农林科技大学，2010.

［114］马中，周芳．改革水环境保护政策，告别环境红利时代［J］．环境保护，2014，4(41)：22-25.

［115］马中，周芳．基于环境质量要求的污水排放标准和水价标准亟待建立［J］．环境保护，2013，6(41)：42-44.

［116］马中，周芳．水平衡模型及其在水价政策的应用［J］．中国环境科学，2012，32(9)：1722-1728.

［117］马中，周芳．水污染治理需严控污水排放量［J］．环境保护，2013，16(41)：41-43.

［118］马中，周芳．我国水价政策现状及完善对策［J］．环境保护，2012(19)：54-57.

［119］马中．发挥市场配置工业用水资源的决定性作用［J］．中国国情国力，2014，7(1)：42-44.

［120］马中．环境与自然资源经济学概论(第3版)［M］．北京：高等教育

出版社，2019.

[121]买亚宗，肖婉婷，石磊，等．我国城镇污水处理厂运行效率评价[J]．环境科学研究，2015，28(11)：1789-1796.

[122]买亚宗．环境税及其微观经济效应研究[D]．北京：中国人民大学，2016.

[123]孟伟，张远．水环境质量基准、标准与流域水污染物总量控制策略[J]．环境科学研究，2006，19(3)：1-6.

[124]苗成．中美贸易摩擦再升级对中国造纸工业的影响[J]．中华纸业，2019，40(17)：58-64.

[125]宁骚．公共政策学[M]．北京：高等教育出版社，2003.

[126]彭未名，邵任薇，刘玉蓉，等．新公共管理[M]．广州：华南理工大学出版社，2007.

[127]浦姝嫄．排水污水处理的法律研究——评《城镇排水与污水处理条例释义》[J]．灌溉排水学报，2020，39(12)：154-155.

[128]钱文涛．中国大气固定源排污许可证制度设计研究[D]．北京：中国人民大学，2013.

[129]秦延文，刘琰，刘录三，等．流域水环境质量评价技术研究[M]．北京：科学出版社，2014.

[130]邱勇，毕怀斌，田宇心，等．污水处理厂进水数据特征识别与案例分析[J]．环境科学学报，2022，42(4)：44-52.

[131]任慕华．点源基于地表水质排放限值制度设计研究[D]．北京：中国人民大学，2023.

[132][美]萨缪尔森，诺德豪斯．经济学(第十九版)[M]．萧琛，译．北京：商务印书馆，2012.

[133]沈杰，金伟．城镇污水处理厂尾水对受纳水体影响的研究进展[J]．环境工程，2020，38(3)：92-98.

[134]沈满洪，何灵巧．外部性的分类及外部性理论的演化[J]．浙江大学学报(人文社会科学版)，2002(2)：151-158.

[135]生态环境部对外合作与交流中心．水环境管理国际经验研究之美国[M]．北京：中国环境出版集团，2018.

[136]盛洪．盛洪集(开放书集)[M]．哈尔滨：黑龙江教育出版社，1996.

[137]宋国君,韩冬梅,王军霞,等.中国水排污许可证制度的定位及改革建议[J].环境科学研究,2012,25(9):1071-1076.

[138]宋国君,韩冬梅.中国水污染管理体制改革建议[J].行政管理改革,2020,40(8):3654-3661.

[139]宋国君,黄新皓,张震,等.我国工业点源水污染物排放标准体系设计[J].统计与决策,2016,44(14):20-24.

[140]宋国君,金书秦,傅毅明.基于外部性理论的中国环境管理体制设计[J].中国人口·资源与环境,2008,18(2):154-159.

[141]宋国君,金书秦.淮河流域水环境保护政策评估[J].环境污染与防治,2008(4):78-82.

[142]宋国君,马本,王军霞.城市区域水污染物排放核查办法与案例研究[J].中国环境监测,2012,28(2):7-10.

[143]宋国君,任慕华,付饶.点源基于地表水质排放限值制度设计[J].中国环境科学,2020,40(8):3654-3661.

[144]宋国君,王小艳.论中国环境影响评价中公众参与制度的建设[J].上海环境科学,2003(4):84-85.

[145]宋国君,徐莎.论环境政策分析的一般模式[J].环境污染与防治,2010,32(6):81-85.

[146]宋国君,张震,韩冬梅.美国水排污许可证制度对我国污染源监测管理的启示[J].环境保护,2013(17):23-26.

[147]宋国君,张震.美国工业点源水污染物排放标准体系及启示[J].环境污染与防治,2014,1(1):97-101.

[148]宋国君,赵文娟.中美流域水质管理模式比较研究[J].环境保护,2018,46(1):70-74.

[149]宋国君.环境规划与管理[M].武汉:华中科技大学出版社,2015.

[150]宋国君.环境政策分析(第二版)[M].北京:化学工业出版社,2020.

[151]宋国君.环境政策分析[M].北京:化学工业出版社,2008.

[152]宋国君.中国"达标排放"政策的实证分析和理论探讨[J].上海环境科学,2001(12):574-576.

[153]宋国君.中国流域综合水管理目标模式研究[J].上海环境科学,2003,22(12):1022-1026.

[154]孙佑海.实现排污许可全覆盖:《控制污染物排放许可制实施方案》

的思考[J].环境保护，2016，44(23)：9-12.

[155]孙月阳.城市污水处理厂污泥管理制度研究[D].北京：中国人民大学，2019.

[156]谭雪，石磊，陈卓琨，等.基于全国227个样本的城镇污水处理厂治理全成本分析[J].给水排水，2015，51(5)：30-34.

[157]谭雪，石磊，马中，等.基于污水处理厂运营成本的污水处理费制度分析——基于全国227个污水处理厂样本估算[J].中国环境科学，2015，35(12)：3833-3840.

[158]谭雪.工业企业环境成本估算及其制度根源分析——以水资源环境为例[D].北京：中国人民大学，2016.

[159]田园宏，王欢明.城市污水治理绩效评价研究：现状与展望[J].同济大学学报(社会科学版)，2017，28(1)：94-103.

[160]万建华.利益相关者管理[M].深圳：海天出版社，1998.

[161]汪红，胡珉，王莹.关于排污许可证后监管问题的思考[J].环境科学与技术，2023，46(S1)：237-239.

[162]王斌.正视废纸造纸——中国造纸业才能行稳致远[J].纸和纸板，2019，38(3)：45-46.

[163]王东，赵越，王玉秋，等.美国TMDL计划与典型实施案例[M].北京：中国环境科学出版社，2012.

[164]王焕松，王洁，张亮，等.我国排污许可证后监管问题分析与政策建议[J].环境保护，2021，49(9)：19-22.

[165]王凯军，宫徽.在生态文明框架下推动污水处理行业高质量发展[J].给水排水，2021，57(8)：1-7.

[166]王磊.我国重点流域城市污水处理厂污泥产率调研[J].中国给水排水，2018，34(14)：23-27.

[167]王社坤.环评与排污许可制度衔接的实践展开与规则重构[J].政法论丛，2020(5)：151-160.

[168]王树堂，陈坤，徐宜雪，等.美国工业废水间接排放管理的经验与启示[J].环境保护，2019，47(13)：61-63.

[169]王璇，郭红燕，郝亮，等.《排污许可管理条例》与相关环境管理法律制度衔接的研究分析[J].环境与可持续发展，2021，25(5)：122-127.

[170]王学魁，赵斌，张爱群，等.城市污水处理厂污泥处置的现状及研

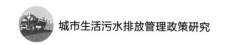

究进展[J].天津科技大学学报,2015,30(4):1-7.

[171]卫小平.环境影响评价与排污许可制的衔接对策研究[J].环境保护,2019,47(11):33-36.

[172]文扬,陈迪,李家福,等.美国市政污水处理排放标准制定对中国的启示[J].环境保护科学,2017,43(3):26-33.

[173]吴健,陈青.从排污费到环境保护税的制度红利思考[J].环境保护,2015,43(16):21-25.

[174]吴健,高壮,熊英,等.探析城市污水处理定价的"两难"困境——基于合肥市案例的观察与思考[J].价格理论与实践,2015(12):167-169.

[175]吴健,马中.我国地下排放的监管缺失与政策建议[J].环境保护,7(41):41-43.

[176]吴健,熊英.美国污水处理业监管经验[J].环境保护,2012,21(12):66-69.

[177]吴丽玲.污水处理成本定价研究[J].价格月刊,2019(4):13-17.

[178]吴满昌,程飞鸿.论环境影响评价与排污许可制度的互动和衔接——从制度逻辑和构造建议的角度[J].北京理工大学学报(社会科学版),2020,22(2):117-124.

[179]吴伟.公共物品有效提供的经济学分析[M].北京:经济科学出版社,2008.

[180]席北斗,霍守亮.美国水质标准体系及其对我国水环境保护的启示[J].环境科学与技术,2011,5(5):100-103.

[181]夏光.环境政策创新:环境政策的经济分析[M].北京:中国环境科学出版社,2011.

[182]夏季春.城市水环境管理[M].北京:中国水利水电出版社,2013.

[183]项继权.基本公共服务均等化:政策目标与制度保障[J].华中师范大学学报(人文社会科学版),2008,47(1):2-9.

[184]邢玉坤,曹秀芹,柳婷,等.我国城市排水系统现状、问题与发展建议[J].中国给水排水,2020,36(10):19-23.

[185]徐祖信,徐晋,金伟,等.我国城市黑臭水体治理面临的挑战与机遇[J].给水排水,2019,45(3):1-5.

[186]薛亮,邱国玉.完善我国城市污水处理收费制度初探[J].价格理

论与实践，2016(10)：160-163.

[187]薛元．"十二五"期间促进基本公共服务均等化的政策研究[J]．中国经贸导刊，2010，43(20)：17-19.

[188][古希腊]亚里士多德．政治学[M]．吴寿彭，译．北京：商务印书馆，1983：48.

[189]阳相翼．污染者负担原则面临的挑战及其破解[J]．行政与法，2012(12)：139-143.

[190]杨华．城市公用事业公共定价与绩效管理[J]．中央财经大学学报，2007(4)：21-25.

[191]杨铭，费伟良，刘兆香，等．长江经济带工业园区依托城镇污水处理厂处理工业废水问题分析与整改策略研究[J]．环境保护，2020，48(15)：68-71.

[192]杨喆，石磊，马中．污染者付费原则的再审视及对我国环境税费政策的启示[J]．中央财经大学学报，2015(11)：14-20.

[193]杨喆．环境税的制度设计及其宏观经济效应[D]．北京：中国人民大学，2016.

[194]尹真真，赵丽，范围，等．城市生活污水厂处理工业废水的运营管理对策[J]．中国给水排水，2020，36(24)：54-59.

[195]应松年．行政许可法的理论与制度解读[M]．北京：北京大学出版社，2004.

[196]张敏．重点工业企业废水尾水纳管对污水处理厂进水影响分析[J]．环境生态学，2021，3(5)：70-74.

[197]张世秋．环境税：箭在弦上、尚需有的放矢——环境税若干问题讨论[J]．环境保护，2015，48(16)：31-35.

[198]张震，宋国君，刘刚，等．工业点源 COD 超标排放预警的估计方法[J]．统计与决策，2018，14(15)：68-71.

[199]张震．我国工业点源水污染物排放标准管理制度研究[D]．北京：中国人民大学，2015.

[200]赵红．环境规制对企业技术创新影响的实证研究——以中国 30 个省份大中型工业企业为例[J]．软科学，2008，22(6)：121-125.

[201]郑丙辉，刘琰．饮用水源地水环境质量标准问题与建议[J]．环境保护，2007(1)：26-29.

[202]郑晓宇，周扬胜．建立我国预处理法规和标准体系的对策研究[J]．

环境保护，2005(5)：23-27.

[203]周启星，罗义，祝凌燕. 环境基准值的科学研究与我国环境标准的修订[J]. 农业环境科学学报，2007，26(1)：1-5.

[204]周羽化，宫玥，方皓，等. 美国水污染物预处理制度与标准的制订[J]. 给水排水，2013，39(3)：107-111.

[205]周羽化，武雪芳. 中国水污染物排放标准40余年发展与思考[J]. 环境污染与防治，2016，38(9)：99-104.

[206]朱璇，宋国君. 美国工业点源排放控制经验对中国的借鉴研究[J]. 环境科学与管理，2015，40(1)：21-24.

[207]朱璇. 中国工业水污染物排放控制政策评估[D]. 北京：中国人民大学，2013.

[208]朱源. 美国环境政策与管理[M]. 北京：科学技术文献出版社，2014.

[209]宗福哲，李佟，曹婧，等. 典型城市污水处理厂进水污染物规律及运行策略[J]. 给水排水，2022，58(5)：31-37.

附录　部门水平衡模型

根据经济系统的部门划分，我们可以分别建立工业、居民和废水处理部门的水平衡模型。

（1）工业部门水平衡模型

对工业部门来说，假设生产、循环、储存水平不变，经过足够长的时间，工业部门的用水量必然大致等于排水量。工业部门用水来自两方面：天然水体和自来水厂。排入环境的水包括耗水、损水、处理后排水和无处理排水 4 种形式（见附图 1）。

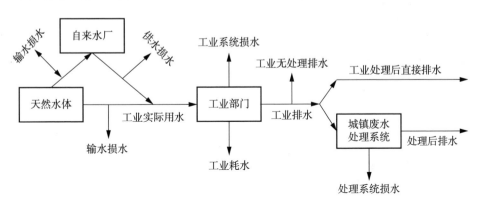

附图 1　工业部门水平衡模型

工业部门水平衡模型的公式如下：

$$Q_{s-i} = Q_{3-i} + Q_{4-i} = Q_{o-i} = Q_{h-i} + Q_{l-i} + Q_{d-i} + Q_{u-i}$$

式中：Q_{s-i} 为工业用水量；Q_{3-i} 为取自天然水体的工业用水量；Q_{4-i} 为自来水厂提供的工业用水量；Q_{o-i} 为工业排水量；Q_{h-i} 为工业耗水量；Q_{l-i} 为工业损水量；Q_{d-i} 为工业处理后排水量，包括经过工业处理后直接排水量和城镇废水处理系统处理后排水量；Q_{u-i} 为工业无处理排水量，指未经处理直接排入环境的工业废水量。

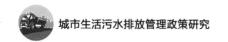

根据工业部门水平衡模型，可以得到如下推论：

①在生产、储存水平不变的情况下，提高循环水平，既可以减少工业对新水的需求量（节水），又可以减少工业部门的废水排放量（减排）。

②在生产、循环、储存水平不变的情况下，提高用水效率或降低损耗率，可以减少工业对新水的需求量，达到节水和减排的效果。

③合理的环境税（费）具有节水和减排的双重正向激励。当环境税（费）高于循环利用和废水治理成本时，可以激励工业企业循环用水，减少新水取用量，还可以激励企业治理污染，减少废水排放量。

④严格监管可以减少工业无处理排水量，增加处理后排水量，有利于水环境的改善。否则，环境税（费）非但无法起到正向激励作用，反而会产生负向激励，刺激企业增加无处理排水。

（2）居民部门水平衡模型

对居民部门来说，假设消费、循环、储存水平不变，经过足够长的时间，居民的用水量必然大致等于排水量。居民用水由两部分构成：天然水体和自来水厂。居民部门排入环境的水包括耗水、损水、处理后排水和无处理排水（见附图2）。

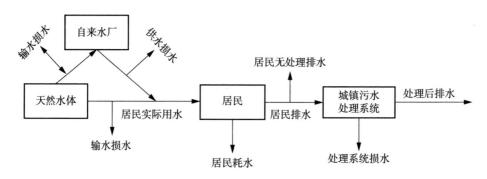

附图2 居民部门水平衡模型

居民部门水平衡模型的公式如下：

$$Q_{s-c} = Q_{3-c} + Q_{4-c} = Q_{o-c} = Q_{h-c} + Q_{l-c} + Q_{d-c} + Q_{u-c}$$

式中：Q_{s-c}为居民用水量；Q_{3-c}为取自天然水体的居民用水量；Q_{4-c}为自来水厂提供的居民用水量；Q_{o-c}为居民排水量；Q_{h-c}为居民耗水量；Q_{l-c}为居民损水量，在输水、供水及排水过程中，由于管网跑水、冒水、漏水、滴水、渗水等造成的水量流失；Q_{d-c}为居民处理后排水量，指经过城镇污水处理系统处理后排水量；Q_{u-c}为居民无处理排水量，指未经处理排入环境的居民生活污水量。

根据居民部门水平衡模型，可以得到如下推论：

①在消费、储存水平不变的情况下，提高循环水平，一方面，可以激励居民增加再生水的使用量，减少水资源浪费和新水使用量，达到节水效果；另一方面，居民新水使用量减少以及污水的循环利用共同推动污水排放量下降，达到减排效果。

②在消费、循环、储存水平不变的情况下，提高用水效率或降低损耗率，可以减少新水使用量，同时达到节水和减排的效果。

③合理的居民污水处理费具有节水和减排的正向激励。但与工业不同，居民基本生活排水具有需求刚性，不会随着污水处理费发生明显的变动。通过合理制定污水处理费，能够减少居民奢侈性用水和将居民用水用于工商业。

④加强监管能够减少居民无处理排水量，增加处理后排水量，有利于水环境改善。

（3）废水处理部门水平衡模型

在一段时间内，废水处理部门的进水量必然大致等于排水量。其中，废水处理部门的进水包括两部分：工业有组织排水和居民有组织排水。排水包括处理系统损水、再生水、处理后排水和无处理排水 4 种形式（见附图 3）。

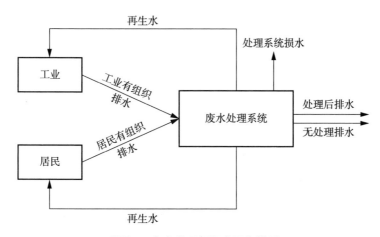

附图 3　废水处理部门水平衡模型

废水处理系统部门水平衡模型公式如下：

$$Q_{s\text{-}t} = Q_{5\text{-}i} + Q_{5\text{-}c} = Q_{o\text{-}t} = Q_{r\text{-}i} + Q_{r\text{-}c} + Q_{l\text{-}t} + Q_{d\text{-}t} + Q_{u\text{-}t}$$

式中：$Q_{s\text{-}t}$ 为废水处理系统进水量；$Q_{5\text{-}i}$ 为工业有组织排水量，进入工业或城镇废水处理系统的工业废水；$Q_{5\text{-}c}$ 为居民有组织排水量，进入城镇污水处理系统的居民生活污水；Q_{o-t}为废水处理系统排水量；Q_r为废水处理系统再生水量，包括供给工业的再生水（Q_{r-i}）和供给居民的再生水（Q_{r-c}）；Q_{l-t}为废水处理系统损水量，处理系统管损造成；Q_{d-t}为废水处理系统处理后排水量；Q_{u-t}为废水处理系统无处理排水量。

根据废水处理系统部门水平衡模型，可以得到如下推论：

①提高废水处理系统排水的再利用水平，可以同时减少经济系统从环境的取水量和向环境的排水量。

②降低处理系统管损率，可以有效减少废水处理系统的排水量，降低对环境的影响。

③对废水处理部门的排放收税（费），不仅能激励污水处理厂达标排放，而且能够促使其对上游排放者即工业和居民的来水水质进行控制，或者通过价格传导机制将税费转嫁给企业或居民，提高其排放成本，实现节水和减排。

④加强监管既可以降低废水处理系统的无处理排水量，又能够激励污水处理部门达标排放。

后 记

　　自跟随马中老师做水环境政策与管理方面的研究开始，现已整整12年。目前，我在河南大学地理与环境学院环境科学专业从事环境经济学、环境规划与管理的教学与科研工作。感谢尊敬的马中老师，马中老师作为人口、资源与环境经济学学科特聘教授，指引着我开始水环境管理领域的研究。同时也要感谢宋国君老师，感谢您帮助我扎实环境经济学理论基础、培养学术思维，与您关于外部性、排污许可证、流域管理体制等方面的多次交流与讨论让我受益匪浅。

　　城市生活污水处理厂已经成为我国水环境污染的重要来源，但其相关排放管理政策仍存在较多问题：工商业点源进水水质是否得到了有效监控？城市生活污水处理厂是否实现了连续稳定达标排放？污泥是否全部得到了无害化处置？城市生活污水处理厂排污许可证制度是否完全真正建立起来？污水处理费是否体现了污染者付费原则？美国水环境也曾一度严重污染，但经过50多年的发展，其已建立了较为完善的城市生活污水排放管理体系，从科学的标准、完善的法律法规、严格的污水进出管理制度及严厉的违法制裁、成熟的融资渠道等方面形成合力，使得整个系统规范有序地进行，确保受纳水体水质达标。虽然我国和美国在经济发展水平、政治体制、法律制度等方面各不相同，但水环境管理和管理科学技术具有普适性，这不应该妨碍我们从国家治理的角度来观察和研究美国水环境保护政策与管理的建设和运行。基于此，本书在参考美国工业废水预处理制度、排污许可证制度、清洁水州周转基金、流域管理模式等经验的基础上，试图探讨基于水环境质量导向的城市生活污水排放管理政策设计，旨在为解决我国城市生活污水排放管理问题提供一套有效的解决方案。

　　在此，也要感谢河南大学地理与环境学院傅声雷、乔家君、赵威、邱永宽、徐小军、卢训令、谷蕾、丁志伟等领导对本书撰写工作的支持，各位领导的关心和支持是本书成稿的重要保障。感谢河南大学地理与环境学院、河南大别山森林生态系统国家野外科学观测研究站、河南大学环境与规划国家级实验教学示范中心、黄河中下游数字地理技术教育部重点实验室、河南省土壤重金属污染控制与修复工程研究中心、信阳生态研究院、河南大学区域发展与规划研究中心等给予的资源支持，为本书的撰写提供了平台保障。感谢环境科学系各位老师给予的关心与支持，感谢硕士生杨亚琳在资料收集和英文文献翻译等方面提供的无私帮助，尤其感谢中国经济出版社丁楠编辑的辛苦工作！

　　城市生活污水排放管理涉及内容非常多，包括技术、管理、政策等方面。本书仅从公共政策和公共管理角度，对我国城市生活污水排放管理进行政策设计，并没有过多关注技术层面。以基于水质的排放标准为例，目前由于水质数据有限，缺乏从生物、毒性等角度更加深入的分析。另外，时间紧迫，水平有限，本书难免有疏漏之处，恳请广大读者批评指正！谢谢！

李　涛
2024 年 5 月于河南大学